高等职业教育精品工程系列教材

机械设计基础与项目实践

周 琦 祝文琴 主 编

曹 阳 副主编

电子工业出版社
Publishing House of Electronics Industry
北京·BEIJING

内 容 简 介

本教材是根据当前高职教育教学改革的要求，基于工作过程系统化而编写的项目化教材，以学生为主体、以能力为本位，符合工学结合、行动导向的高职教育教学特点，能体现高职教育教学改革精神。

本教材选择了真实的工程项目，即冲床的执行机构及传动系统的设计，按"项目引导、任务驱动"的要求，根据项目实施过程，组织、序化和整合教学内容，改变了传统教材的学科知识体系，以"必需、够用"为度，将知识与技能融入工程项目，使学生能在真实情境中学习。

本教材构建了以项目为载体、以任务为核心的"项目—模块—任务"逻辑结构体系，根据项目实施过程分成 12 个模块：机械设计基础概述、平面连杆机构的设计、凸轮机构的设计、传动系统的总体设计、V 带传动的设计、齿轮传动的设计、轴的设计、滚动轴承的设计、键连接的设计、联轴器的设计、螺纹连接的设计、减速器箱体及其附件的结构设计。每个模块由若干个任务构成相互联系的任务链，全书共有 41 个任务，任务链中的每个任务都按照"任务驱动"模式，采用三段式流程进行设计和编写，即任务描述与分析、相关知识与技能、任务实施与训练。任务内容循序渐进，有明确的操作步骤，可以满足项目化教学模式的要求。

本书可作为应用型本科及高职高专院校的机械制造类（尤其是数控技术、机电一体化）专业的教学用书，也可作为社会培训教学用书及工程技术人员参考用书。

未经许可，不得以任何方式复制或抄袭本书之部分或全部内容。
版权所有，侵权必究。

图书在版编目（CIP）数据

机械设计基础与项目实践 / 周琦，祝文琴主编. —北京：电子工业出版社，2024.1
ISBN 978-7-121-46855-1

Ⅰ．①机… Ⅱ．①周… ②祝… Ⅲ．①机械设计 Ⅳ．①TH122

中国国家版本馆 CIP 数据核字（2023）第 239522 号

责任编辑：郭乃明　　特约编辑：田学清
印　　刷：河北鑫兆源印刷有限公司
装　　订：河北鑫兆源印刷有限公司
出版发行：电子工业出版社
　　　　　北京市海淀区万寿路 173 信箱　邮编：100036
开　　本：787×1 092　1/16　印张：15.25　字数：390 千字
版　　次：2024 年 1 月第 1 版
印　　次：2024 年 1 月第 1 次印刷
定　　价：47.00 元

凡所购买电子工业出版社图书有缺损问题，请向购买书店调换。若书店售缺，请与本社发行部联系，联系及邮购电话：（010）88254888，88258888。

质量投诉请发邮件至 zlts@phei.com.cn，盗版侵权举报请发邮件至 dbqq@phei.com.cn。
本书咨询联系方式：（010）88254561，guonm@phei.com.cn。

前　言

本教材是根据当前高职教育教学改革要求，基于工作过程系统化而编写的项目化教材，以学生为主体、以能力为本位，符合工学结合、行动导向的高职教育教学特点，能体现高职教育教学改革精神。

本教材基于工作过程系统化的要求整合课程内容，以"必需、够用"为度，将知识与技能融入工程项目，旨在构建以课程标准为依据、工作过程为导向、职业能力为培养目标的课程知识结构体系，具有以下特色。

在内容方面，本教材以冲床的执行机构及传动系统的设计这个真实的工程项目为主线，将知识与技能融入工程项目，根据项目实施过程，组织、序化和整合教学内容，改变了传统教材的学科知识体系，着重介绍基本知识、设计理论和设计方法等内容，淡化计算公式的理论推导，强调公式在工程设计中的实际应用和学生应用能力的培养，使学生能在真实情境中学习。

在组织形式方面，本教材根据项目实施过程分成 12 个模块，每个模块由若干个任务构成相互联系的任务链。每个任务链逐一分析各组成零部件的基本知识、设计理论和设计方法，通过真实的工程项目，在完成理论教学的同时，系统地进行项目设计实践，帮助学生掌握机械设计的一般流程和方法，引导学生树立工程意识、增强实践能力。

在编写模式方面，本教材为使学生了解各模块的主要教学内容及其在工程中的应用，模块中的每个任务都采用三段式流程进行设计和编写，即任务描述与分析、相关知识与技能、任务实施与训练，引导学生进入真实情境。任务内容循序渐进，有明确的操作步骤，可以满足项目化教学模式的要求。各模块前还设有内容导入和学习目标，使学生充分了解重点及通过学习需要达到的要求。

在编写本教材的过程中，编者参考、引用了国内相关出版物中的部分资料及网络资料，在此对这些资料的作者表示诚挚的谢意。

由于时间、经验和能力的限制，本教材中难免存在疏漏之处，敬请各位读者在使用时将意见、问题反馈给编者，以便于本教材后续的修订、改进。

编者
2023 年 3 月

目　　录

第 1 模块　机械设计基础概述……………………………………………………………1
1.1　任务 1——确定机器的结构及工艺动作……………………………………………2
1.1.1　机器的结构………………………………………………………………………2
1.1.2　机械设计的要求与步骤…………………………………………………………4
1.1.3　机械工艺动作的拟定……………………………………………………………4
1.1.4　冲床的结构及工艺动作…………………………………………………………5
1.2　任务 2——拟定执行机构的运动方案………………………………………………7
1.2.1　机构的基本要素…………………………………………………………………7
1.2.2　机构的运动方案的表示法………………………………………………………8
1.2.3　机构的运动方案的比较与优选…………………………………………………9
1.2.4　执行机构的运动方案的拟定……………………………………………………11
1.3　任务 3——进行执行机构的运动方案的可行性分析………………………………12
1.3.1　平面机构的自由度………………………………………………………………13
1.3.2　执行机构的运动方案的可行性分析的依据……………………………………14
1.3.3　计算平面机构的自由度时应注意的问题………………………………………14
1.3.4　执行机构的运动方案的可行性分析……………………………………………16
1.4　模块小结………………………………………………………………………………17

第 2 模块　平面连杆机构的设计……………………………………………………………18
2.0　预备知识………………………………………………………………………………18
2.0.1　铰链四杆机构……………………………………………………………………19
2.0.2　具有一个移动副的四杆机构……………………………………………………21
2.0.3　具有两个移动副的四杆机构……………………………………………………24
2.1　任务 1——按急回特性计算机构的极位夹角………………………………………24
2.1.1　急回特性的概念及作用…………………………………………………………25
2.1.2　急回特性的指标：行程速度变化系数…………………………………………25
2.1.3　计算冲压机构的极位夹角………………………………………………………26
2.2　任务 2——用图解法设计机构………………………………………………………26
2.2.1　用图解法设计机构的依据………………………………………………………27
2.2.2　按给定的行程速度变化系数设计机构…………………………………………27
2.2.3　用图解法设计冲压机构…………………………………………………………27
2.3　任务 3——分析机构的传力性能……………………………………………………28
2.3.1　机构的传力性能指标：压力角和传动角………………………………………29
2.3.2　机构的死点位置…………………………………………………………………30

		2.3.3 分析冲压机构的传力性能 ··	30
2.4	模块小结 ··	31
2.5	知识拓展 ··	32
		2.5.1 曲柄摇杆机构的急回特性及其设计 ···	32
		2.5.2 偏置曲柄滑块机构的急回特性及其设计 ···	33

第 3 模块　凸轮机构的设计 ·· 35

- 3.1　任务 1——选择凸轮机构的类型 ·· 36
  - 3.1.1　凸轮机构的结构和类型 ··· 36
  - 3.1.2　选择凸轮机构的类型的依据 ··· 38
  - 3.1.3　送料机构的类型选择 ·· 38
- 3.2　任务 2——选择从动件的运动规律 ··· 39
  - 3.2.1　凸轮机构的工作过程 ·· 39
  - 3.2.2　常用从动件的运动规律 ··· 40
  - 3.2.3　选择从动件的运动规律时应考虑的因素 ··· 41
  - 3.2.4　送料机构的从动件的运动规律的选择 ·· 41
- 3.3　任务 3——用图解法设计盘形凸轮的轮廓 ··· 42
  - 3.3.1　用图解法进行设计的原理 ·· 42
  - 3.3.2　盘形凸轮轮廓的设计步骤 ·· 43
  - 3.3.3　设计送料机构中的盘形凸轮轮廓 ·· 45
- 3.4　任务 4——校核凸轮的工作轮廓 ·· 46
  - 3.4.1　从动件的运动失真 ··· 46
  - 3.4.2　凸轮机构的传力性能 ·· 47
  - 3.4.3　校核送料机构中的凸轮的工作轮廓 ··· 48
- 3.5　模块小结 ·· 48
- 3.6　知识拓展 ·· 49
  - 3.6.1　凸轮机构的常用材料 ·· 49
  - 3.6.2　凸轮的结构形式 ·· 49

第 4 模块　传动系统的总体设计 ··· 51

- 4.1　任务 1——拟定传动系统的传动方案 ·· 52
  - 4.1.1　确定传动系统的传动方案时应满足的要求 ·· 52
  - 4.1.2　传动系统的传动类型的选择 ··· 52
  - 4.1.3　传动系统的传动顺序的布置 ··· 53
  - 4.1.4　传动系统的传动方案的拟定 ··· 54
- 4.2　任务 2——选择电动机 ··· 55
  - 4.2.1　选择电动机的类型 ··· 55
  - 4.2.2　选择电动机的容量和转速 ·· 56
  - 4.2.3　选择电动机的型号 ··· 57
  - 4.2.4　选择传动系统中的电动机 ·· 58
- 4.3　任务 3——确定传动系统的总传动比及分配各级传动比 ··· 59

    4.3.1 确定传动系统的总传动比 ·· 60
    4.3.2 分配各级传动比 ·· 60
    4.3.3 设计传动系统的传动比 ·· 61
  4.4 任务 4——计算传动系统的运动和动力参数 ·· 62
    4.4.1 传动系统的运动和动力参数 ·· 62
    4.4.2 传动系统的运动和动力参数的计算 ·································· 64
    4.4.3 冲床的传动系统的运动和动力参数的计算 ······················ 65
  4.5 模块小结 ··· 66
  4.6 知识拓展 ··· 66
    4.6.1 轮系的概念和类型 ·· 66
    4.6.2 定轴轮系及其传动比的计算 ·· 67

第 5 模块 V 带传动的设计

  5.0 预备知识 ··· 69
    5.0.1 带传动的组成 ·· 69
    5.0.2 带传动的类型 ·· 69
  5.1 任务 1——选择普通 V 带的型号 ··· 72
    5.1.1 普通 V 带的型号 ·· 72
    5.1.2 选择普通 V 带的型号的依据 ·· 73
    5.1.3 普通 V 带的型号的选择 ·· 74
  5.2 任务 2——设计普通 V 带传动的参数 ··· 75
    5.2.1 设计普通 V 带传动的参数的依据 ···································· 75
    5.2.2 设计普通 V 带传动的参数的步骤 ···································· 76
    5.2.3 普通 V 带传动的参数的设计 ·· 78
  5.3 任务 3——设计普通 V 带轮的结构 ··· 79
    5.3.1 普通 V 带轮的材料及选择 ·· 79
    5.3.2 普通 V 带轮的结构形式和尺寸 ·· 79
    5.3.3 绘制普通 V 带轮的零件图 ·· 80
    5.3.4 普通 V 带轮的结构的设计 ·· 81
  5.4 模块小结 ··· 82
  5.5 知识拓展 ··· 82
    5.5.1 传动带的张紧 ·· 82
    5.5.2 传动带的安装和维护 ·· 83

第 6 模块 齿轮传动的设计

  6.0 预备知识 ··· 85
    6.0.1 齿轮传动的特点和基本类型 ·· 86
    6.0.2 渐开线齿廓及其啮合特性 ·· 87
  6.1 任务 1——选择齿轮的材料及热处理方法 ··································· 89
    6.1.1 选择齿轮的材料及热处理方法的依据 ······························ 89
    6.1.2 常用的齿轮的材料及热处理方法 ······································ 91

  6.1.3 齿轮的材料及热处理方法的选择 ································· 93
 6.2 任务 2——按齿面接触疲劳强度设计齿轮传动 ································· 93
  6.2.1 轮齿的受力分析 ································· 93
  6.2.2 齿面接触疲劳强度的计算 ································· 94
  6.2.3 公式使用说明及参数选择 ································· 96
  6.2.4 按齿面接触疲劳强度进行齿轮传动的设计 ································· 97
 6.3 任务 3——计算渐开线标准直齿圆柱齿轮传动的几何尺寸 ························· 98
  6.3.1 齿轮的基本参数 ································· 98
  6.3.2 齿轮的啮合传动 ································· 100
  6.3.3 齿轮的几何尺寸的计算 ································· 102
  6.3.4 渐开线标准直齿圆柱齿轮传动的几何尺寸 ································· 102
 6.4 任务 4——按齿根弯曲疲劳强度校核齿轮传动 ································· 103
  6.4.1 齿根弯曲疲劳强度的计算 ································· 103
  6.4.2 公式使用说明及参数选择 ································· 104
  6.4.3 按齿根弯曲疲劳强度进行齿轮传动的校核 ································· 105
 6.5 任务 5——确定齿轮传动的精度 ································· 106
  6.5.1 齿轮的切削加工与根切现象及最少齿数 ································· 106
  6.5.2 齿轮传动的精度及选择依据 ································· 108
  6.5.3 齿轮传动的精度的确定 ································· 109
 6.6 任务 6——设计齿轮的结构及润滑方式 ································· 109
  6.6.1 确定齿轮的结构 ································· 110
  6.6.2 确定齿轮传动的润滑方式 ································· 111
  6.6.3 齿轮的结构及润滑方式的设计 ································· 112
 6.7 模块小结 ································· 113
 6.8 知识拓展 ································· 113
  6.8.1 斜齿圆柱齿轮传动 ································· 113
  6.8.2 圆锥齿轮传动 ································· 115
  6.8.3 蜗杆传动 ································· 116

第 7 模块 轴的设计 ································· 119

 7.0 预备知识 ································· 120
  7.0.1 轴的作用 ································· 120
  7.0.2 轴的分类 ································· 120
 7.1 任务 1——选择轴的材料及热处理方法 ································· 121
  7.1.1 常用的轴的材料及热处理方法 ································· 121
  7.1.2 对轴的材料及热处理方法进行选择 ································· 123
 7.2 任务 2——估算轴的最小直径 ································· 123
  7.2.1 按扭转强度估算轴的最小直径 ································· 123
  7.2.2 轴的最小直径的估算 ································· 124
 7.3 任务 3——设计轴的结构 ································· 124

		7.3.1 设计轴的结构的基本要求	124
		7.3.2 设计轴的结构时应考虑的因素	125
		7.3.3 轴的结构的设计	129

7.4 任务 4——校核轴的强度 …… 130
7.4.1 弯扭合成强度的计算 …… 131
7.4.2 校核轴的强度的步骤 …… 131
7.4.3 轴的强度的校核 …… 132
7.5 模块小结 …… 133

第 8 模块 滚动轴承的设计 …… 134
8.0 预备知识 …… 134
8.0.1 滚动轴承的功用 …… 134
8.0.2 滚动轴承的基本构造 …… 135
8.0.3 滚动轴承的材料 …… 135
8.1 任务 1——选择滚动轴承的类型 …… 135
8.1.1 滚动轴承的类型 …… 135
8.1.2 滚动轴承的代号 …… 137
8.1.3 选择滚动轴承的类型的依据 …… 139
8.1.4 滚动轴承的类型的选择 …… 140
8.2 任务 2——计算滚动轴承的寿命 …… 140
8.2.1 计算滚动轴承的寿命的依据 …… 141
8.2.2 滚动轴承的寿命中的基本概念 …… 142
8.2.3 滚动轴承的寿命的计算公式 …… 143
8.2.4 滚动轴承的寿命的计算 …… 144
8.3 任务 3——设计滚动轴承的支承结构 …… 145
8.3.1 常用滚动轴承的支承结构 …… 145
8.3.2 设计滚动轴承的支承结构时应考虑的因素 …… 147
8.3.3 滚动轴承的支承结构的设计 …… 150
8.4 模块小结 …… 150

第 9 模块 键连接的设计 …… 151
9.0 预备知识 …… 151
9.0.1 键连接的类型 …… 151
9.0.2 平键连接 …… 152
9.1 任务 1——选择普通平键的类型 …… 153
9.1.1 普通平键的类型 …… 153
9.1.2 选择普通平键的类型的依据 …… 154
9.1.3 普通平键的类型的选择 …… 154
9.2 任务 2——在标准中选择键的尺寸 …… 154
9.2.1 普通平键的尺寸及标记 …… 154
9.2.2 选择普通平键的尺寸的依据 …… 155

  9.2.3　普通平键的尺寸的选择 ··· 156
 9.3　任务 3——校核普通平键的强度 ·· 156
  9.3.1　普通平键的材料 ·· 156
  9.3.2　普通平键连接的失效形式 ··· 157
  9.3.3　普通平键连接的强度计算 ··· 157
  9.3.4　普通平键的强度的校核 ·· 158
 9.4　任务 4——确定普通平键连接的配合公差 ·· 158
  9.4.1　配合类型及应用 ·· 158
  9.4.2　公差值的确定及标注 ·· 159
  9.4.3　普通平键连接的配合公差的确定 ··· 159
 9.5　模块小结 ··· 160
 9.6　知识拓展 ··· 160
  9.6.1　松键连接的类型及应用 ·· 160
  9.6.2　紧键连接的类型及应用 ·· 162

第 10 模块　联轴器的设计 ·· 163
 10.1　任务 1——选择联轴器的类型 ··· 163
  10.1.1　联轴器的类型 ·· 164
  10.1.2　选择联轴器的类型时应考虑的因素 ··· 168
  10.1.3　联轴器的类型的选择 ·· 169
 10.2　任务 2——选择联轴器的型号 ··· 169
  10.2.1　选择联轴器的型号时应满足的条件 ··· 169
  10.2.2　联轴器的标记方法 ··· 170
  10.2.3　联轴器的型号的选择 ·· 171
 10.3　模块小结 ··· 171
 10.4　知识拓展 ··· 172
  10.4.1　离合器 ·· 172
  10.4.2　制动器 ·· 173

第 11 模块　螺纹连接的设计 ·· 175
 11.0　预备知识 ··· 176
  11.0.1　螺纹的形成及类型 ··· 176
  11.0.2　螺纹的主要几何参数 ·· 177
 11.1　任务 1——选择螺纹连接的类型 ·· 178
  11.1.1　螺纹连接的基本类型及应用特点 ·· 178
  11.1.2　螺纹连接件及其选用原则 ·· 180
  11.1.3　螺纹连接的类型的选择 ·· 181
 11.2　任务 2——设计螺栓组连接的结构 ·· 181
  11.2.1　设计螺栓组连接时应考虑的因素 ·· 181
  11.2.2　螺纹连接的预紧和防松 ·· 183
  11.2.3　螺栓组连接的结构的设计 ·· 185

11.3　模块小结 ·· 185
　　11.4　知识拓展 ·· 186
第 12 模块　减速器箱体及其附件的结构设计 ·· 188
　　12.1　任务 1——设计减速器箱体的结构 ··· 189
　　　　12.1.1　减速器箱体的结构 ··· 189
　　　　12.1.2　减速器箱体的材料及主要结构尺寸 ··· 189
　　　　12.1.3　设计减速器箱体的结构时应考虑的因素 ··· 190
　　　　12.1.4　减速器箱体的结构和主要结构尺寸的计算 ··· 193
　　12.2　任务 2——设计减速器箱体附件的结构 ·· 194
　　　　12.2.1　轴承盖和套杯的结构设计 ··· 194
　　　　12.2.2　其他附件的结构设计 ··· 196
　　　　12.2.3　减速器箱体附件的结构设计 ··· 201
　　12.3　任务 3——设计减速器的润滑和密封装置 ·· 202
　　　　12.3.1　设计减速器的润滑装置 ··· 202
　　　　12.3.2　设计减速器的密封装置 ··· 203
　　　　12.3.3　减速器的润滑和密封装置的设计 ··· 206
　　12.4　模块小结 ·· 206
　　12.5　知识拓展 ·· 207
附录 A　附表 ··· 208
附录 B　附图 ··· 214
附录 C　三维造型设计 ··· 219
　　设计 1　冲压机构的动画制作 ··· 219
　　设计 2　送料机构的动画制作 ··· 222
　　设计 3　轴的三维造型 ··· 225
　　设计 4　齿轮的三维造型 ··· 227
附录 D　轴的工程图 ··· 230
参考文献 ··· 234

第 1 模块　机械设计基础概述

冲床是制造业中广泛使用的冲压设备，主要用于生产薄壁零件。由于冲压工艺具有生产率高、加工成本低、材料利用率高、操作简单等特点，借助模具可以制造出其他金属加工工艺难以制造出的复杂形状，因此它的用途很广泛。

冲床的结构简图如图 1-1 所示，冲压工艺就是利用压力机（包括冲床、液压机）和冲模，在常温下对金属板施加压力，使其分离或产生塑性变形，以获得一定形状和尺寸的工件的一种无切削加工工艺。

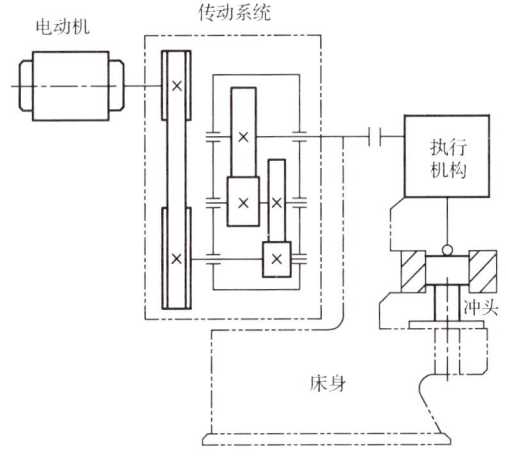

图 1-1　冲床的结构简图

本模块为机械设计基础概述，引入真实的工程项目冲床的执行机构及传动系统的设计，在该项目的实施中，要确保冲床在满足工作条件的前提下，尽量达到结构简单紧凑、加工和装配工艺性好、传动效率高、使用和维护方便等要求。

本模块的具体内容包括确定机器的结构及工艺动作、拟定执行机构的运动方案、进行执行机构的运动方案的可行性分析。

工作任务

- 任务 1——确定机器的结构及工艺动作
- 任务 2——拟定执行机构的运动方案
- 任务 3——进行执行机构的运动方案的可行性分析

学习目标

- 掌握常用机构及方案的设计方法

- 掌握机构运动简图的绘制方法
- 掌握机构自由度的计算方法

1.1 任务1——确定机器的结构及工艺动作

某企业需要加工一种深筒形薄壁工件，其结构和尺寸如图 1-2（a）所示。根据分析可知，该工件的材料为铝合金，外径为 50mm，壁厚为 2mm。该企业决定设计一台冲床，用于该薄壁铝合金工件的冲压工艺，将薄壁铝合金板一次性冲压成深筒形。冲床的工作原理如图 1-2（b）所示，下模固定不动，上模（冲头）上下往复运动，先快速接近坯料，再匀速对工件冲压拉延成形，然后继续下行将成品推出模腔。当上模离开下模后，推杆从侧面将坯料送至待加工位置，从而完成一个运动循环。

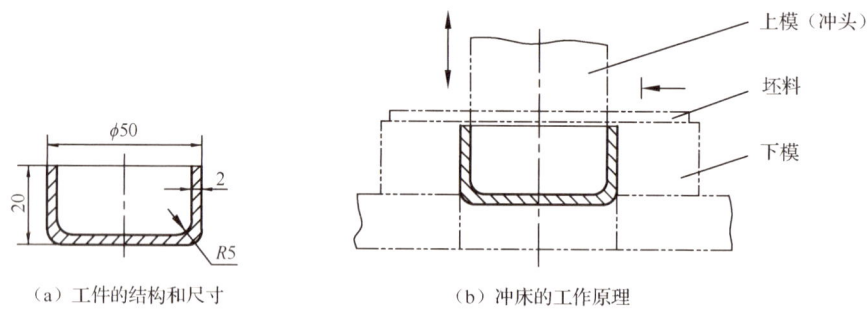

（a）工件的结构和尺寸　　　　（b）冲床的工作原理

图 1-2　工件的结构和尺寸及冲床的工作原理

本任务在分析机器的结构的基础上，结合冲床的加工工艺，拟定冲床的结构及工艺动作和执行构件的运动形式，绘制运动循环图，具体内容包括：

（1）机器的结构。
（2）机械设计的要求与步骤。
（3）机械工艺动作的拟定。
（4）冲床的结构及工艺动作。

1.1.1 机器的结构

为了满足生产和生活的需要，人类设计和制造了种类繁多、功能各异的机器。机器是执行机械运动的装置，用于转换（或传递）能量、物料与信息，如内燃机、电动机、洗衣机、机床、汽车、起重机、各种食品机械等。

机器不是本来就存在于自然界的，而是为了完成人类的某些工作或某项任务，由人类制造生产出来的实物组合，且在完成具体工作或任务时，机器的各个部分按某种规律进行确定的相对运动。由此可以归纳出机器的三个特征：

（1）由人类制造生产出来的实物组合。
（2）各个部分间具有确定的相对运动。
（3）能够做机械功或实现能量的转换（或传递）。

通常只要具备上述三个特征的机械运动装置就可称为机器，若只具备前两个特征，则称为机构，而机器和机构则统称为机械。

对于机器的结构组成，可以从以下角度进行分析。

1. 从制造的角度分析

机器都是由若干个零件装配而成的。零件是机器中不可拆卸的制造单元。

零件按照是否具有通用性可分为两类：一类是在各种机器中都会用到的零件，称为通用零件，如齿轮、链轮、蜗轮、轴、螺栓、螺母等，其中螺栓、螺母等属于标准件，齿轮、链轮、蜗轮、轴等属于非标准件；另一类则是在特定类型的机器中才会用到的零件，称为专用零件，如内燃机的曲轴、汽轮机的叶片等。

零件按照功能可分为连接件、传动件、支承件等。

2. 从运动的角度分析

机器是由若干个运动单元体组成的，这种运动单元体称为构件。

构件可以是一个零件，也可以是由若干个零件组成的刚性组合体。例如，内燃机中的连杆由连杆体 1、螺栓 2、螺母 3 及连杆盖 4 等零件组成，如图 1-3 所示。

两个构件之间直接接触组成的可动连接称为运动副。用运动副将若干个构件连接起来以传递运动和动力的系统称为机构。

机器可以包含一个机构，如电动机，也可以包含几个机构，如图 1-4 所示的内燃机，该内燃机包含齿轮机构（由齿轮 1、齿轮 2 组成）、曲柄滑块机构（由活塞 6、连杆 7、曲柄轴 8 组成）、凸轮机构（由气缸体 3、凸轮 4、从动杆 5 组成）等。

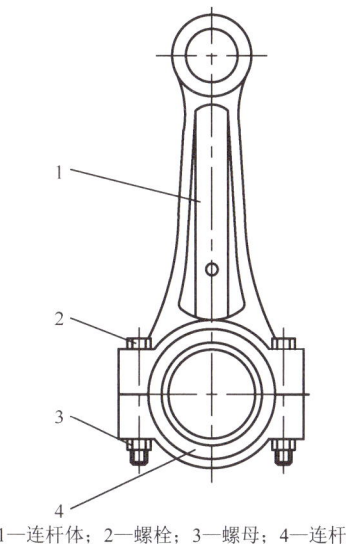

1—连杆体；2—螺栓；3—螺母；4—连杆盖。

图 1-3　内燃机中的连杆

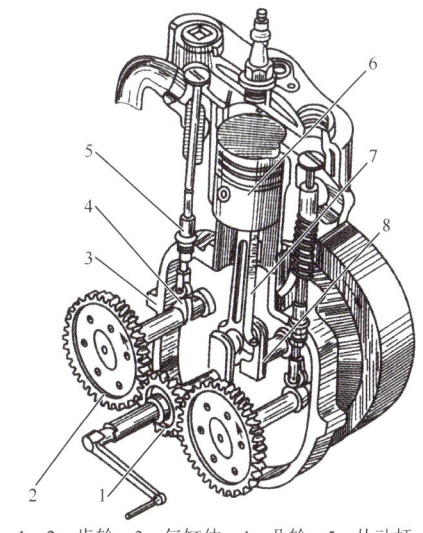

1、2—齿轮；3—气缸体；4—凸轮；5—从动杆；
6—活塞；7—连杆；8—曲柄轴。

图 1-4　内燃机

3. 从功能的角度分析

机器的种类很多，它们的用途、性能、构造、工作原理各不相同，通常一台完整的机器包括四个基本部分。

（1）原动部分：将其他形式的能量转换为机械能（如内燃机和电动机分别将热能和电能转换为机械能）。原动部分是机器的动力源。

（2）传动部分：将原动部分的运动形式、运动和动力参数转换为执行部分所需的运动形式、运动和动力参数。

（3）执行部分（又称工作部分）：完成机器的预定功能。

（4）控制部分：使以上三个部分协调工作，并准确、可靠地完成整体功能。

1.1.2 机械设计的要求与步骤

1. 机械设计应满足的基本要求

机械的种类很多，但机械设计应满足的基本要求大致相同，主要有以下几类。

（1）功能性要求：能实现机械预定的功能，在工作期限内准确、可靠地运行。

（2）经济性要求：在设计、制造、使用和维护时的费用较低。

（3）使用性能要求：机械操作方便、省力、安全、可靠。

（4）其他要求：机械应便于安装、运输、拆卸，还要考虑对环境的保护问题。

2. 机械设计的一般步骤

机械设计一般分以下四个步骤。

（1）确定设计任务：根据机械的功能和性能要求，研究设计实现的可能性、确定设计目标、编制设计任务书。

（2）方案设计：构思机械的结构、工作原理及工艺动作，绘制机械运动循环图，拟定执行机构的运动方案和传动系统的传动方案，绘制机构运动简图。

（3）结构设计：根据机构运动简图，通过计算和结构设计，得到相关装配图和零件图。

（4）改进设计：对设计的结果进行试制和鉴定，并进行必要的修改和完善，以更好地实现预期目标。

1.1.3 机械工艺动作的拟定

1. 构思机械的工作原理

针对设计任务书中规定的机械功能，构思实现该功能所应用的科学原理和技术手段，即机械的工作原理。

由于机械完成相同功能可以应用不同工作原理，因此应用不同工作原理的机械所对应的运动方案也是不同的。

2. 确定执行机构的工艺动作

在确定工作原理之后，便可以确定执行机构的工艺动作，以实现机械的功能。在构思执行机构的工艺动作时，应充分注意机械自身的运动特点，尽可能采用简单的、便于机械化的工艺动作。

3．分解执行机构的工艺动作

为了便于机构的选型和综合，常先将复杂的工艺动作分解成多个较容易实现的简单动作，如转动和直线运动，再进行合成，并确定执行构件的数目和各执行构件的运动形式及运动要求等。

4．绘制机械运动循环图

机械运动循环图是将各执行机构的同一个时间（或转角）的运动循环在同一张图上绘制，并且以某个主要执行机构的工作起始点为基准，表示其他执行机构相对于此主要执行机构动作的先后次序。机械运动循环图通常有三种表示形式，即直线式、圆周式和直角坐标式。

任务实施与训练

1.1.4 冲床的结构及工艺动作

根据图 1-2（b）所示的冲床的工作原理及任务书的设计要求，可知以下内容。
（1）上模工作段对应的曲柄轴转角 $\varphi=80°$，上模工作段的长度 $l=80mm$。
（2）上模的行程长度 $H>2l$，在工作段开始的位置，$l_1=0.3H$。
（3）送料距离 $h=60\sim250mm$。
通过合理选择上模运动各阶段对应的 φ 及 H、h，就能完成本任务。
设计步骤如下：

设 计 项 目	计 算 及 说 明
1．确定冲床的结构	冲床由三个部分组成：原动部分、传动系统、执行机构。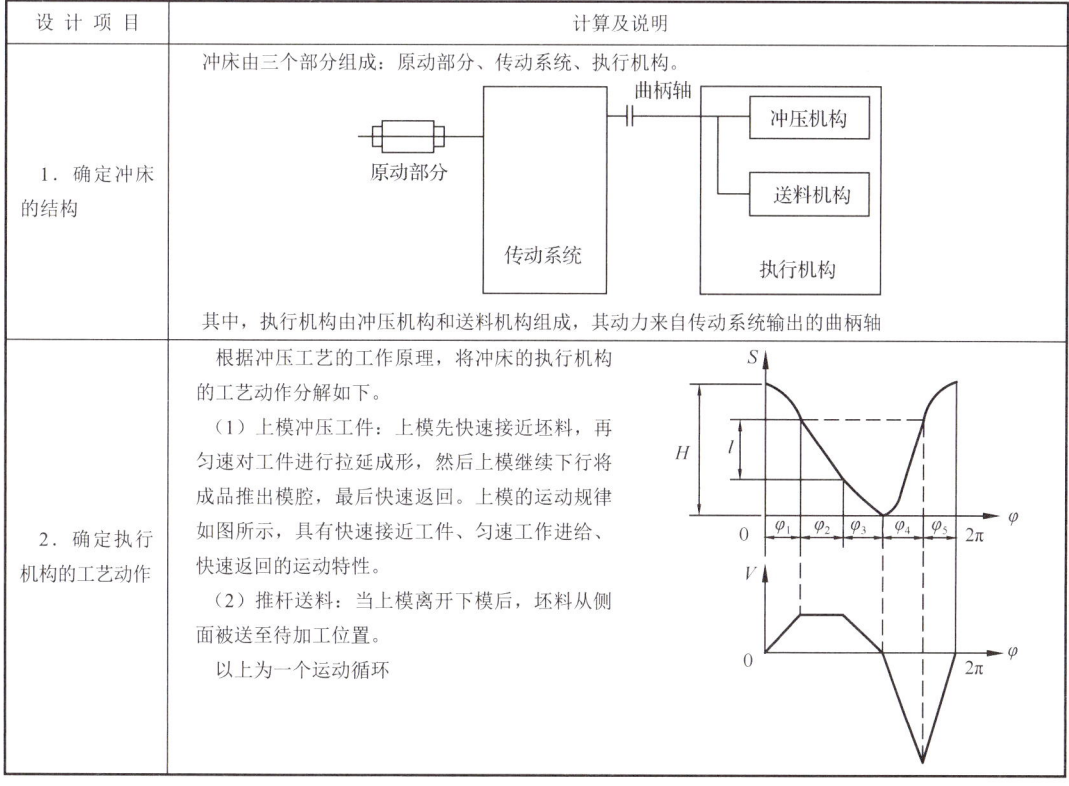其中，执行机构由冲压机构和送料机构组成，其动力来自传动系统输出的曲柄轴
2．确定执行机构的工艺动作	根据冲压工艺的工作原理，将冲床的执行机构的工艺动作分解如下。 （1）上模冲压工件：上模先快速接近坯料，再匀速对工件进行拉延成形，然后上模继续下行将成品推出模腔，最后快速返回。上模的运动规律如图所示，具有快速接近工件、匀速工作进给、快速返回的运动特性。 （2）推杆送料：当上模离开下模后，坯料从侧面被送至待加工位置。 以上为一个运动循环

续表

设计项目	计算及说明
2. 确定执行机构的工艺动作	上模运动的特点如表所示，曲柄轴转动一周，上模运动一个工作周期。 	运动过程	曲柄轴转角	上模的往复运动	上模的速度
---	---	---	---
1	φ_1	快速下移（匀加速），接近坯料	越来越快
2（工作段）	φ_2	匀速工进	匀速
3	φ_3	继续下移（匀减速），将成品推出模腔	越来越慢，至0
4	φ_4	快速返回（匀加速），离开下模	越来越快
5	φ_5	快速返回（匀减速），至起始位置	越来越慢，至0	
3. 绘制执行机构的运动循环图	根据执行机构的工艺动作及协调要求，冲压机构和送料机构必须协调动作。送料机构必须在上一个运动循环中上模离开下模后至下一个运动循环中上模冲压工件前的时间内进行送料。 由此可绘制执行机构的运动循环图，如图所示。 曲柄轴转动一周，5 个运动过程对应的角度分别为 $\varphi_1=90°$、$\varphi_2=\varphi=80°$、$\varphi_3=46°$、$\varphi_4=90°$、$\varphi_5=54°$（此处角度的选取应与 2.1.3 节中的 θ 值相对应，$\varphi_1+\varphi_2+\varphi_3=180°+\theta$，$\varphi_4+\varphi_5=180°-\theta$）。$H=200$mm，$h=150$mm，$l=80$mm，$l_1=0.3H=60$mm。 （a）圆周式　　（b）直角坐标式 | 曲柄轴转角	φ_1	φ_2	φ_3	φ_4	φ_5
---	---	---	---	---	---
上模	接近坯料	冲压工件	推出工件	离开下模	回到原位
送料机构	送料	返回		近休	送料	 （c）直线式 冲压机构完成的冲压动作：当主动件由起始位置（上模位于上极限点）转过角 φ_1（90°）时，上模快接近坯料；当曲柄轴转过角 φ_2（80°）至 170°时，上模近似匀速向下冲压工件；当曲柄轴转过角 φ_3（46°）至 216°时，上模继续向下运动，将工件推出模腔；当曲柄轴转过角 φ_4（90°）至 306°时，上模恰好离开下模；当曲柄轴转过角 φ_5（54°）至 360°时，上模继续返回，回到起始位置。 送料机构的送料动作只能在上模离开下模至再一次接近坯料的时间内进行。送料凸轮随曲柄轴由 316°转到 440°（共 124°）完成推程（送料），再转到 576°（共 136°）完成回程（返回），再转到 676°（共 100°）完成近休（停止不动）

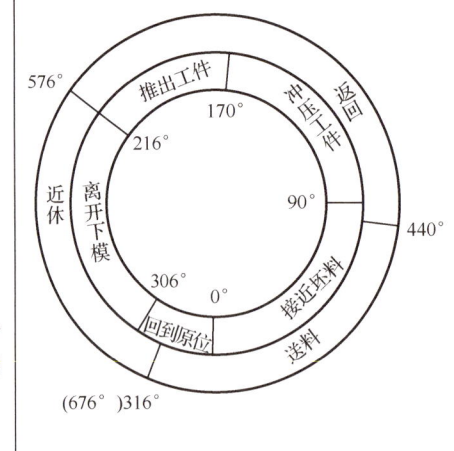

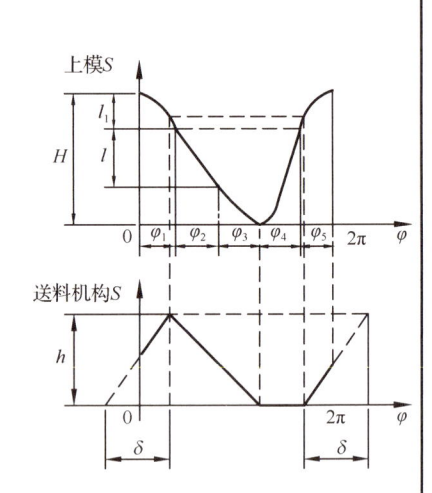

1.2 任务2——拟定执行机构的运动方案

任务描述与分析

冲床的执行机构由两个部分组成：冲压机构和送料机构，它们必须协调动作。

冲压机构的设计要求：主动件为曲柄，从动件（执行构件）为上模，有快速接近工件、匀速工作进给和快速返回的运动特性，并具有急回特性。

送料机构的设计要求：主动件为曲柄，从动件为推杆，进行间歇送进。

本任务根据执行机构的工艺动作和运动循环图，结合常用机构的类型及运动特点，选择合适的机构类型，拟定执行机构的运动方案，以满足冲床的执行机构的工艺动作要求。具体内容包括：

（1）机构的基本要素。
（2）机构的运动方案的表示法。
（3）机构的运动方案的比较与优选。
（4）执行机构的运动方案的拟定。

相关知识与技能

1.2.1 机构的基本要素

机构是由许多个构件组成的，其中每个构件都以一定方式与其他构件连接，且能产生确定的相对运动。这种两个构件直接接触并能产生确定的相对运动的连接称为运动副。机构的基本要素有两个：构件和运动副。

1. 构件

机构中的构件可分为以下三种类型。

（1）固定件：用来支承活动构件的构件，也称为机架，通常用作研究运动的参考坐标系。

（2）主动件：运动规律已知的活动构件，主动件的运动是由外界输入的，故又被称为输入构件或主动件。

（3）从动件：机构中随着主动件运动的其余活动构件。其中，输出运动和动力的构件称为输出构件，其他从动件则起传递运动的作用。

2. 运动副

在运动副中，两个构件之间的直接接触有三种情况：点接触、线接触和面接触。按照接触特性，通常把运动副分为低副和高副。

1）低副

两个构件通过面接触构成的运动副称为低副。根据两个构件间的相对运动形式，低副又分为转动副和移动副。当两个构件间的相对运动为转动时，运动副为转动副，又称为铰链，如图1-5所示；当两个构件间的相对运动为直线运动时，运动副为移动副，如图1-6所示。

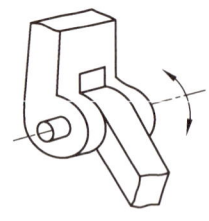 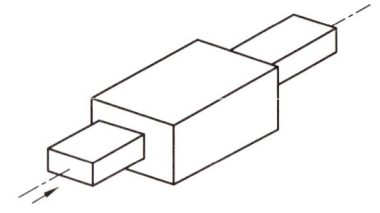

图 1-5　转动副　　　　　　　图 1-6　移动副

由于低副通过面接触构成运动副，因此其接触处的压强小，承载能力大，耐磨损，寿命长，且形状简单，容易制造。

2）高副

两个构件通过点接触或线接触构成的运动副称为高副。凸轮高副如图 1-7 所示，凸轮 1 与推杆 2 在接触处构成高副；齿轮高副如图 1-8 所示，两个齿轮的轮齿啮合处构成高副。

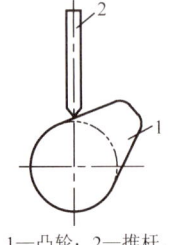 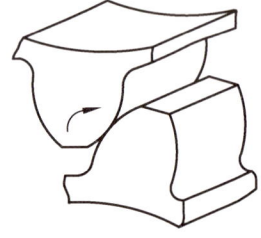

1—凸轮；2—推杆。

图 1-7　凸轮高副　　　　　　　图 1-8　齿轮高副

1.2.2　机构的运动方案的表示法

1. 机构运动简图

在研究机构的运动时，可以不考虑构件的形状、截面尺寸和运动副的具体构造等与运动无关的因素，只需要用简单的线条和符号来代表构件和运动副，并按一定的比例尺确定各运动副的相对位置，这样画出的图形称为机构运动简图。

2. 构件和运动副的表示法

1）构件的表示法

构件可以用形象、简洁的直线或小方块等来表示，下方画有斜线的构件表示机架。构件的表示法如表 1-1 所示。

表 1-1　构件的表示法

轴和杆状构件	块 状 构 件	构件的固定连接	机　　架

2）运动副的表示法

运动副的表示法如表 1-2 所示。

表 1-2 运动副的表示法

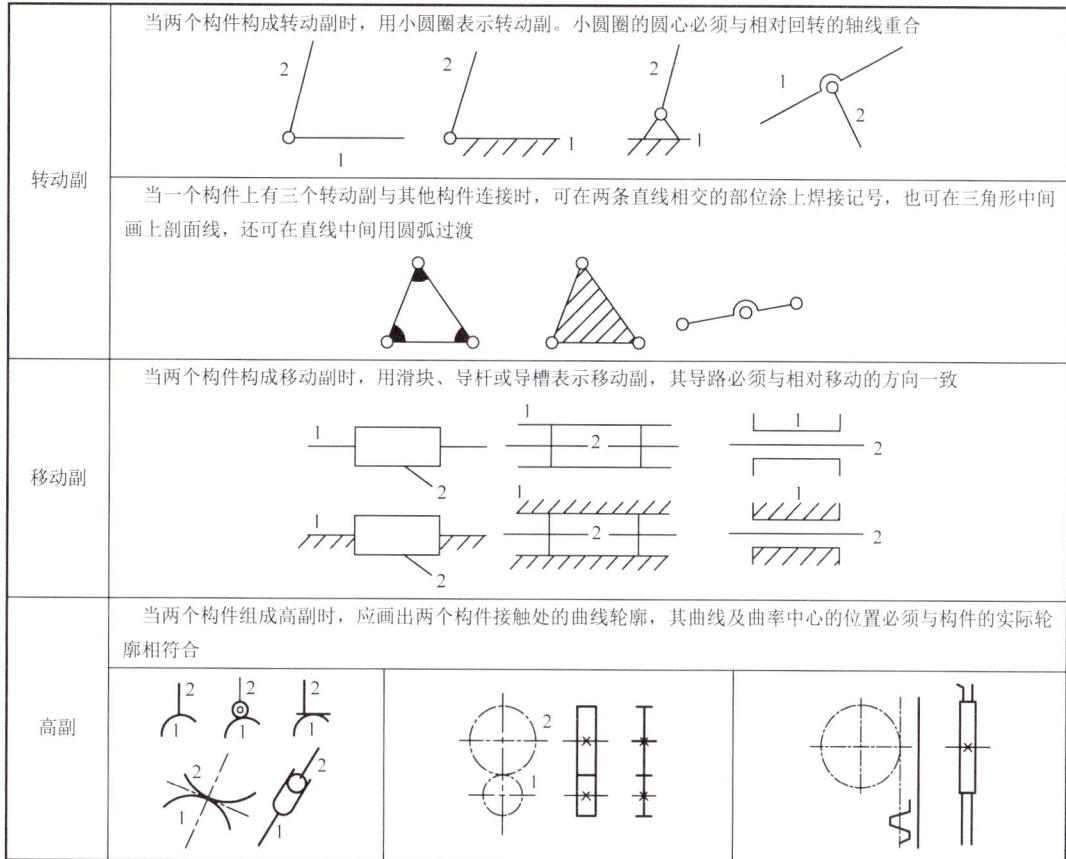

其他常用构件和运动副的表示法可查阅 GB/T 4460—2013《机械制图　机构运动简图用图形符号》。

3．机构运动简图的绘制步骤

（1）分析机构的运动，找出机构的机架、主动件和从动件。
（2）选择视图和比例尺。
（3）在运动副的位置上画出规定的运动副符号，再用简单的线条连接起来，画出机构运动简图，并给构件编号，给运动副标注字母。

1.2.3　机构的运动方案的比较与优选

1．常用机构的类型

在选择执行机构的类型时应满足执行构件的运动形式；还应使机构的结构简单、紧凑，便于制造与安装；机构应具有足够的强度和工作寿命，工作安全可靠；各执行机构之间的动作与运动应便于协调配合等。

为了便于进行机构选型，表 1-3 列出了常用机构的主要性能。

表 1-3 常用机构的主要性能

机构类型	运动简图	运动及动力特性
连杆机构		可以输出转动、移动、摆动，实现一定轨迹、定位要求；经机构串联，还可以实现停歇、逆转和变速功能；利用死点可用于夹紧、自锁装置；因运动副为面接触，故承载能力大。平衡困难，不宜用于高速装置
凸轮机构		可以输出任意运动规律的移动、摆动，但工作行程不大；若凸轮固定，从动件复合运动，则从动件可以实现任意运动轨迹；因运动副为高副（滚滑副），且需要靠力封闭或形封闭组成运动副，故不适用于重载装置
螺旋机构		可以输出移动、转动，实现微动、增力、定位等功能；工作平稳、精度高，但效率低、易磨损
棘轮机构		结构简单，可以获得从动件单向或双向较小角度的可调间歇转动；工作时冲击、噪声较大，只适用于低速轻载装置
槽轮机构		结构简单，常用于分度转位机构；可以输出间歇运动，转位平稳；有柔性冲击，不适用于高速装置

2．机构选型的原则

在进行机构选型时应注意以下原则。

（1）机构的结构应简单、紧凑。

（2）运动链应尽量短，以提高机械效率。

（3）机构应具有良好的动力特性，并应尽量增大传动角。

（4）应尽量减少带有虚约束的机构。

（5）机构应易于加工，成本低。

3. 确定运动方案时应考虑的因素

因为对于要求满足某种功能的机构，运动方案有很多种，所以有必要对机构的运动方案进行比较和优选，主要考虑以下几个方面的因素。

1）机构的功能

机构的功能就是转换运动和传递力。在对机构进行运动设计时，要先分析所设计机构的功能，包括工作行程是否达到设计要求及与预期运动规律的符合程度，传力性能（压力角、传动角）、振动、冲击、噪声的大小，传动精度与持久性，恢复精度的方便程度等。

2）机构的结构

减少构件数和运动副数可以使机构的结构较为简单，减少制造困难，同时可以减少误差和摩擦损耗，提高机构的刚度，并且可以降低机构产生故障的可能性，提高其工作的可靠性。

3）机构的经济性

机构应具有良好的经济性，即加工制造成本低，使用维修费用低。

4）机构的安全性

除了以上内容，还应考虑机构的安全性，如机构的操作强度，操作人员的体力、脑力消耗，机构的使用、维修、保养、拆装、运输的方便程度，是否会造成污染或公害，对工作环境有无特殊要求（防尘、防爆、防电磁干扰及恒温、恒湿等）。

任务实施与训练

1.2.4 执行机构的运动方案的拟定

根据冲压机构和送料机构的设计要求可知以下内容。

冲压机构的从动件：上模，行程中有匀速运动段（工作段），并具有急回特性。

送料机构的从动件：推杆，进行间歇送进，机构应具有较好的动力特性。

要满足这些要求，用单一的基本机构是难以实现的，只有将几个基本机构恰当地组合在一起才能满足上述要求。

设计步骤如下：

设计项目	计算及说明	
1. 拟定运动方案	方案一：齿轮—连杆冲压机构和凸轮—连杆送料机构。 　　如图所示，冲压机构采用了有两个自由度的双曲柄七杆机构，送料机构由凸轮机构和连杆机构串联组成	方案二：摆动导杆—摇杆滑块冲压机构和凸轮送料机构。 　　如图所示，冲压机构是在摆动导杆机构的基础上，串联一个摇杆滑块机构组成的。送料机构采用凸轮机构，凸轮轴通过齿轮机构与曲柄轴相连

续表

设计项目	计算及说明
1. 拟定运动方案	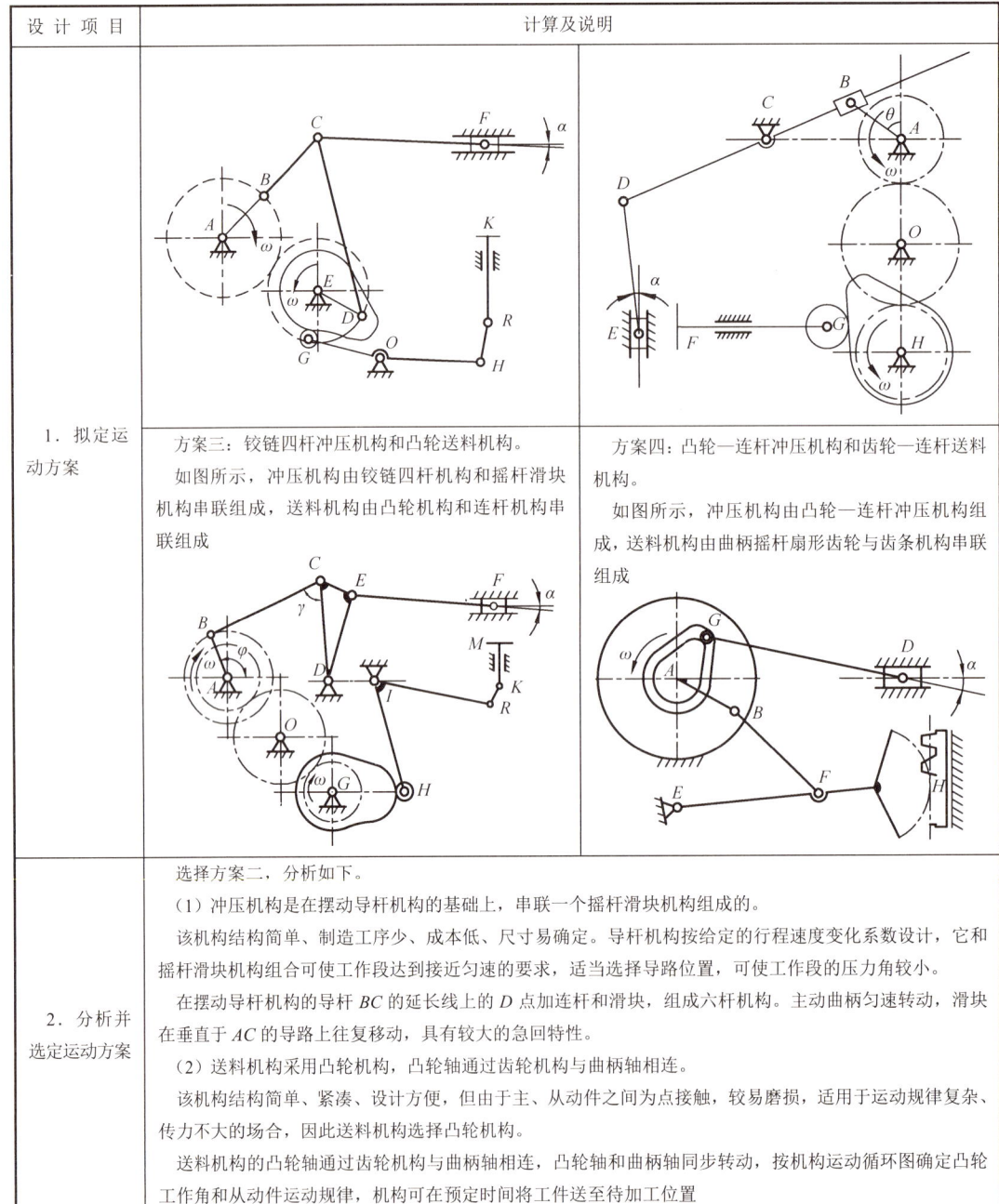 方案三：铰链四杆冲压机构和凸轮送料机构。 如图所示，冲压机构由铰链四杆机构和摇杆滑块机构串联组成，送料机构由凸轮机构和连杆机构串联组成 方案四：凸轮—连杆冲压机构和齿轮—连杆送料机构。 如图所示，冲压机构由凸轮—连杆冲压机构组成，送料机构由曲柄摇杆扇形齿轮与齿条机构串联组成
2. 分析并选定运动方案	选择方案二，分析如下。 （1）冲压机构是在摆动导杆机构的基础上，串联一个摇杆滑块机构组成的。 该机构结构简单、制造工序少、成本低、尺寸易确定。导杆机构按给定的行程速度变化系数设计，它和摇杆滑块机构组合可使工作段达到接近匀速的要求，适当选择导路位置，可使工作段的压力角较小。 在摆动导杆机构的导杆 BC 的延长线上的 D 点加连杆和滑块，组成六杆机构。主动曲柄匀速转动，滑块在垂直于 AC 的导路上往复移动，具有较大的急回特性。 （2）送料机构采用凸轮机构，凸轮轴通过齿轮机构与曲柄轴相连。 该机构结构简单、紧凑、设计方便，但由于主、从动件之间为点接触，较易磨损，适用于运动规律复杂、传力不大的场合，因此送料机构选择凸轮机构。 送料机构的凸轮轴通过齿轮机构与曲柄轴相连，凸轮轴和曲柄轴同步转动，按机构运动循环图确定凸轮工作角和从动件运动规律，机构可在预定时间将工件送至待加工位置

1.3 任务3——进行执行机构的运动方案的可行性分析

任务描述与分析

冲床的执行机构的运动方案：冲压机构是在摆动导杆机构的基础上，串联一个摇杆滑块机构组成的。送料机构采用凸轮机构，凸轮轴通过齿轮机构与曲柄轴相连，凸轮轴和曲柄轴同步转动，其运动简图如图1-9所示。

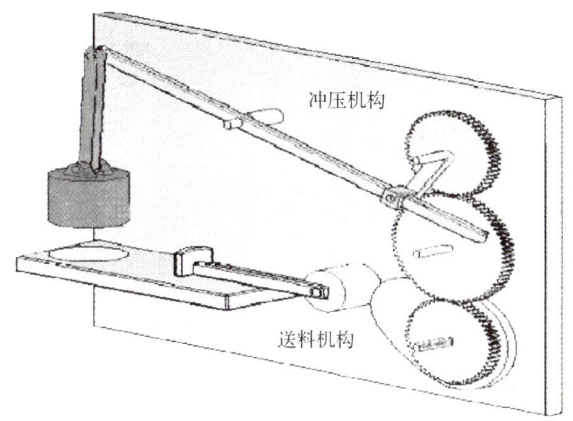

图1-9　冲床的执行机构的运动简图

本任务通过机构中的构件数和运动副计算机构的自由度，判断所设计的机构是否具有确定的相对运动，从而判断其可行性。具体内容包括：

（1）平面机构的自由度。
（2）执行机构的运动方案的可行性分析的依据。
（3）计算平面机构的自由度时应注意的问题。
（4）执行机构的运动方案的可行性分析。

相关知识与技能

1.3.1　平面机构的自由度

1. 平面构件的自由度

构件所具有的独立运动参数的数目称为构件的自由度。一个做平面运动的构件有3个自由度，即沿x轴和y轴的移动，以及在xOy平面内的转动，如图1-10所示。

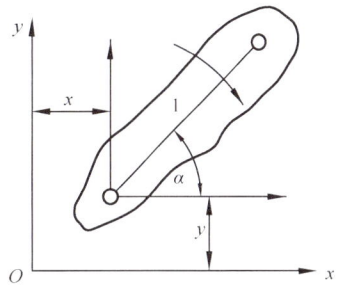

图1-10　构件的自由度

2. 平面机构的自由度、约束及自由度的计算

1）平面机构的自由度

平面机构具有确定运动时所给定的独立运动参数的数目称为平面机构的自由度。平面机构的自由度与其活动构件的数目、运动副的类型和数目有关。

2）平面机构的约束

一个构件与另一个构件通过运动副连接以后，每个构件的运动便受到限制。运动副对构件运动的这种限制作用称为约束。约束会使机构的自由度减少。

不同类型的运动副引入的约束个数不同，在平面机构中，每个低副引入2个约束，使机构失去 2 个自由度；每个高副引入 1 个约束，使机构失去 1 个自由度。

3）平面机构的自由度的计算

设某个平面机构中包含 n 个活动构件、P_L 个低副、P_H 个高副，则活动构件带入 $3n$ 个自由度，运动副引入 $2P_L+P_H$ 个约束。平面机构的自由度 F 应等于活动构件的自由度总数减去运动副引入的约束总数，即

$$F=3n-2P_L-P_H \tag{1-1}$$

式（1-1）就是平面机构的自由度的计算公式。由该式可知，平面机构的自由度 F 取决于活动构件的数目及运动副的类型和数目。当平面机构的自由度大于 0 时，平面机构才能运动，否则平面机构成为桁架。

1.3.2 执行机构的运动方案的可行性分析的依据

要判断执行机构的运动方案是否可行，就要判断该机构是否具有确定的相对运动。

机构的自由度就是机构具有的独立运动的数目，也是该机构可能接受外部输入的独立运动的数目。在机构中，主动件按给定的运动规律进行独立的运动，由于一般每个主动件只给定一个独立运动参数，因此机构的自由度也就是机构应当具有的主动件的数目。

在图 1-11（a）所示的五杆机构中，主动件数（$W=1$）小于机构的自由度数（$F=3×4-2×5=2$），显然，其运动是不确定的；在图 1-11（b）所示的四杆机构中，主动件数（$W=2$）大于机构的自由度数（$F=3×3-2×4=1$），主动件 1 和主动件 3 的运动相互干涉；在图 1-11（c）所示的运动链中，其自由度等于 0（$F=3×4-2×6=0$），该运动链成为桁架。

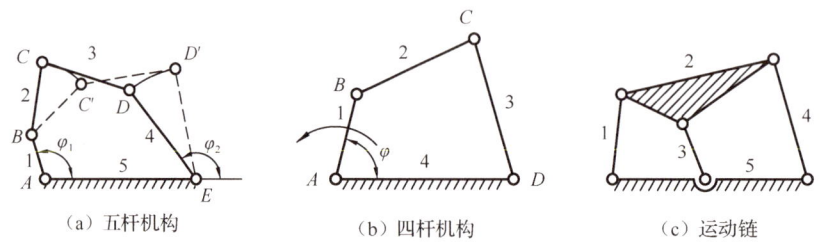

(a) 五杆机构　　　　(b) 四杆机构　　　　(c) 运动链

图 1-11　不同自由度机构的运动

综上所述，机构具有确定的相对运动的条件：机构自由度必须大于 0 且主动件数应等于机构的自由度数。

1.3.3 计算平面机构的自由度时应注意的问题

在计算平面机构的自由度时，必须注意以下几个问题。

1. 复合铰链

2 个以上构件在同一处以转动副连接的铰链称为复合铰链，如图 1-12（a）所示，该铰链为 3 个构件在 A 处组成的复合铰链。由图 1-12（b）可知，这 3 个构件共组成 2 个共轴线转动副。若由 K 个构件组成复合铰链，则共组成 $K-1$ 个共轴线转动副。

2. 局部自由度

在图 1-13（a）所示的平面凸轮机构中，为了减少高副接触处的磨损，在从动件上安装一个滚子 3，显然，该滚子是否绕其自身轴线转动并不影响凸轮与从动件间的相对运动。这种与输出构件运动无关的自由度称为局部自由度。在计算机构自由度时应将其去除。

将滚子 3 与从动件 2 固定在一起作为一个构件来考虑，如图 1-13（b）所示。在该机构中，$n=2$，$P_L=2$，$P_H=1$，其自由度 $F=3n-2P_L-P_H=3×2-2×2-1=1$，即此机构中只有 1 个自由度，与机构的实际自由度相符。

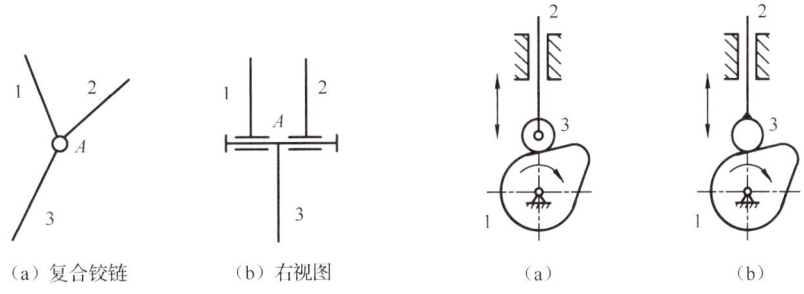

图 1-12　复合铰链及其右视图　　　　　　图 1-13　局部自由度

3. 虚约束

在运动副中不起约束作用的某些结构约束称为虚约束，在计算机构自由度时应将其去除。虚约束经常出现在以下几种情况中。

（1）2 个构件间构成多个相同的运动副，其中只有 1 个运动副起约束作用，其余运动副为虚约束。

图 1-14 所示为导路重合的虚约束，该机构为压缩机中的曲柄滑块机构。构件 3 和 4 在 D 和 D' 处组成 2 个移动副，且导路线重合，这时移动副之一为虚约束。

图 1-15 所示为轴线重合的虚约束，1 个转动构件的转轴支承在 2 个轴承上，在 A 和 B 处组成 2 个转动副，且轴线重合，这时转动副之一为虚约束。

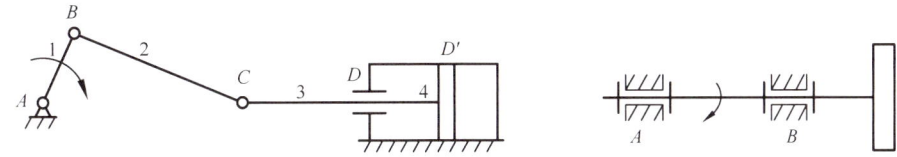

图 1-14　导路重合的虚约束　　　　　　图 1-15　轴线重合的虚约束

（2）相连的 2 个构件在连接点上的运动轨迹相互重合，这种连接（运动副）带入的约束为虚约束。

如图 1-16 所示，连杆 2 在机构运动时整体平动，构件 5 上 E 点的运动轨迹与连杆 2 完全重合，故构件 5 对连杆 2 的约束为虚约束。

（3）机构中对传递运动不起独立作用的对称部分也为虚约束。

如图 1-17 所示，中心轮经过 2 个对称布置的小齿轮 2 和 2′驱动内啮合齿轮 3，其中有 1 个小齿轮对传递运动不起独立作用，为虚约束。

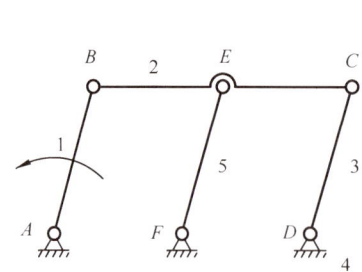   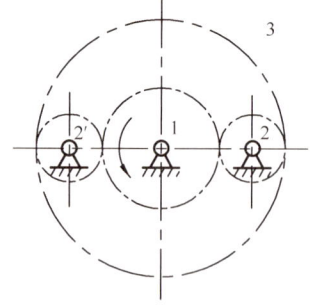

图 1-16 运动轨迹相互重合　　　　图 1-17 对称结构的虚约束

综上所述，可以看出：机构中的虚约束都是在特定的几何条件下出现的，若不满足这些几何条件，则虚约束就成为有效约束，机构就不能运动。

值得指出的是，在机械设计中，虚约束往往是根据某些实际需要采用的，如为了增强支承刚度、改善受力、传递较大的功率等，在计算机构自由度时应将其去除。

1.3.4　执行机构的运动方案的可行性分析

通过计算冲压机构和送料机构的自由度，就能判断该机构是否具有确定的相对运动。设计步骤如下：

设 计 项 目	计算及说明	结　果
1. 冲压机构的可行性分析	在该机构中，无复合铰链、局部自由度、虚约束。 在该机构中，$n=5$，$P_L=7$，$P_H=0$。 该机构的自由度 $F=3n-2P_L-P_H=3\times5-2\times7-0=1$	该机构具有确定的相对运动，方案可行
2. 送料机构的可行性分析	在该机构中，无复合铰链、虚约束，G 处为局部自由度。 在该机构中，$n=2$，$P_L=2$，$P_H=1$。 该机构的自由度 $F=3n-2P_L-P_H=3\times2-2\times2-1=1$	该机构具有确定的相对运动，方案可行

1.4 模块小结

本模块详细介绍了执行机构的运动方案及其可行性分析，结合真实的工程项目冲床的执行机构及传动系统的设计的引入，重点阐述了确定机器的结构及工艺动作、拟定执行机构的运动方案、进行执行机构的运动方案的可行性分析。

本模块主要有以下几个知识点。

（1）机器、零件、构件、运动副、机构、机械等基本概念。

（2）机械工作原理与工艺动作的拟定、执行机构的运动循环。

（3）常用机构的类型、主要性能，机构选型的原则，机械运动方案的比较与优选。

（4）机构运动简图的绘制和分析。

（5）平面机构的自由度的计算。要正确判断并处理复合铰链、局部自由度和虚约束 3 种情况。

第 2 模块　平面连杆机构的设计

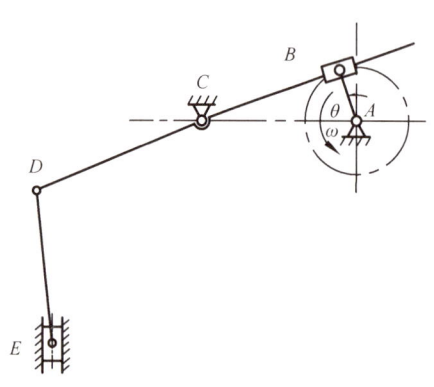

图 2-1　冲床的冲压机构

在冲床的执行机构中，冲压机构的作用是完成对坯料的冲压成型，冲压机构的工作性能直接影响产品的加工质量。

由第 1 模块可知，冲压机构采用了两种机构的组合形式，即摆动导杆机构和摇杆滑块机构，如图 2-1 所示。在 ABC 摆动导杆机构的导杆 BC 的延长线上的 D 点处加连杆和滑块，组成六杆机构。

设计冲压机构，也就是要确定机构中各构件的尺寸，使机构满足冲压时的工作要求。

本模块将完成冲压机构的设计，主要内容包括按急回特性计算机构的极位夹角、用图解法设计机构、分析机构的传力性能。

工作任务

- 任务 1——按急回特性计算机构的极位夹角
- 任务 2——用图解法设计机构
- 任务 3——分析机构的传力性能

学习目标

- 掌握机构的急回特性
- 掌握行程速度变化系数及极位夹角的概念及关系
- 掌握用图解法设计机构的方法
- 掌握压力角和传动角的概念及机构传力性能的分析

2.0　预备知识

平面连杆机构是由若干个构件以低副连接而成的机构，又称平面低副机构。四个构件连接而成的平面连杆机构称为平面四杆机构。

平面四杆机构按是否具有移动副可以分成三类：铰链四杆机构、具有一个移动副的四杆机构、具有两个移动副的四杆机构。

2.0.1 铰链四杆机构

所有运动副均为转动副的四杆机构称为铰链四杆机构,如图 2-2 所示,它是平面四杆机构的基本形式。固定构件 4 称为机架;与机架相连接的构件 1 和构件 3 称为连架杆;连接 2 个连架杆的构件 2 称为连杆。能进行整周转动的连架杆称为曲柄,仅能在某个角度范围内摆动的连架杆称为摇杆。在图 2-2 中,A、D 处为固定铰链,B、C 处为活动铰链。

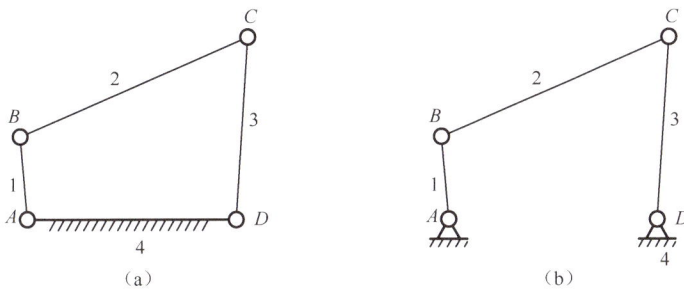

图 2-2 铰链四杆机构

按照连架杆的运动方式,可将铰链四杆机构分为三种基本形式:曲柄摇杆机构、双曲柄机构和双摇杆机构。

1. 曲柄摇杆机构

在两个连架杆中,一个连架杆为曲柄而另一个连架杆为摇杆的铰链四杆机构称为曲柄摇杆机构。曲柄摇杆机构及其应用如表 2-1 所示。

表 2-1 曲柄摇杆机构及其应用

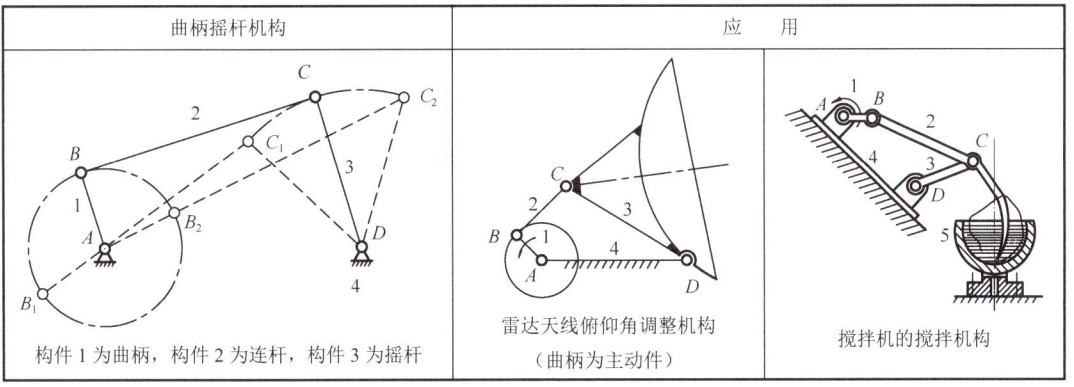

曲柄摇杆机构	应 用	
构件 1 为曲柄,构件 2 为连杆,构件 3 为摇杆	雷达天线俯仰角调整机构（曲柄为主动件）	搅拌机的搅拌机构

2. 双曲柄机构

两个连架杆均为曲柄的铰链四杆机构称为双曲柄机构。双曲柄机构及其应用如表 2-2 所示。

表2-2 双曲柄机构及其应用

	双曲柄机构	应用
一般双曲柄机构	主动曲柄1进行等速转动，从动曲柄3进行变速转动	惯性振动筛机构
平行四边形双曲柄机构	两个曲柄进行同步转动，连架杆平动	机车车轮联动机构
反向四边形双曲柄机构	两个曲柄进行反向转动	车门启闭机构

3. 双摇杆机构

两个连架杆均为摇杆的铰链四杆机构称为双摇杆机构。在一般情况下，两个摇杆的摆角不等。这种机构常用于操纵机构、仪表机构。双摇杆机构及其应用如表2-3所示。

表2-3 双摇杆机构及其应用

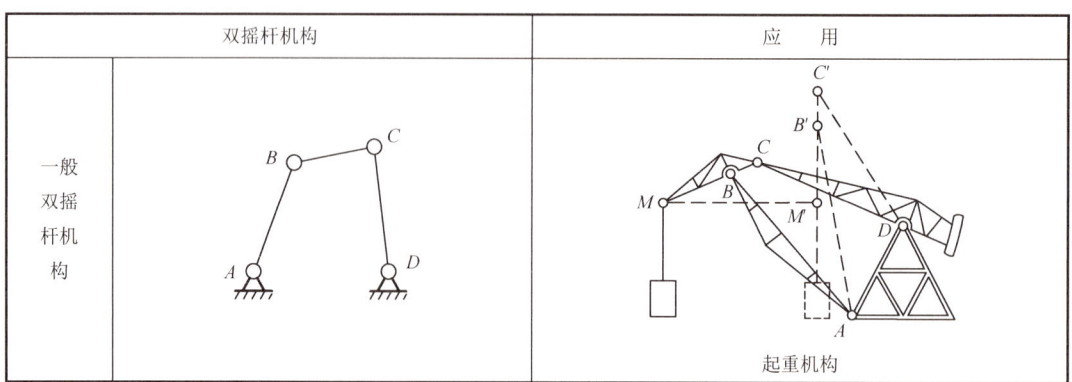

	双摇杆机构	应用
一般双摇杆机构		起重机构

续表

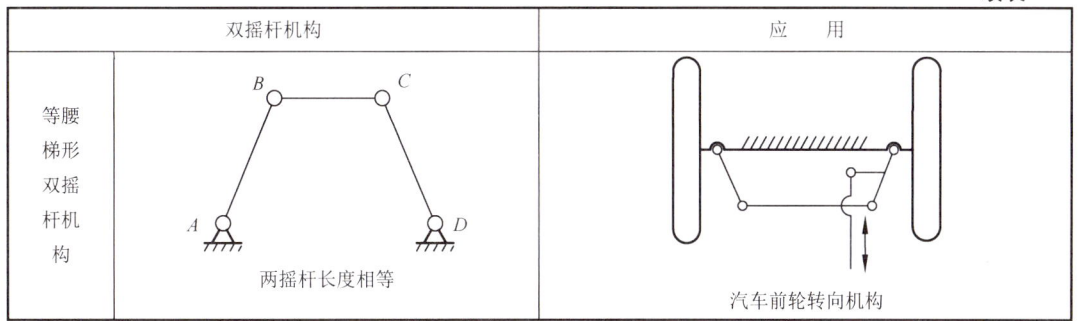

铰链四杆机构的三种基本形式的区别为是否存在曲柄，这取决于机构各杆的长度和机架的选择，通过它们之间的几何关系，可推导出曲柄满足以下条件。

（1）最短杆与最长杆的长度之和小于或等于其余两杆的长度之和（杆长和条件）。

（2）连架杆与机架中必有一杆为最短杆。

由以上条件可知，铰链四杆机构基本形式的判别方法如图 2-3 所示。

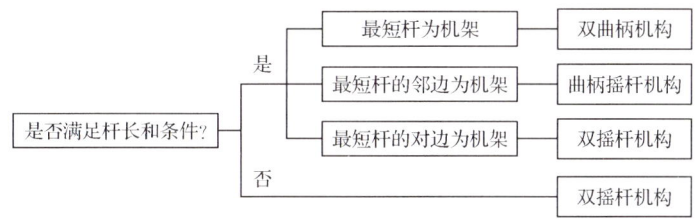

图 2-3 铰链四杆机构基本形式的判别方法

2.0.2 具有一个移动副的四杆机构

具有一个移动副的四杆机构有四种形式：曲柄滑块机构、导杆机构、摇块机构和定块机构。它们可通过采用不同的构件为机架而相互转换，如图 2-4 所示。

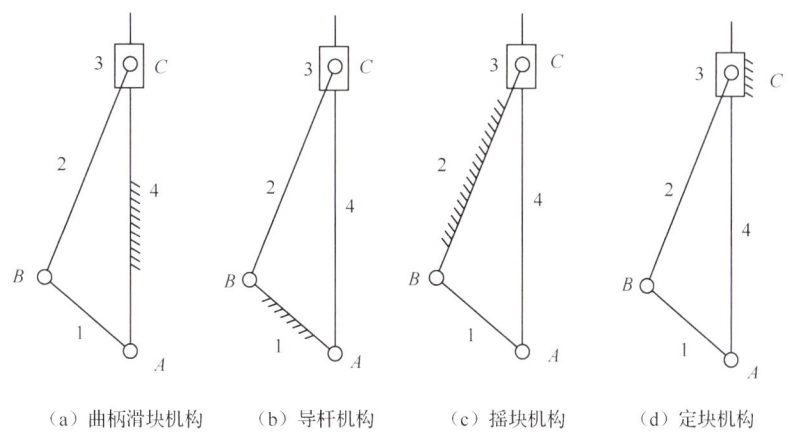

(a) 曲柄滑块机构　(b) 导杆机构　(c) 摇块机构　(d) 定块机构

图 2-4 具有一个移动副的四杆机构

1. 曲柄滑块机构

曲柄转动中心到滑块移动导路的垂直距离 e 称为偏置距，若 $e=0$，则该机构称为对心曲柄滑块机构；若 $e \neq 0$，则该机构称为偏置曲柄滑块机构。在表 2-4 中的曲柄滑块机构中，保证 AB 杆成为曲柄的条件是 $l_{AB} + e < l_{BC}$。

曲柄滑块机构用于转动与往复移动之间的转换，广泛应用于内燃机、空压机和自动送料机等机械。曲柄滑块机构及其应用如表 2-4 所示。

表 2-4　曲柄滑块机构及其应用

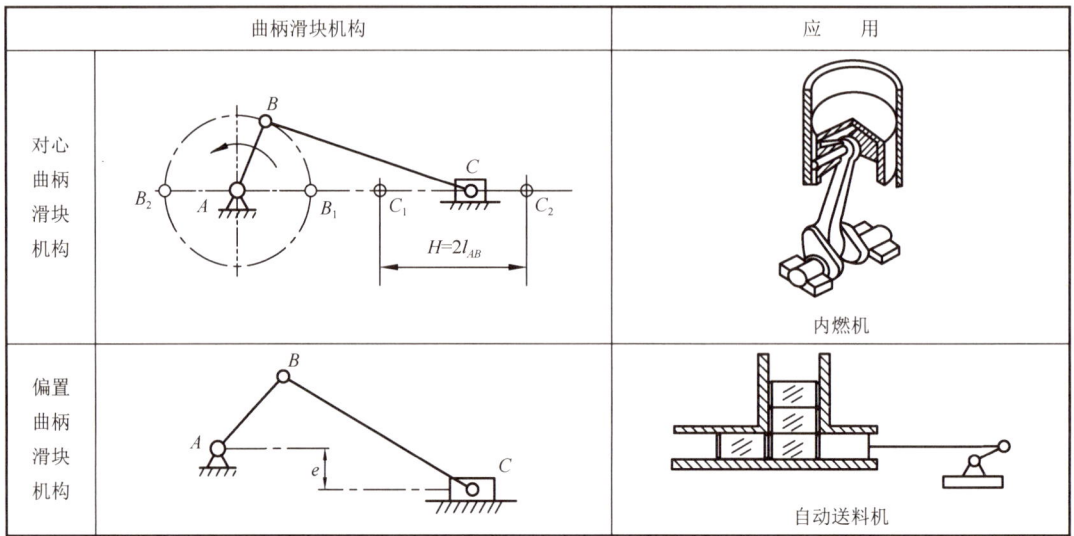

2. 导杆机构

导杆机构具有很好的传力性能，常用于插床、牛头刨床和送料装置等机械。导杆机构及其应用如表 2-5 所示。

表 2-5　导杆机构及其应用

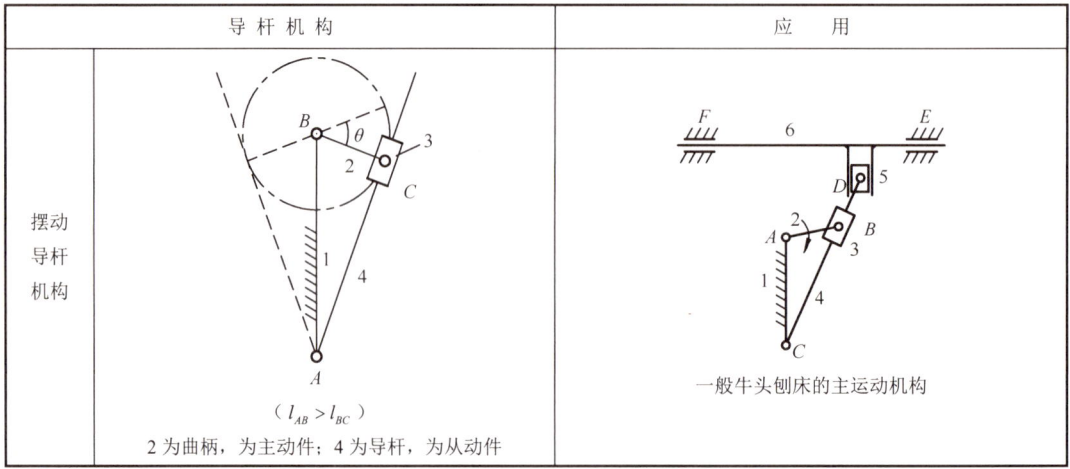

续表

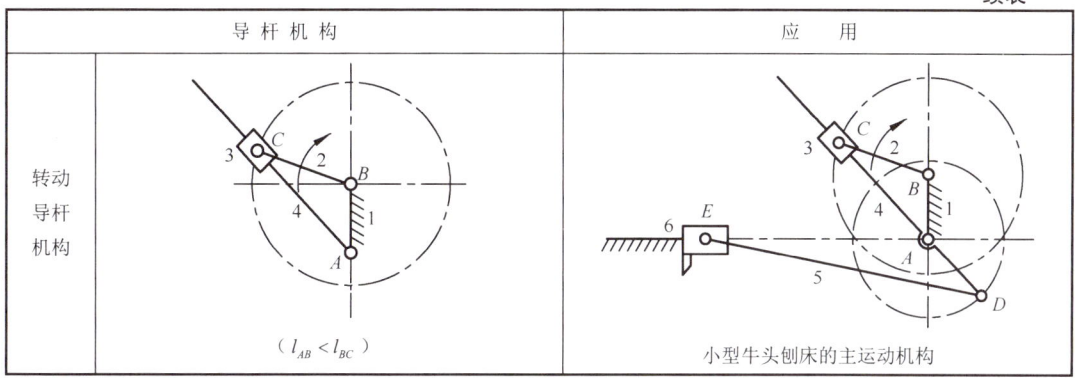

3．摇块机构

摇块机构常用于摆缸式原动机和气、液压驱动装置等。摇块机构及其应用如表2-6所示。

表2-6 摇块机构及其应用

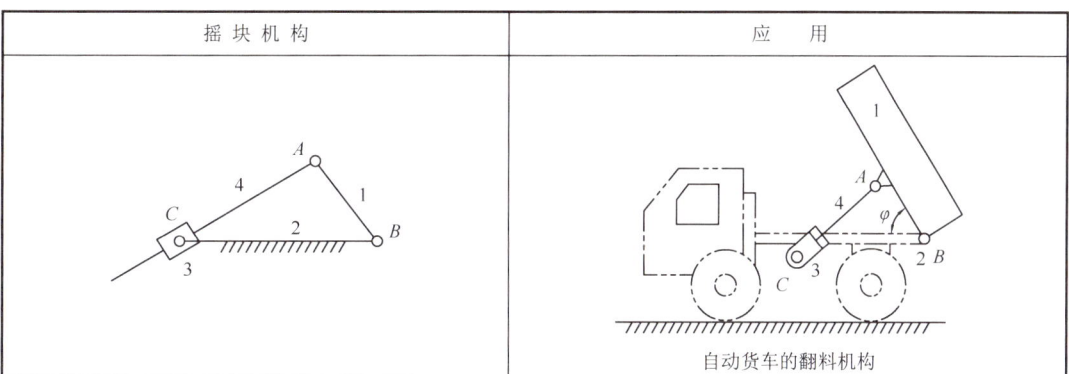

4．定块机构

定块机构常用于抽油泵和手摇泵。定块机构及其应用如表2-7所示。

表2-7 定块机构及其应用

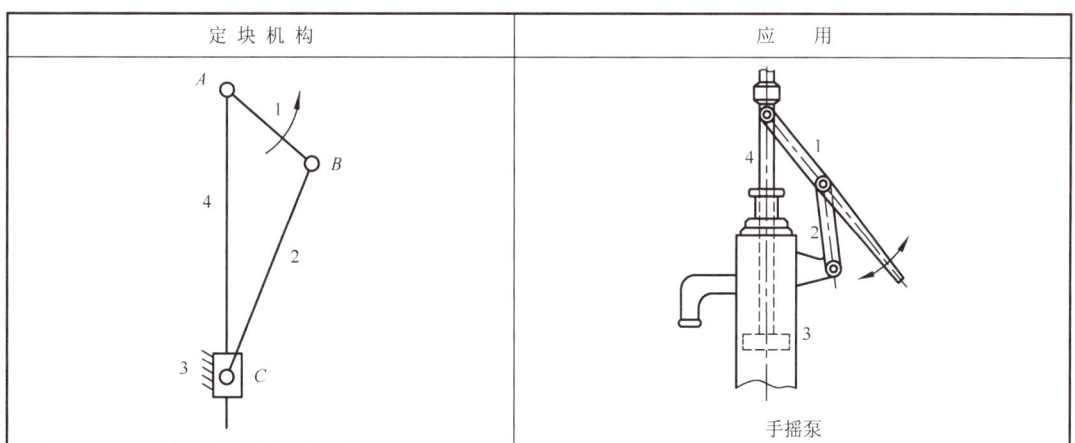

2.0.3 具有两个移动副的四杆机构

具有两个移动副的四杆机构有三种形式：正弦机构、双转块机构和双滑块机构。它们可通过采用不同的构件为机架而相互转换。有两个移动副的四杆机构及其应用如表 2-8 所示。

表 2-8 具有两个移动副的四杆机构及其应用

类　　型		应　　用
正弦机构	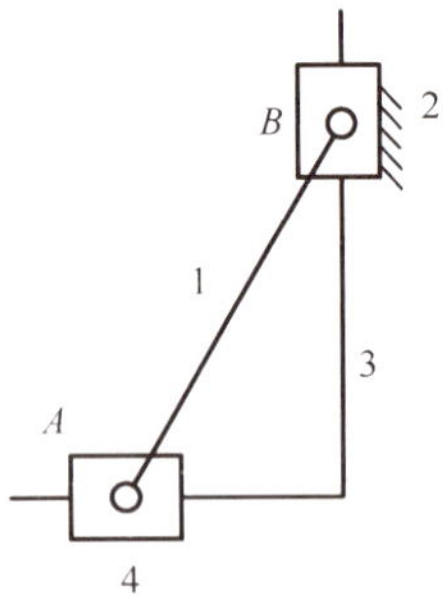	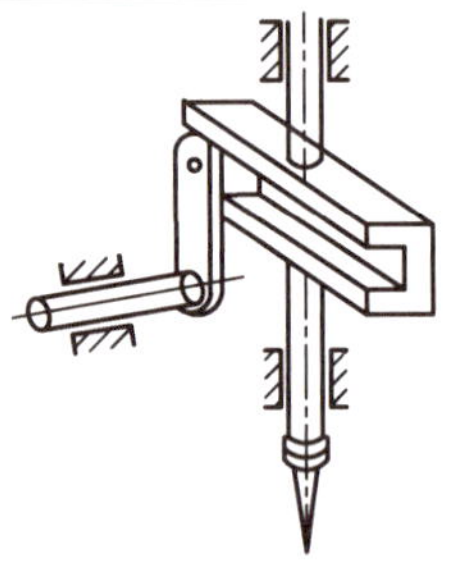 缝纫机下针机构
双转块机构	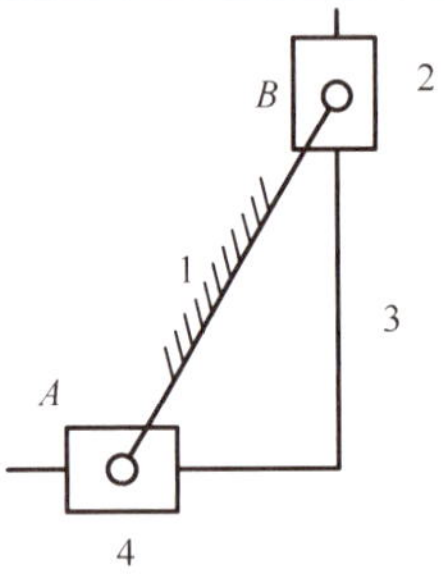	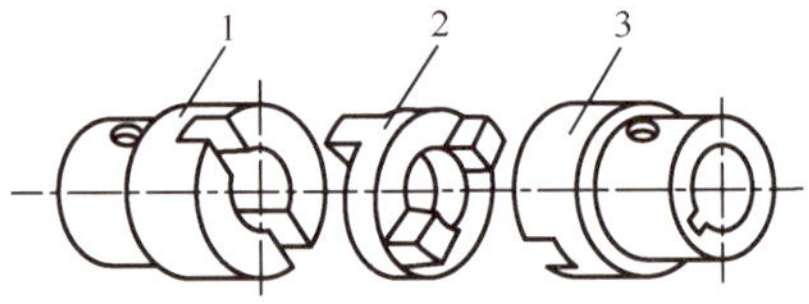 十字滑块联轴器
双滑块机构	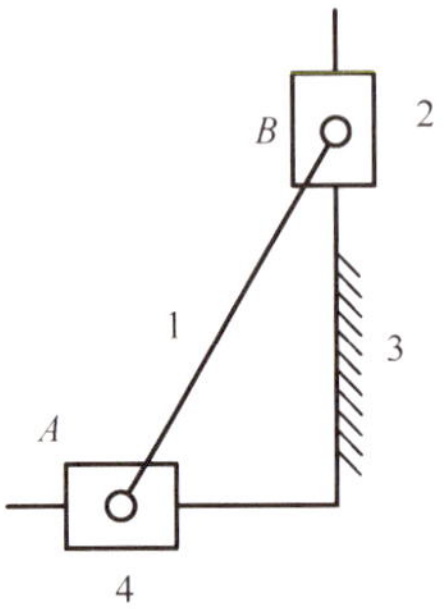	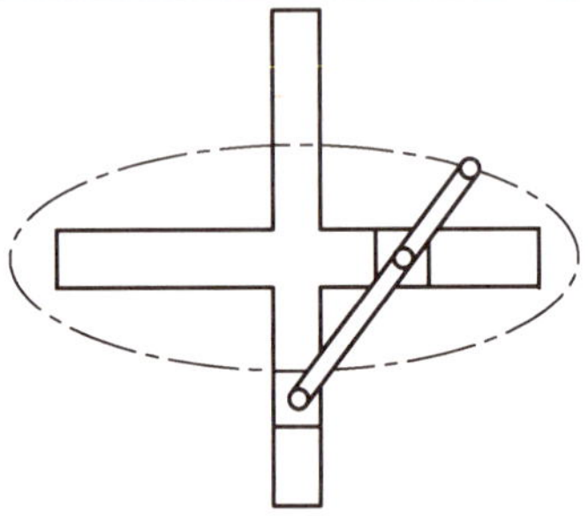 椭圆仪

2.1 任务 1——按急回特性计算机构的极位夹角

任务描述与分析

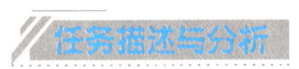

如图 2-5 所示，对滑块运动的要求：快速下沉、匀速进给、快速返回，对机构的急回特性的要求：行程速度变化系数 $K \geq 1.3$，可以根据 K 来计算摆动导杆机构的极位夹角 θ，为设计机构的几何尺寸做好准备。

第 2 模块　平面连杆机构的设计

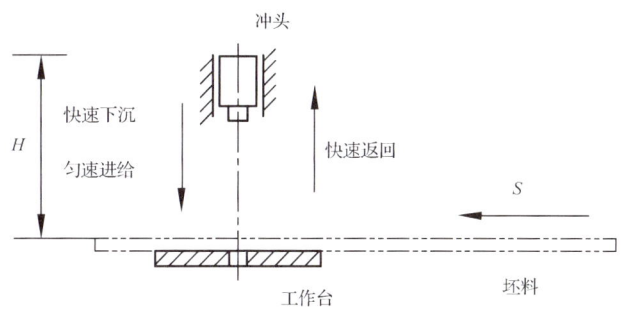

图 2-5　对滑块的要求

本任务根据对机构的急回特性的要求确定摆动导杆机构的极位夹角。具体内容包括：
(1) 急回特性的概念及作用。
(2) 急回特性的指标：行程速度变化系数。
(3) 计算冲压机构的极位夹角。

相关知识与技能

2.1.1　急回特性的概念及作用

下面以摆动导杆机构为例分析机构的急回特性。

如图 2-6 所示，构件 AC 是机架，主动曲柄 AB 进行匀速转动，从动导杆 CB 进行变速摆动。当曲柄 AB 匀速转动一周时，导杆 CB 处在左右两个极限位置 CB_1 和 CB_2。当导杆 CB 处在两个极限位置时，对应的两个曲柄位置之间所夹的锐角 θ 称为极位夹角。

曲柄匀速转动一周可分为两个阶段。

(1) 当曲柄顺时针从 AB_1 转到 AB_2 时，转过的角度 $\varphi_1 = 180° + \theta$，导杆从 CB_1 转到 CB_2，摆角为 ψ，设所需时间为 t_1，B 点的平均速度为 v_1。

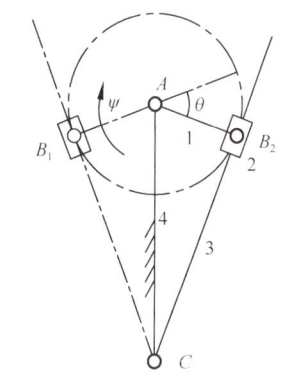

(2) 当曲柄继续顺时针从 AB_2 到 AB_1 时，转过的角度 $\varphi_2 = 180° - \theta$，导杆又从 CB_2 转回到 CB_1，摆角仍然是 ψ，设所需时间为 t_2，B 点的平均速度为 v_2。

图 2-6　摆动导杆机构的急回特性

由于 $\varphi_1 > \varphi_2$，因此 $t_1 > t_2$，$v_2 > v_1$。这说明，当主动曲柄进行匀速转动时，从动导杆进行往复摆动的速度不同，工作行程速度慢，空回行程速度快，机构的这种运动特性称为急回特性。

机构的急回特性可以用来节约空回行程的时间，以节省动力，提高劳动生产率，如牛头刨床中的摆动导杆机构就有这种效果。

除了摆动导杆机构，曲柄摇杆机构及偏置曲柄滑块机构也具有急回特性，详见本模块的知识拓展。

2.1.2　急回特性的指标：行程速度变化系数

为了表明急回特性的相对程度，引入行程速度变化系数 K，其计算公式为

$$K=\frac{v_2}{v_1}=\frac{\frac{B_2B_1}{t_2}}{\frac{B_1B_2}{t_1}}=\frac{t_1}{t_2}=\frac{\varphi_1}{\varphi_2}=\frac{180°+\theta}{180°-\theta}>1 \quad (2\text{-}1)$$

将式（2-1）整理后，可得极位夹角的计算公式为

$$\theta=180°\frac{K-1}{K+1} \quad (2\text{-}2)$$

由以上分析可知：

（1）当极位夹角 $\theta\neq0°$ 时，$K>1$，机构具有急回特性，且极位夹角 θ 越大，K 越大，急回特性越明显。

（2）当极位夹角 $\theta=0°$ 时，$K=1$，机构无急回特性。

由于急回特性会影响机构运动的平稳性，因此在设计时，应根据工作要求，恰当地选择 K 值，在一般机械中，$1<K<2$。

任务实施与训练

2.1.3 计算冲压机构的极位夹角

根据任务书的要求，冲床的冲压机构的行程速度变化系数为 $K\geq1.3$。可以通过式（2-2）计算出极位夹角。

设计步骤如下：

设 计 项 目	计 算 及 说 明	结　　果
1. 取行程速度变化系数	$K\geq1.3$	取 $K=1.5$
2. 计算极位夹角	$\theta=180°\dfrac{K-1}{K+1}=180°\times\dfrac{1.5-1}{1.5+1}=36°$	$\theta=36°$

2.2　任务2——用图解法设计机构

任务描述与分析

图解法是设计机构的常用方法，该方法利用机构运动过程中各个构件之间的相对位置关系，通过绘图获得构件的几何尺寸。图解法直观形象，几何关系清晰，在进行一些简单机构的设计时，该方法有效且快捷。

冲压机构的运动要求如图 2-7 所示，冲压机构的主动件为曲柄 AB，进行匀速转动，从动件为滑块，进行上下往复的直线运动。当曲柄逆时针转动一周时，滑块完成一个运动循环。

根据急回特性的要求可知：极位夹角 $\theta=36°$，且执行构件（上模）的工作段长度 $l=80$mm，上模总行程

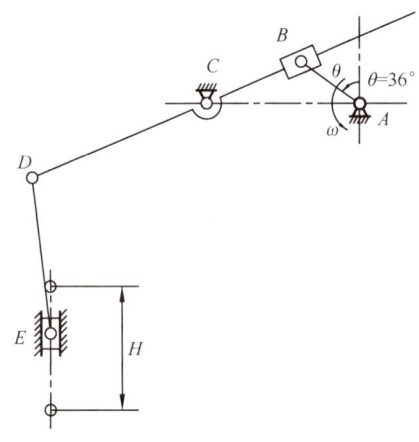

图 2-7　冲压机构的运动要求

长度 H =200mm。

本任务根据极位夹角 θ 和上模总行程长度 H，用图解法确定冲压机构的几何尺寸。具体内容包括：
（1）用图解法设计机构的依据。
（2）按给定的行程速度变化系数设计机构。
（3）用图解法设计冲压机构。

相关知识与技能

2.2.1 用图解法设计机构的依据

图解法就是通过画图的方法设计出构件的几何尺寸，用该方法设计机构的依据是机构在运动过程中各个构件之间的相对位置关系。

由图 2-6 可知，摆动导杆机构在运动中有以下特点。
（1）当导杆 CB 处在左右两个极限位置 CB_1 和 CB_2 时，曲柄 AB 与导杆垂直。
（2）导杆的摆角 ψ 等于机构的极位夹角 θ。

若给定机构的行程速度变化系数 K，则可以知道机构的急回特性，从而计算出极位夹角 θ；再根据极位夹角 θ 及其他一些限制条件，可用图解法方便地绘出四杆机构，从而确定构件的几何尺寸。

2.2.2 按给定的行程速度变化系数设计机构

已知摆动导杆机构的机架长度 d 和行程速度变化系数 K（极位夹角 θ），试设计该机构。

以图 2-8 所示的摆动导杆机构为例，按给定的行程速度变化系数设计机构的步骤：
（1）确定比例尺对应的数值 μ_L。
（2）任取点 A，根据机架长度 d 确定点 C，并使 A、C 位于铅垂线。
（3）因摆动导杆机构的极位夹角 θ 等于导杆的摆角 ψ，故做 $\angle ACB_1 = \angle ACB_2 = \theta/2$。
（4）做 AB_1（或 AB_2）垂直于 B_1C（或 B_2C），则 AB 为曲柄，在图中量取其长度 $a = \mu_L AB_1$。

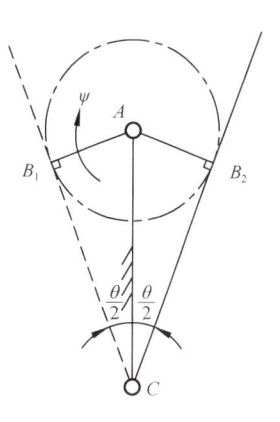

图 2-8 摆动导杆机构

任务实施与训练

2.2.3 用图解法设计冲压机构

根据冲床的结构设计要求可知：
（1）极位夹角 θ =36°。
（2）执行构件（上模）的工作段长度 l =80mm，上模总行程长度 H =200mm。
（3）其余各参数取值范围：l_{AC} =200～300mm，l_{DE} =120～200mm，L =450～550mm。

根据摆动导杆机构的急回特性（曲柄 AB 与导杆的两个极限位置 CB_1 和 CB_2 垂直，导杆的摆角 ψ 等于机构的极位夹角 θ）及冲压机构在运动中各构件的位置关系，用图解法就能确定冲压机构的几何尺寸。

设计步骤如下：

设计项目	计算及说明
1. 确定 μ_L	μ_L =2mm/mm
2. 画出机架 AC	取 l_{AC}=250mm，任取点 A，根据 l_{AC} 确定点 C 的位置，使 A、C 位于水平线
3. 画出导杆的两个极限位置 CB_1、CB_2	根据 θ =36°，画出导杆的两个极限位置 CB_1、CB_2
4. 画出两条平行于 AC 的直线 m、n	根据 H=200mm，画出平行于 AC 的两条平行线 m、n，这两条直线关于 AC 上下对称，相距 H
5. 画出 D_1D_2	延长 CB_1、CB_2，与 m、n 分别交于点 D_1、D_2（检查 D_1D_2 是否与 AC 垂直）
6. 画出滑块移动的导路线 t	取 L=500mm，做垂直线 t，作为滑块移动的导路线
7. 画出滑块的行程 E_1E_2	取 l_{DE}=160mm，分别以 D_1、D_2 为圆心，以 l_{DE} 为半径画圆，分别交 t 于 E_1、E_2
8. 图形	
9. 计算过程	根据几何关系可知（为表述方便，本书中的约等号均以直等号代替，后同）： $l_{AB} = l_{AC} \cdot \sin 18° = 77.25$mm，$l_{CD} = \dfrac{H}{2} \div \sin 18° = 323.61$mm
10. 结论	l_{AB}=77.25mm，l_{AC}=250mm，l_{CD}=323.61mm，l_{DE}=160mm，L=500mm

2.3 任务3——分析机构的传力性能

任务描述与分析

在冲压机构中，执行构件（上模）的工作段的参数指标：工作段长度 l =80mm，应为匀速工作进给；在工作段内，其传动角应该大于或等于许用传动角 $[\gamma]$ =40°。

本任务根据冲床的工作要求分析冲压机构的传力性能，分析其是否满足工作段内的各参数指标，从而判断冲压机构中各构件的长度是否合适。具体内容包括：

（1）机构的传力性能指标：压力角和传动角。
（2）机构的死点位置。

（3）分析冲压机构的传力性能。

相关知识与技能

2.3.1 机构的传力性能指标：压力角和传动角

以曲柄摇杆机构为例研究机构的压力角和传动角的概念。如图 2-9 所示，若忽略各杆的质量和运动副中的摩擦，则连杆 BC 为二力杆，它作用于从动摇杆 CD 上的力 F 是沿 BC 方向的。作用在 CD 上的受力点 C 处的力 F 与该点速度 v_C 之间所夹的锐角称为压力角，用 α 表示。

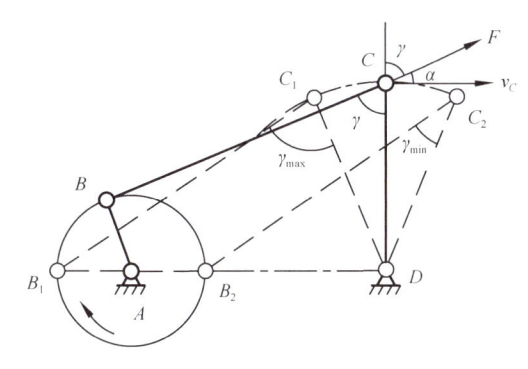

图 2-9 曲柄摇杆机构的压力角与传动角

在实际应用中，为度量方便，常用压力角的余角来衡量机构的传力性能，压力角的余角称为传动角，用 γ 表示。

压力角和传动角是反映机构传力性能好坏的重要参数。机构在运动时，压力角和传动角的大小随机构位置的变化而变化，显然 α 越小，γ 越大，对机构的传动越有利。

为了保证机构的正常传动，在对其进行设计时应校核最小传动角 γ_{min}，使 γ_{min} 大于或等于其许用值 $[\gamma]$。在一般机械中，推荐 $[\gamma]=40°$。对于传动功率较大的机构，如冲床、颚式破碎机中的主要执行机构，为使其在工作时得到更大的功率，推荐 $[\gamma]=50°$。

曲柄摇杆机构的最小传动角出现在曲柄与机架共线时，如图 2-9 所示。

图 2-10 和图 2-11 所示分别为曲柄滑块机构和导杆机构的压力角与传动角。

对于导杆机构，由于在任何位置，主动曲柄通过滑块传给导杆的力的方向都与作用点的速度方向一致，因此压力角 α 恒等于 $0°$，传动角 γ 恒等于 $90°$，该机构具有良好的传力性能。

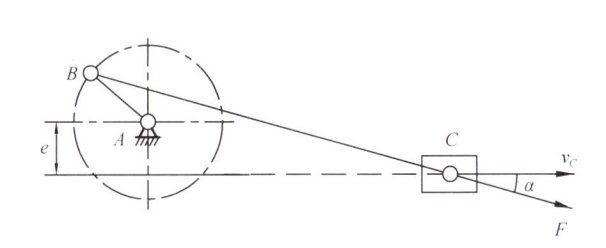

图 2-10 曲柄滑块机构的压力角与传动角 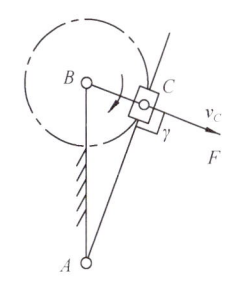　　图 2-11 导杆机构的压力角与传动角

2.3.2 机构的死点位置

在平面连杆机构中,当压力角 $\alpha=90°$ 时,不论驱动力有多大,机构都不能启动。这个位置称为机构的死点位置,它会使机构在传动中出现卡死或运动方向不确定等现象。

在图 2-12 所示的曲柄摇杆机构中,设摇杆 CD 为主动件,则当机构处于连杆与从动曲柄共线的两个位置时,会出现压力角 $\alpha=90°$(传动角 $\gamma=0°$)的情况。这时主动件 CD 通过连杆作用于从动件 AB 上的力的方向恰好通过其回转中心,所以不能使构件 AB 转动,出现卡死现象,机构位于死点位置。

机构是否存在死点位置取决于从动件是否与连杆共线。

为了使机构能顺利通过死点位置,可采用以下两种措施。

(1)利用惯性:缝纫机踏板机构采用曲柄摇杆机构,工作中利用皮带轮的惯性可以使机构顺利通过死点位置。

(2)将机构错位排列:通过将机构错位排列,各个机构的死点位置不在同一处,如图 2-13 所示的机车车轮联动机构。

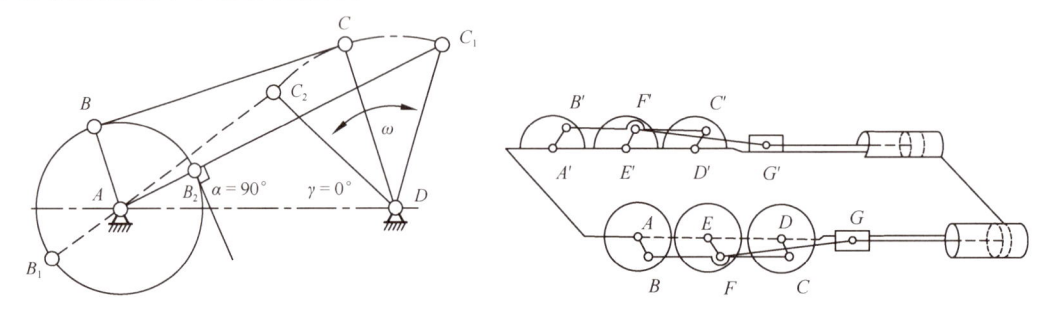

图 2-12 曲柄摇杆机构的死点位置

图 2-13 机车车轮联动机构

工程上也有利用死点位置来实现一定的工作要求的,如图 2-14 所示的飞机起落架收放机构和图 2-15 所示的工件夹紧机构。

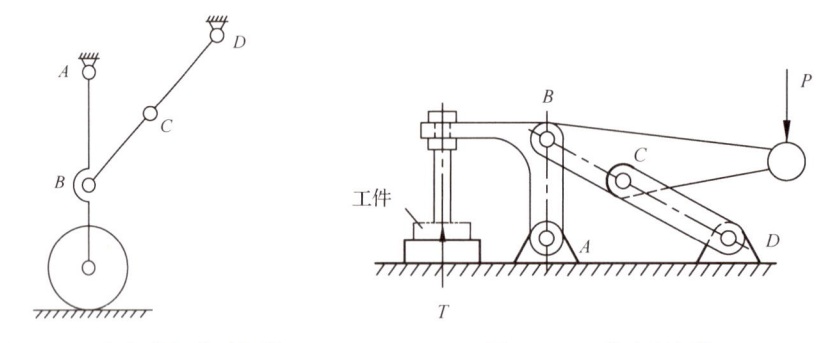

图 2-14 飞机起落架收放机构

图 2-15 工件夹紧机构

任务实施与训练

2.3.3 分析冲压机构的传力性能

(1)确定曲柄运动的 0° 位置线:如下页中的图所示,当曲柄运动到 AB_1 位置时,滑块处于最高位置。因此曲柄在 AB_1 位置时就处于运动的起始位置,即 0°位置。

(2)确定曲柄的转动方向:要使滑块具有较大的急回特性,则曲柄应逆时针转动。

(3)由第 1 模块和 $\theta=36°$ 可知:B_1B_2(逆时针)为滑块下压工作段,共转动 216°,分三个阶段:$\varphi_1=90°$、$\varphi_2=\varphi=80°$、$\varphi_3=46°$;B_2B_1(逆时针)为滑块返回段,共转动 144°,分两个阶段:$\varphi_4=90°$、$\varphi_5=54°$。

(4)用图解法分析冲压机构的传力性能,主要包括以下三点。

① 执行构件(上模)的工作段长度 $l=80mm$。

② 工作段应为匀速进给。

③ 工作段的传动角应该大于或等于许用传动角 $[\gamma]=40°$。

设计步骤如下:

设计项目	计算及说明
1. 将 φ_2 进行 8 等分	B_1B_2(逆时针)为下压工作段,将 $\varphi_2=80°$ 按 10°等分,可得 8 个等份
2. 给出冲头工作段的各个位置	连接点 0 和点 C 交点 D 的运动轨迹(圆弧)于 0′点,以 0′点为圆心,DE 的长为半径做圆弧,交 EE' 于 0″;用同样的方法,可以在 EE' 上找到 1″,2″,…,8″
3. 检查冲头工作段长度	测量 0″8″之间的长度,校核是否满足工作段长度 $l=80mm$ 的要求
4. 检查冲头工作段运动的均匀性	测量 EE' 上 8 小段的尺寸,校核每段长度是否大致相等,判断是否满足匀速进给的要求
5. 检查机构的传力性能	给出 0″和 8″处机构的压力角,进行校核,判断是否满足 $\gamma \geq [\gamma]=40°$ 的要求
6. 图形	
7. 结论	(1)$l=85mm$,满足要求。 (2)8 小段的长度大致相等,满足工作段为匀速进给的要求。 (3)$\gamma=50°$,满足要求

2.4 模块小结

本模块详细介绍了平面连杆机构的设计方法与步骤,结合冲床执行机构中冲压机构的设计,重点阐述了平面连杆机构设计的三个阶段,即按急回特性计算机构的极位夹角、用图解法设计机构、分析机构的传力性能。本模块主要有以下几个知识点。

(1)常用平面四杆机构的类型、运动特性及应用。

（2）曲柄摇杆机构、曲柄滑块机构、导杆机构的各构件运动关系。

（3）机构的急回特性、行程速度变化系数 K 和极位夹角 θ 的基本概念及它们之间的关系。

（4）按给定行程速度变化系数 K（$K>1$）设计四杆机构的方法。

（5）压力角 α 和传动角 γ 的基本概念及它们对传力性能的影响。

（6）死点位置的概念、处理方法及其应用。

2.5 知识拓展

2.5.1 曲柄摇杆机构的急回特性及其设计

1. 曲柄摇杆机构的急回特性

如图 2-16 所示，曲柄摇杆机构的曲柄 AB 在转动一周的过程中，有两次与连杆 BC 共线。在这两个位置上，铰链中心 A 与 C 之间的距离 AC_1 和 AC_2 分别为最短和最长，摇杆 CD 的位置 C_1D 和 C_2D 分别为两个极限位置。摇杆在两个极限位置之间的夹角 ψ 称为摇杆的摆角。

当曲柄由位置 AB_1 顺时针转到位置 AB_2 时，曲柄转角 $\varphi_1=180°+\theta$，这时摇杆由极限位置 C_1D 摆到极限位置 C_2D，摇杆摆角为 ψ，为工作行程；而当曲柄顺时针再转过角度 $\varphi_2=180°-\theta$ 时，摇杆由位置 C_2D 摆回位置 C_1D，其摆角仍然是 ψ，为空回行程。

显然，空回行程速度快，表明摇杆具有急回特性。

2. 按行程速度变化系数设计曲柄摇杆机构

已知摇杆长度 l_{CD}、摆角 ψ 和行程速度变化系数 K，设计曲柄摇杆机构。

如图 2-17 所示，在已知 l_{CD}、ψ 的情况下，只要能确定铰链中心 A 的位置，就能在测量得到 l_{AC_1} 和 l_{AC_2} 的长度后，求得曲柄长度 l_{AB} 和连杆长度 l_{BC}，即

$$l_{AB} = \frac{l_{AC_2} - l_{AC_1}}{2}, \quad l_{BC} = \frac{l_{AC_1} + l_{AC_2}}{2}$$

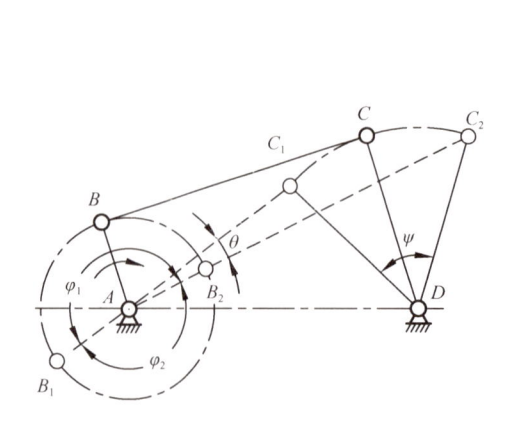

图 2-16 曲柄摇杆机构的急回特性 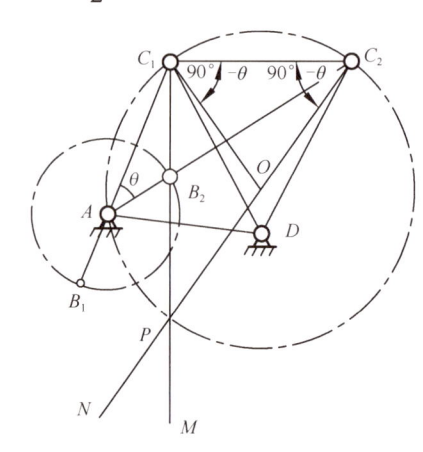　　图 2-17 曲柄摇杆机构的设计

l_{AD} 的长度可直接测量得到。由于点 A 是极位夹角的顶点，即 $\angle C_1 A C_2 = \theta$，若通过 A、C_1、C_2 做辅助圆，由几何知识可知，过辅助圆圆心 O 的圆心角 $\angle C_1 O C_2 = 2\theta$。显然，当求得极位夹角 θ 后，用图解法容易做出辅助圆并得到圆心 O，问题迎刃而解。

设计步骤：

（1）计算：$\theta = 180° \dfrac{K-1}{K+1}$，求得 θ。

（2）选取长度比例 μ_L。

（3）求摇杆的两个极限位置：任选摇杆回转中心 D 的位置，根据已知的 l_{CD} 及摆角 ψ 求出摇杆的两个极限位置 C_1D 和 C_2D。

（4）做辅助圆：连接 C_1、C_2，并且做与 C_1C_2 夹角为 $90°-\theta$ 的两条线交于点 O，则 $\angle C_1 O C_2 = 2\theta$。以点 O 为圆心，以 OC_1（或 OC_2）为半径做辅助圆。

（5）在辅助圆上任取一点 A 为铰链中心，并连接 AC_1 和 AC_2，量得 l_{AC_1} 和 l_{AC_2} 的长度。

（6）求出曲柄和连杆的长度，乘以比例尺 μ_L 即得实际尺寸，即

$$l_{AB} = \mu_L \frac{l_{AC_2} - l_{AC_1}}{2}, \quad l_{BC} = \mu_L \frac{l_{AC_2} + l_{AC_1}}{2}$$

由于点 A 是在辅助圆上的一点，因此实际可有无穷多解。若能给定其他辅助条件，如曲柄长度 l_{AB}、机架长度 l_{AD} 或最小传动角 $\gamma_{\min}$ 等，则可有唯一的解。在实际设计时，在大多数情况下有相应的辅助条件，若没有辅助条件，则可根据实际情况自行确定。

2.5.2 偏置曲柄滑块机构的急回特性及其设计

1. 偏置曲柄滑块机构的急回特性

如图 2-18 所示，偏置曲柄滑块机构的曲柄 AB 在转动一周的过程中，有两次与连杆 BC 共线。在这两个位置上，铰链中心 A 与 C 之间的距离 AC_1 和 AC_2 分别为最短和最长，滑块的位置 C_1 和 C_2 分别为两个极限位置。

同理，当曲柄 AB_1 顺时针转到位置 AB_2 时，滑块 C_1 向右至 C_2 为空回行程，速度快，具有急回特性。

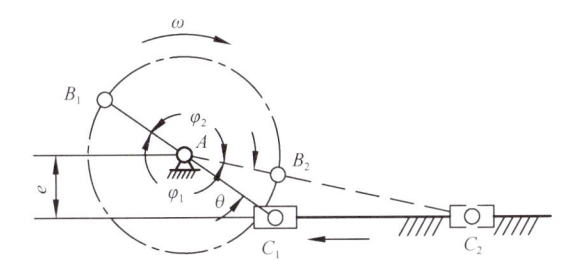

图 2-18 偏置曲柄滑块机构的急回特性

2. 按行程速度变化系数设计偏置曲柄滑块机构

已知行程速度变化系数 K 和滑块的行程 H，设计偏置曲柄滑块机构，如图 2-19 所示。

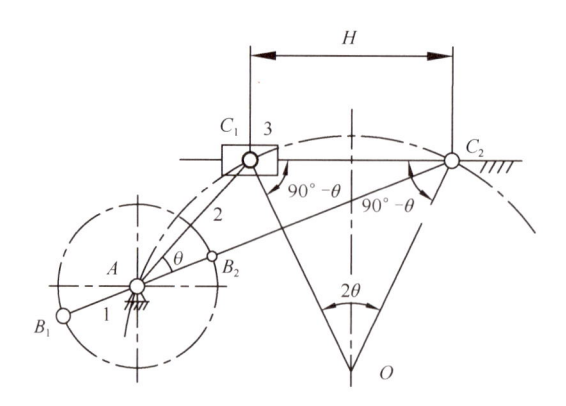

图 2-19　偏置曲柄滑块机构的设计

（1）计算：$\theta=180°\dfrac{K-1}{K+1}$，求得 θ。

（2）选取长度比例 μ_L。

（3）按滑块的行程 H 做 C_1C_2。

（4）在 C_1、C_2 两点处分别做 $\angle C_1C_2O=\angle C_2C_1O=90°-\theta$，得到 C_1O 与 C_2O 的交点 O，$\angle C_1OC_2=2\theta$。以 O 为圆心，OC_1 为半径做辅助圆。

（5）在辅助圆上任取一点 A 为铰链中心，并连接 AC_1 和 AC_2，测量得到 l_{AC_1} 和 l_{AC_2} 的长度，据此可求出曲柄和连杆的长度。

若给出偏距 e 的值，则可以确定唯一解。

第 3 模块　凸轮机构的设计

在冲床的执行机构中，送料机构的作用是当上模离开下模后，将坯料从侧面送至待加工位置。送料机构的自动送料能提高冲床的工作效率，减少操作人员的工作量，提高冲压工艺的自动化程度。

由第 1 模块可知，冲床的送料机构采用凸轮机构，如图 3-1 所示。凸轮轴通过齿轮机构与曲柄轴相连，所以凸轮轴与曲柄轴做等速转动。

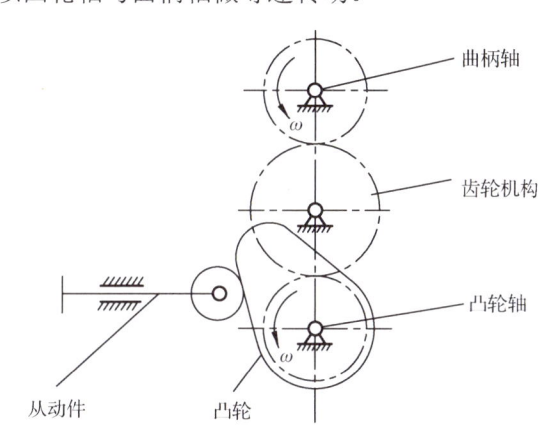

图 3-1　冲床的送料机构

本模块将完成送料机构的设计，主要内容包括选择凸轮机构的类型、选择从动件的运动规律、用图解法设计盘形凸轮的轮廓、校核凸轮的工作轮廓。

工作任务

- 任务 1——选择凸轮机构的类型
- 任务 2——选择从动件的运动规律
- 任务 3——用图解法设计盘形凸轮的轮廓
- 任务 4——校核凸轮的工作轮廓

学习目标

- 掌握凸轮机构的结构及类型
- 掌握凸轮机构的工作过程
- 掌握从动件常用运动规律及位移线图的画法
- 掌握用图解法设计盘形凸轮的轮廓的方法
- 掌握凸轮基圆半径、滚子半径、压力角的选择方法

3.1 任务1——选择凸轮机构的类型

任务描述与分析

在冲床的执行机构中，送料机构采用凸轮机构，其主动件为凸轮，凸轮轴与曲柄轴做等速转动，从动件做往复直线移动，完成送料动作。当凸轮逆时针转动一周时，从动件运动一个周期。

选择合适的凸轮机构的类型，既能满足送料机构的运动要求，又能保证良好的传动性能。

本任务根据送料机构的工作要求选择凸轮机构的类型，具体内容包括：
（1）凸轮机构的结构和类型。
（2）选择凸轮机构的类型的依据。
（3）送料机构的类型选择。

相关知识与技能

3.1.1 凸轮机构的结构和类型

1. 凸轮机构的结构

凸轮机构是由凸轮、从动件和机架组成的高副机构。它能满足许多复杂的运动要求，且结构简单，在自动机械、半自动机械中应用非常广泛。

图 3-2 所示为内燃机配气机构。当凸轮 1 以等角速度转动时，它的轮廓驱动从动件 2（阀杆）按预期的运动规律启闭阀门。

图 3-3 所示为自动机床进刀机构，当凸轮 1 转动时，从动件 2 通过槽中的滚子做摆动，并通过扇形齿轮与齿条啮合，带动刀架做往复直线移动。

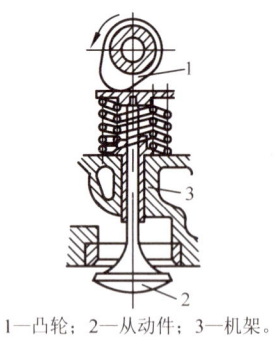

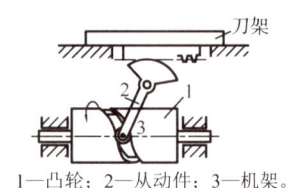

1—凸轮；2—从动件；3—机架。
图 3-2 内燃机配气机构

1—凸轮；2—从动件；3—机架。
图 3-3 自动机床进刀机构

2. 凸轮机构的类型

1）按凸轮的形状分类

凸轮是由具有曲线轮廓或凹槽的构件构成的，按其形状分类，有两种类型。

(1) 盘形凸轮：这种凸轮是具有变化向径（从盘形凸轮回转轴心至其轮廓上任意点的距离称为该点在凸轮上的向径）的盘形构件，如图 3-2 和图 3-4（a）所示。它是凸轮的基本形式，结构简单，应用最广。

当盘形凸轮的回转中心趋于无穷远时，凸轮相对机架做往复直线运动，这种凸轮称为移动凸轮，如图 3-4（b）所示，它是盘形凸轮的一个特例。

(2) 圆柱凸轮：这种凸轮是在圆柱面上开有曲线凹槽（见图 3-3），或在圆柱端面上有曲线轮廓的构件，如图 3-4（c）所示。

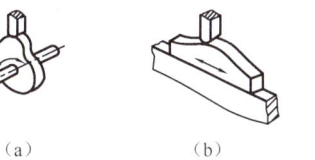

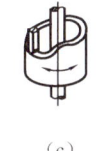

图 3-4 不同形状的凸轮

2）按从动件的端部结构分类

如图 3-5 所示，从动件按端部结构分类，有三种类型。

(1) 尖端从动件：这种从动件结构最简单，尖端能与任意复杂的凸轮轮廓保持接触，以实现从动件的任意运动规律，如图 3-5（a）所示。但因尖端易磨损，只适用于速度较低和传力不大的机构，如仪表机构。

(2) 滚子从动件：从动件的一端装有可自由转动的滚子，如图 3-5（b）所示。由于滚子与凸轮之间为滚动摩擦，磨损小，可以承受较大的载荷，因此该类型应用较普遍。

(3) 平底从动件：从动件与凸轮轮廓之间为线接触，接触处易形成油膜，润滑状况好，如图 3-5（c）所示。在忽略摩擦时，凸轮对从动件的作用力始终垂直于从动件的平底，从动件受力平稳，传动效率高，常用于高速场合。该类型的缺点是与之配合的凸轮轮廓必须全部为外凸形状。

3）按从动件的运动形式分类

如图 3-6 所示，从动件按运动形式分类，有两种类型。

(1) 移动从动件：从动件相对机架做往复直线移动，如图 3-6（a）所示。

(2) 摆动从动件：从动件相对机架做往复摆动，如图 3-6（b）所示。

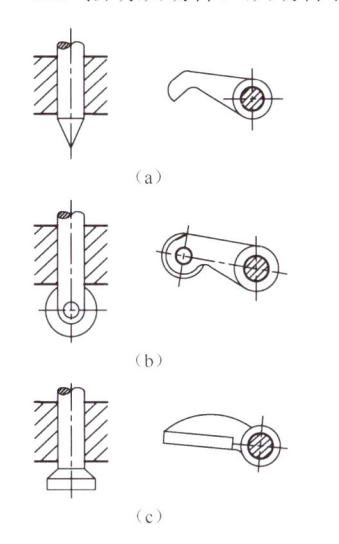

图 3-5 从动件按端部结构分类

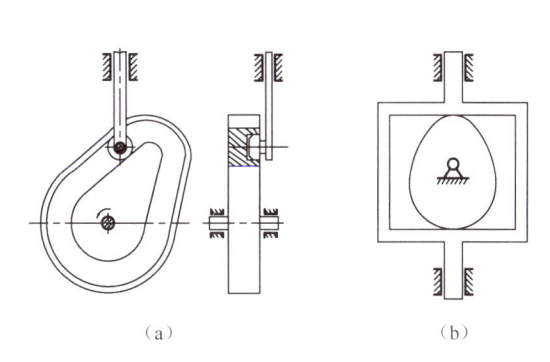

图 3-6 从动件按运动形式分类

具有移动从动件的凸轮机构又可根据从动件移动路线与凸轮转动中心的相对位置分成对心和偏置这两种。

4）按凸轮与从动件保持接触的方法分类

（1）力封闭法：利用重力、弹簧力使凸轮与从动件始终保持接触，如图 3-2 所示。

（2）形封闭法：利用几何形状使凸轮与从动件始终保持接触，如图 3-6 所示。

3.1.2　选择凸轮机构的类型的依据

将各种基本类型的凸轮与从动件组合，可获得很多凸轮机构的类型。

凸轮机构的主要运动形式变换：凸轮做匀速连续转动（或往复直线移动）变换为从动件做匀速或非匀速、连续或不连续的往复直线移动或摆动。

凸轮机构的优点：只要设计出适当的凸轮轮廓，就可使从动件得到所需的运动规律，并且结构简单、紧凑、设计方便。

凸轮机构的缺点：凸轮轮廓与从动件之间为高副接触，易磨损，不宜传递很大的力。而且凸轮的制造过程较复杂，在对精度要求很高时需要用数控机床对其进行加工。

在实际应用中，根据各种类型的凸轮机构的特点、工作要求和使用场合，就能合理地选择凸轮机构的类型。

任务实施与训练

3.1.3　送料机构的类型选择

（1）送料机构的工作要求为送料时间和冲压时间相互间隔。

（2）送料机构运动的动力与冲压机构为同一来源。送料机构的凸轮轴通过齿轮机构与曲柄轴相连，逆时针方向转动。

设计步骤如下：

设 计 项 目	计算及说明
1. 确定送料机构的类型	采用偏置滚子移动从动件盘形凸轮机构
2. 原因	（1）移动从动件的运动满足送料往复直线移动的运动要求。 （2）滚子从动件的摩擦小、磨损少。 （3）偏置凸轮机构（右偏）具有较好的动力性能。 （4）盘形凸轮结构简单、制造较为方便

3.2 任务2——选择从动件的运动规律

任务描述与分析

冲床的送料机构采用偏置滚子移动从动件盘形凸轮机构,如图3-7所示。凸轮轴为主动件,通过齿轮机构与曲柄轴相连,与曲柄轴同步匀速转动,从动件做往复直线移动,运动过程:推程—回程—近休,在推程时完成送料动作。

由执行机构运动循环可知,送料动作只能在上一个循环冲头离开下模到下一个循环冲头又一次接触工件的时间内进行。曲柄轴转角与从动件运动之间的关系:送料凸轮随曲柄轴由316°转到440°(共124°)完成推程(送料),再转到576°(共136°)完成回程(返回),再转到676°(共100°)完成近休(停止不动)。从动件的行程为h=150mm。

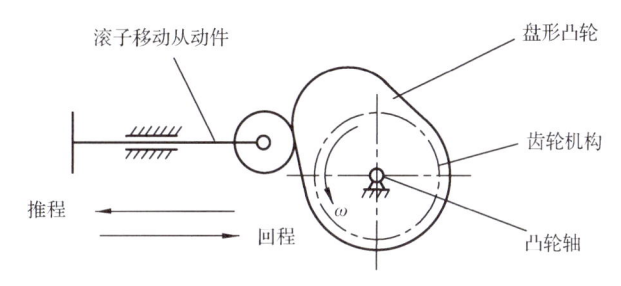

图3-7 偏置滚子移动从动件盘形凸轮机构

本任务根据凸轮机构的工作要求,在从动件推程和回程中选择合适的运动规律,并画出从动件的位移线图。具体内容包括:
(1)凸轮机构的工作过程。
(2)常用从动件的运动规律。
(3)选择从动件的运动规律时应考虑的因素。
(4)送料机构的从动件的运动规律的选择。

相关知识与技能

3.2.1 凸轮机构的工作过程

图3-8(a)所示为对心尖端移动从动件盘形凸轮机构,凸轮逆时针匀速转动,下面分析该凸轮机构的工作过程。

以凸轮的转动中心为圆心,凸轮轮廓曲线的最小向径为半径所做的圆称为凸轮的基圆,基圆半径为r_0。当凸轮与从动件在点A处接触时,从动件处于最低位置(此时从动件与凸轮转动中心O的距离最近),点A称为起始点。

(1)当凸轮转过φ_0时,凸轮轮廓AB段的向径逐渐增加,从动件从最低位置被推到最高位置(此时从动件与凸轮转动中心O的距离最远),这个过程称为推程。这时从动件移动的距离h称为升程,对应的凸轮转角φ_0称为推程角。

（2）当凸轮继续转动 φ_s 时，凸轮轮廓 BC 段的向径不变，此时从动件处于最远位置处且停留不动，相应的凸轮转角 φ_s 称为远休止角。

（3）当凸轮继续转动 φ_0' 时，凸轮轮廓 CD 段的向径逐渐减小，从动件在重力或弹簧力的作用下，回到起始位置，这个过程称为回程。对应的凸轮转角 φ_0' 称为回程角。

（4）当凸轮继续转动 φ_s' 时，凸轮轮廓 DA 段的向径不变，此时从动件处于最近位置处且停留不动，相应的凸轮转角 φ_s' 称为近休止角。

当凸轮再继续转动时，从动件重复上述运动循环。若以直角坐标系的纵坐标代表从动件的位移 s，横坐标代表凸轮的转角 φ，则可以画出从动件位移 s 与凸轮转角 φ 之间的关系线图，即从动件位移线图，如图 3-8（b）所示。

(a) 对心尖端移动从动件盘形凸轮机构　　(b) 从动件位移线图

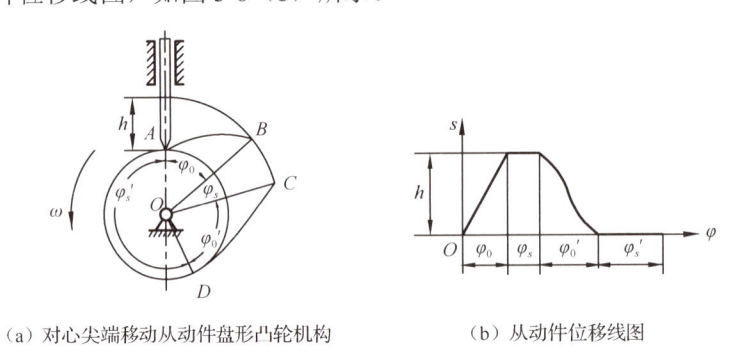

图 3-8　凸轮机构的工作过程

3.2.2　常用从动件的运动规律

从动件在推程或回程时，运动参数（位移 s、速度 v 和加速度 a）随凸轮转角 φ 的变化规律称为从动件的运动规律。

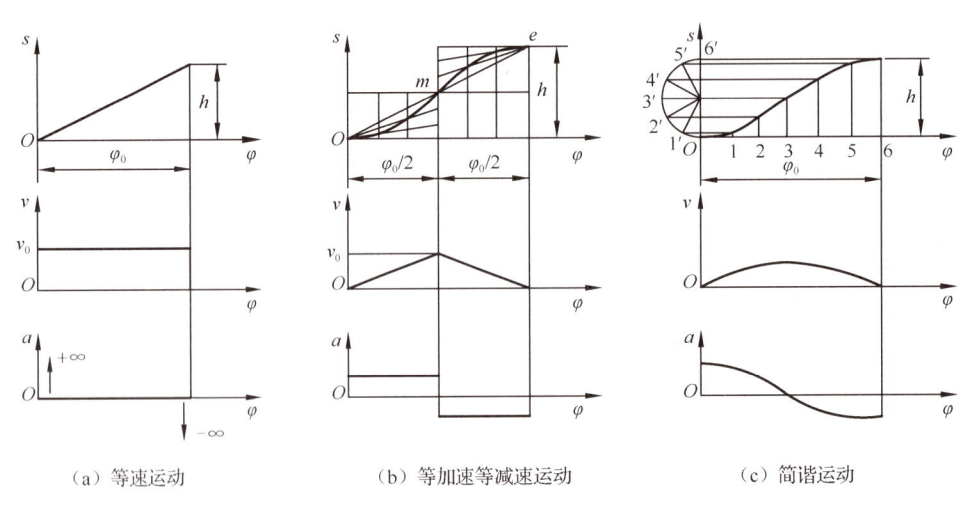

常用从动件的运动规律有 3 种：等速运动、等加速等减速运动、简谐运动，其运动规律分别如图 3-9（a）～（c）所示。

(a) 等速运动　　(b) 等加速等减速运动　　(c) 简谐运动

图 3-9　常用从动件的运动规律

1. 等速运动

从动件速度为定值的运动规律称为等速运动规律。当凸轮以等角速度 ω_1 转动时,从动件在推程或回程中的速度为常数,如图 3-9(a)所示。

由图 3-9(a)可知,从动件在推程开始和终止的瞬间,速度出现突变,其加速度在理论上为无穷大,这使从动件在极短的时间内产生很大的惯性力,凸轮机构受到极大的冲击。这种因从动件在某个瞬间速度出现突变,其加速度和惯性力在理论上趋于无穷大所引起的冲击称为刚性冲击。因此,等速运动规律只适用于低速轻载的凸轮机构。

2. 等加速等减速运动

从动件在行程的前半段为等加速而后半段为等减速的运动规律称为等加速等减速运动规律,如图 3-9(b)所示。从动件在升程 h 中,先做等加速运动,后做等减速运动,直至停止。等加速度和等减速度的绝对值相等。这样,由于从动件在等加速段的初速度和等减速段的末速度为零,故两段升程所需的时间相等,凸轮转角均为 $\varphi_0/2$;两段升程也相等,均为 $h/2$。

由图 3-9(b)可知,从动件在升程始末,以及由等加速过渡到等减速的瞬间(O、m、e 三处),加速度出现有限值的突变,这将产生有限惯性力的突变,从而引起冲击。这种因从动件在瞬间加速度发生有限值的突变所引起的冲击称为柔性冲击。因此,等加速等减速运动规律不适用于高速,而适用于中速轻载的凸轮机构。

3. 简谐运动

当点在圆周上做匀速运动时,它在这个圆的直径上的投影所构成的运动称为简谐运动。

由图 3-9(c)可知,简谐运动的速度曲线连续,不会产生刚性冲击,但在运动的起始和终止位置,加速度曲线不连续,会产生柔性冲击。因此,简谐运动规律适用于中速中载的场合。当从动件做无停歇的升—降—升连续运动时,加速度曲线变成连续曲线,可用于高速场合。

3.2.3 选择从动件的运动规律时应考虑的因素

在选择或设计从动件运动规律时,应考虑以下 3 个方面的因素。
(1) 从动件是否满足机械工作的运动要求。
(2) 凸轮机构是否具有良好的动力特性。
(3) 凸轮廓线是否便于加工。

在实际应用时,可以采用单一的运动规律,也可以采用几种运动规律的组合,这视从动件的工作需要而定。原则上,应注意减小机构中的冲击。

任务实施与训练

3.2.4 送料机构的从动件的运动规律的选择

根据送料机构的要求及运动循环可知从动件的运动过程:推程—回程—近休。

从动件的行程:$h=150\text{mm}$;凸轮转角:推程角 $\varphi_0=124°$,回程角 $\varphi_0'=136°$,近休角 $\varphi_s'=100°$。根据各常用运动规律的特点进行选择。

设计步骤如下：

设 计 项 目	计算及说明			
1. 选择从动件的运动规律	推程采用简谐运动；回程采用等速运动			
	凸轮转角 φ	0°～124°	124°～260°	260°～360°
	从动件位移 s	简谐运动上升150mm	等速运动下降至原处	停止
2. 画出从动件的位移线图	选取比例：横坐标为每5mm代表20°；纵坐标为 μ_L=2mm/mm			

3.3 任务3——用图解法设计盘形凸轮的轮廓

任务描述与分析

冲床送料机构的类型为偏置滚子移动从动件盘形凸轮机构，从动件的运动规律为推程采用简谐运动，回程采用等速运动。

凸轮机构的结构和运动参数：凸轮做逆时针转动，偏置距 e=20mm，采用右偏，基圆半径 r_b=70mm，滚子半径 r_T=6mm。

本任务根据凸轮机构的类型和从动件的位移线图，用图解法设计盘形凸轮的轮廓，具体内容包括：

（1）用图解法进行设计的原理。
（2）盘形凸轮轮廓的设计步骤。
（3）设计送料机构中的盘形凸轮轮廓。

相关知识与技能

3.3.1 用图解法进行设计的原理

凸轮机构在工作时，凸轮和从动件都在运动，为了在图纸上绘制出凸轮的轮廓曲线，可采用反转法。下面以对心尖端移动从动件盘形凸轮机构为例来说明其原理。

（1）凸轮在转动时，凸轮机构的真实运动过程如图3-10（a）所示。

凸轮以等角速度 ω 绕点 O 逆时针转动，推动从动件在导路中做往复直线移动。

当从动件处于最低位置时，凸轮轮廓曲线与从动件在点 A 接触，当凸轮转过 φ 时，凸轮的向径 OA 转到 OA' 的位置上，而凸轮轮廓转到图中虚线所示的位置。这时从动件尖端

从最低位置 A 上升到 B'，上升的距离 $s=AB'$。

（2）采用反转法，凸轮机构的反转运动过程如图 3-10（b）所示。

现在假设凸轮固定不动，而让从动件连同导路一起绕点 O 以角速度 $-\omega$ 转过 φ，此时从动件随导路一起以角速度 $-\omega$ 转动，同时在导路中做相对移动，运动到图中虚线所示的位置。此时从动件向上移动的距离与图 3-10（a）相同。从动件尖端所在的位置 B 一定是凸轮轮廓曲线上的一点。若从动件继续反转，则可得凸轮轮廓曲线上的其他点。

由于这种方法假设凸轮固定不动而从动件连同导路一起反转，故该方法称为反转法（或运动倒置法）。

凸轮机构的形式多种多样，反转法适用于各种凸轮轮廓曲线的设计。

（a）凸轮机构的真实运动过程　　　（b）凸轮机构的反转运动过程

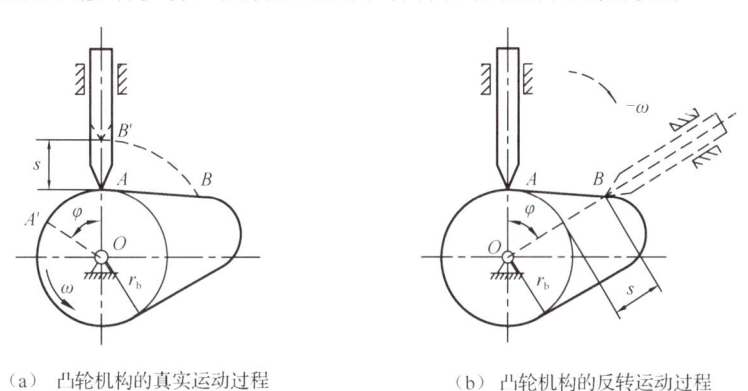

图 3-10　反转法原理

3.3.2　盘形凸轮轮廓的设计步骤

根据工作条件要求，在选择凸轮机构的形式、凸轮转向、凸轮的基圆半径和从动件的运动规律后，就可以进行凸轮轮廓曲线的设计。本节以盘形凸轮轮廓为例讲述其设计步骤。

1. 对心尖端移动从动件盘形凸轮轮廓的绘制

已知从动件的位移运动规律和凸轮的基圆半径 r_b，凸轮以角速度 ω_1 逆时针回转，要求做出此凸轮的轮廓。

根据反转法的原理，绘图步骤如下。

（1）根据已知从动件的运动规律做出从动件的位移线图，如图 3-11（a）所示，并将横坐标用若干个点进行等分分段。

（2）以 r_b 为半径做基圆，此基圆与导路的交点 B_0 便是从动件尖端的起始位置。

（3）自 OB_0 沿 $-\omega$ 的方向取角度 φ_0、φ_s、φ_0'、φ_s'，并将 φ_0、φ_0' 各分成与图 3-11（a）对应的若干等份，在基圆上得 $C_1, C_2, C_3, \cdots, C_{11}$。连接 $OC_1, OC_2, OC_3, \cdots, OC_{11}$，并将其延长，它们便是反转后从动件导路的各个位置。

（4）从基圆开始，在延长线上量取各个位移量，即取 $B_1C_1=11'$、$B_2C_2=22'$、$B_3C_3=33'$，以此类推，得反转后尖端的一系列位置 $B_1, B_2, B_3, \cdots, B_{11}$。

（5）将 $B_0, B_1, B_2, B_3, \cdots, B_{11}$ 连成光滑的曲线，便得到所要求的凸轮轮廓，如图 3-11（b）所示。

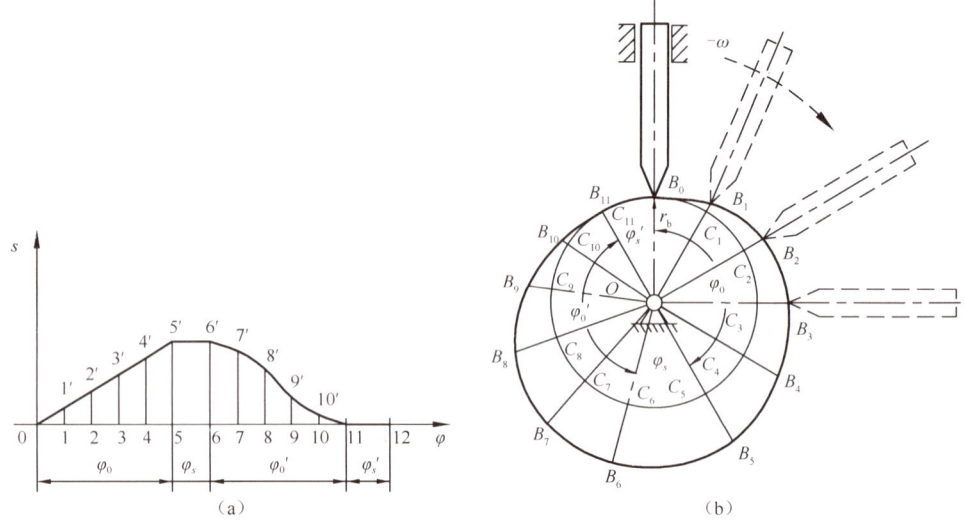

图 3-11 对心尖端移动从动件盘形凸轮轮廓的设计

2. 对心滚子移动从动件盘形凸轮轮廓曲线的绘制

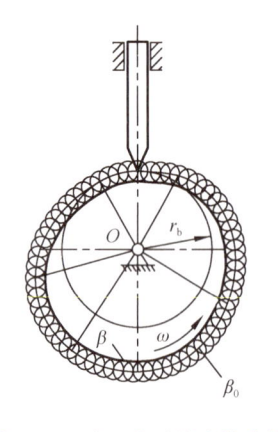

对心滚子移动从动件盘形凸轮轮廓的设计如图 3-12 所示。先把滚子中心看作尖端从动件的尖端，按照上面的方法画出一条轮廓曲线 β_0；再以 β_0 上各点为中心，以滚子半径为半径，画一系列圆；最后做这些圆的包络线 β，它便是使用滚子从动件时凸轮的实际轮廓，而 β_0 称为此凸轮的理论轮廓。由绘制过程可知，滚子从动件凸轮轮廓的基圆半径 r_b 应当在理论轮廓上度量。

3. 偏置尖端移动从动件盘形凸轮轮廓曲线的绘制

偏置尖端移动从动件盘形凸轮轮廓的设计如图 3-13 所示，偏置尖端移动从动件盘形凸轮轮廓曲线的绘制方法与对心尖端移动从动件盘形凸轮轮廓的绘制相似。但由于从动件导路的轴线不通过凸轮的转动中心，其偏距为 e，因此从动件在反转过程中，其导路轴线始终与以偏距 e 为半径所做的偏距圆相切，从动件的位移应沿这些切线量取。

图 3-12 对心滚子移动从动件盘形凸轮轮廓的设计

绘制步骤如下。

（1）根据已知从动件的运动规律，做出从动件的位移线图，并将横坐标分段等分。

（2）以 O 点为圆心，r_b 为半径做基圆，以 e 为半径做偏置圆。

（3）做偏置圆的切线，作为从动件的导路线，与基圆的交点即为初始点 B_0。

（4）利用反转原理，以 $-\omega$ 方向，从 OB_0 开始，在基圆上依次取推程运动角、回程运动角、近休角；并将推程运动角、回程运动角分成与位移线图相同的等份，得各等分点 $C_1,C_2,C_3,\cdots,C_{10}$。

（5）过等分点 $C_1,C_2,C_3,\cdots,C_{10}$ 各点做偏距圆的切线并延长，这些切线即为从动件在反转过程中依次占据的位置。

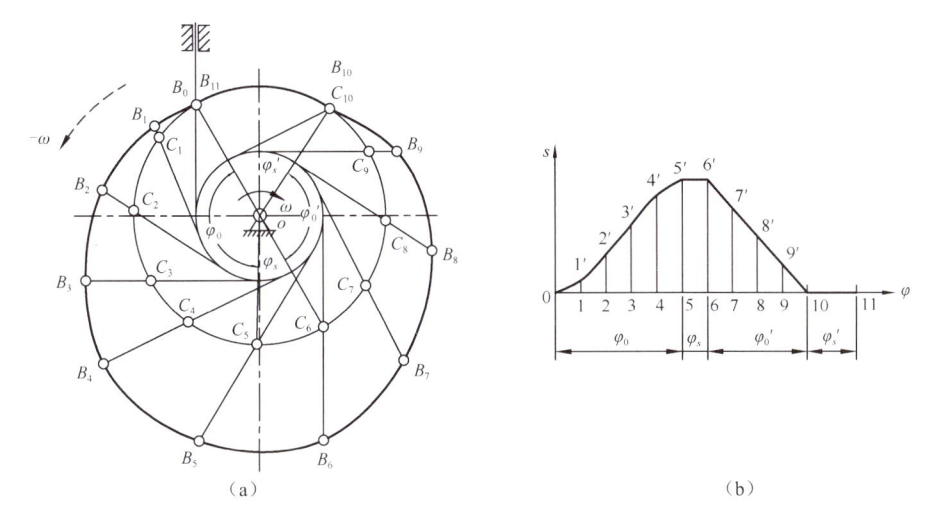

图 3-13 偏置尖端移动从动件盘形凸轮轮廓的设计

（6）在各条切线上自 $C_1,C_2,C_3,\cdots,C_{10}$ 截取位移 $C_1B_1=11'$，$C_2B_2=22'$，$C_3B_3=33'$，以此类推，得 $B_1,B_2,B_3,\cdots,B_{11}$ 各点。

（7）将各点连成光滑的曲线，即可得到凸轮的轮廓曲线。

任务实施与训练

3.3.3 设计送料机构中的盘形凸轮轮廓

送料机构中的凸轮机构采用的是偏置滚子移动从动件盘形凸轮机构。已知凸轮机构的结构和运动参数：

（1）凸轮以逆时针转动。
（2）偏置距 $e=20$mm，右偏。
（3）基圆半径 $r_b=70$mm，滚子半径 $r_T=6$mm。
（4）从动件的位移线图根据偏置滚子移动从动件盘形凸轮轮廓的设计步骤绘制。

设计步骤如下：

设计项目	计算及说明
1. 选择比例	取与位移线图纵坐标一样的比例 $\mu_L=2$mm/mm
2. 按步骤绘制凸轮轮廓	

3.4 任务4——校核凸轮的工作轮廓

任务描述与分析

盘形凸轮的工作轮廓已设计完成，凸轮在工作时以逆时针转动，滚子从动件采用右偏，滚子半径为 r_T =6mm，要求许用压力角 $[\alpha]$ =40°。

凸轮的工作轮廓要进行校核，判断滚子半径的选择是否合适，以及机构的最大压力角 α_{max} 是否小于许用压力角 $[\alpha]$。

本任务为校核凸轮的工作轮廓，具体内容包括：
（1）从动件的运动失真。
（2）凸轮机构的传力性能。
（3）校核送料机构中的凸轮的工作轮廓。

相关知识与技能

凸轮的工作轮廓不仅要保证从动件实现预定的运动规律，还要具有良好的传力性能及紧凑的结构尺寸。因此，要对已设计的凸轮的工作轮廓进行校核。

3.4.1 从动件的运动失真

在设计完滚子或平底从动件的凸轮轮廓后，有可能出现假想尖端的运动轨迹不能保持在任何与理论轮廓相重合的位置的现象，此时从动件不能严格地实现给定的运动规律，这种现象称为从动件的运动失真。该现象与滚子半径的大小有关，出现在凸轮理论轮廓的外凸部分。

滚子半径对轮廓的影响如图 3-14 所示，设理论轮廓上的最小曲率半径为 ρ_{min}，滚子半径 r_T 及对应的实际轮廓曲线半径 ρ_a 的关系：$\rho_a = \rho_{min} - r_T$。

（1）当 $\rho_{min} > r_T$ 时，$\rho_a > 0$，如图 3-14（a）所示，实际轮廓为一条平滑曲线，不会造成运动失真。

（2）当 $\rho_{min} = r_T$ 时，$\rho_a = 0$，如图 3-14（b）所示，在凸轮实际轮廓曲线上产生了尖点，这种尖点极易发生磨损，在磨损后就会改变从动件预定的运动规律。

（3）当 $\rho_{min} < r_T$ 时，$\rho_a < 0$，如图 3-14（c）所示，这时实际轮廓曲线发生相交，图中交叉部分的轮廓曲线在实际加工时被切去，这一部分运动规律无法得到实现。

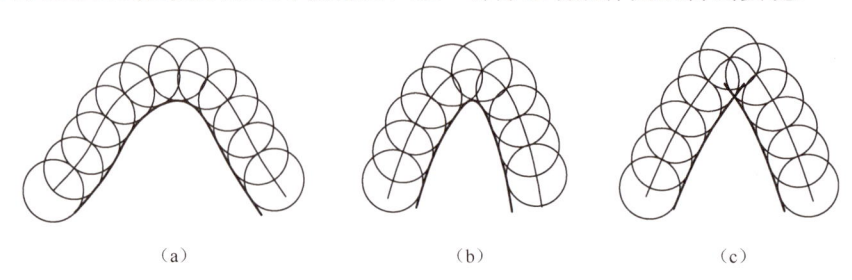

（a） （b） （c）

图 3-14 滚子半径对轮廓的影响

综上所述，欲保证滚子与凸轮正常接触，滚子半径 r_T 必须小于理论轮廓外凸部分的最小曲率半径 ρ_{min}。通常在设计时可取 $r_T \leqslant 0.8\rho_{min}$，并使实际轮廓的最小曲率半径不小于3mm，若不能满足要求，则可放大基圆半径或修改从动件的运动规律。

3.4.2 凸轮机构的传力性能

1. 凸轮机构的压力角

图 3-15 所示为对心尖端移动从动件凸轮机构。当不考虑摩擦时，凸轮给从动件的力 F_n 是沿法线方向的，从动件运动方向与力 F_n 的方向之间所夹的锐角即为压力角 α。

F_n 可以分解为两个分力：$F_1 = F_n \cdot \cos\alpha$（有效分力）；$F_2 = F_n \cdot \sin\alpha$（有害分力）。

压力角 α 越大，有效分力 F_1 越小，有害分力 F_2 越大。当 α 增大到某个数值时，从动件将发生自锁（卡死）现象。因此，为了保证凸轮机构的正常工作，凸轮机构的压力角越小越好。

在设计中，常使 $\alpha_{max} \leqslant [\alpha]$，推荐的许用压力角如下。

推程（工作行程）：移动从动件的 $[\alpha]=30°\sim 40°$；摆动从动件的 $[\alpha]=45°$。

回程：因从动件受力较小且无自锁问题，故许用压力角可取得大一些，通常 $[\alpha]=70°\sim 80°$。

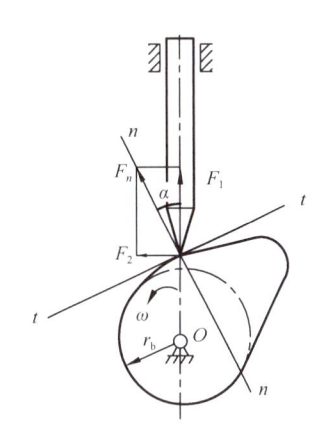

图 3-15　对心尖端移动从动件凸轮机构

在用图解法校核压力角时，可在凸轮理论轮廓曲线比较陡的地方取若干个点进行检验，一般情况下，最大压力角出现在从动件位移线图的拐点所对应的凸轮轮廓处。

当 $\alpha_{max} > [\alpha]$ 时，可采取以下措施：

（1）增大基圆半径。

（2）将对心从动件改为偏置从动件。

2. 凸轮的基圆半径与压力角的关系

压力角的大小与基圆半径有关。由图 3-16 可知，凸轮机构在相同转角 φ 和位移 s 的情况下，压力角越小，基圆半径越大，其结构尺寸越大。因此，为了使凸轮机构结构紧凑，压力角不宜过小。

在设计时，应在满足 $\alpha_{max} \leqslant [\alpha]$ 的前提下取尽可能小的基圆半径，既能保证凸轮机构效率高、传力性能好，又能使其结构紧凑。

3. 偏置方向与压力角的关系

由图 3-17 可得，采用偏置从动件时，若凸轮逆时针转动，则从动件采用右偏置时压力角较小；若凸轮顺时针转动，则从动件采用左偏置时压力角较小。

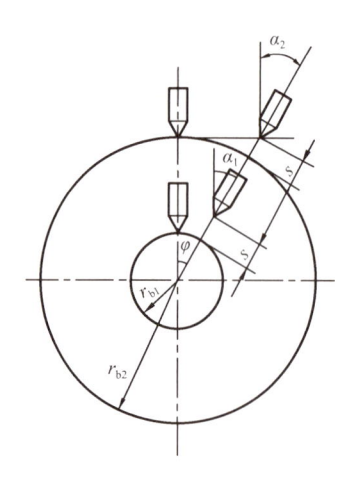

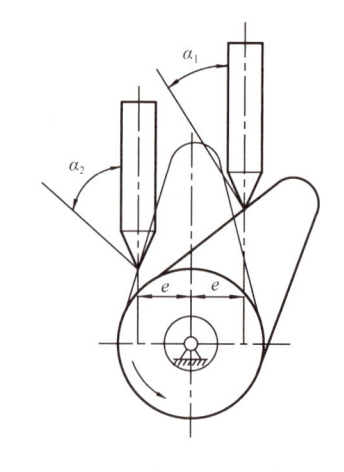

图 3-16 基圆半径与压力角的关系　　图 3-17 偏置方向与压力角的关系

任务实施与训练

3.4.3 校核送料机构中的凸轮的工作轮廓

设计步骤如下：

设 计 项 目	计 算 及 说 明
1. 校核从动件是否存在运动失真现象	观察实际轮廓曲线上是否存在尖点或交叉的现象
2. 校核机构的传力性能	
3. 结论	（1）因为实际轮廓曲线上不存在尖点或交叉的现象，所以从动件不存在运动失真现象。 （2）在凸轮理论轮廓曲线上找出 α_{max} =35°，取 $[\alpha]$ =40°。 该工作轮廓满足 $\alpha_{max} \leq [\alpha]$ 的要求，凸轮机构的传力性能良好

3.5 模块小结

本模块详细介绍了凸轮机构的设计方法与步骤，结合冲床的执行机构中送料机构的设计，重点阐述了凸轮机构设计的 4 个阶段，即选择凸轮机构的类型、选择从动件的运动规律、用图解法设计凸轮的轮廓、校核凸轮工作轮廓。本模块主要有以下几个知识点。

（1）凸轮机构的组成、类型、选择依据。
（2）凸轮机构的工作过程分析及有关运动参数。
（3）从动件常用运动规律、冲击现象及适用场合。
（4）绘制从动件位移线图。
（5）用图解法设计凸轮的轮廓曲线。
（6）压力角 α 的基本概念及对传力性能的影响。
（7）基圆半径、偏置方向与压力角的关系，滚子半径与运动失真的关系。

3.6 知识拓展

在设计凸轮机构时，除了确定机构的基本尺寸，设计凸轮的轮廓曲线，还要适当地选择其材料，确定其结构形式，画出凸轮的工作图。

3.6.1 凸轮机构的常用材料

在选择凸轮和滚子的材料时，主要应考虑凸轮机构所受的冲击载荷和磨损等问题。

通常凸轮用 45#钢或 40Cr 制造，淬火硬度为 52～58HRC；当对材料要求更高时，可用 15#钢或 20Cr，渗碳淬火硬度为 56～62HRC，渗碳深度一般为 0.8～1.5mm；还可采用能进行渗氮处理的钢材，处理后，表面硬度为 60～67HRC，可增强凸轮表面的耐磨性；在凸轮轻载时可采用优质球墨铸铁或 45#钢调质处理。

滚子材料通常用 20Cr 或 18CrMoTi 渗碳到 56～62HRC，也可将滚动轴承作为滚子。

3.6.2 凸轮的结构形式

1. 凸轮结构

当凸轮的基圆半径较小时，凸轮与轴可做成一体，称为凸轮轴，如图 3-18 所示。

当凸轮的基圆半径与轴的尺寸相差较大时，应将凸轮与轴分开制造。凸轮与轴可采用键连接、销连接等，其中，销连接如图 3-19 所示，也可采用弹簧锥套与螺母连接，如图 3-20 所示。

图 3-18 凸轮轴

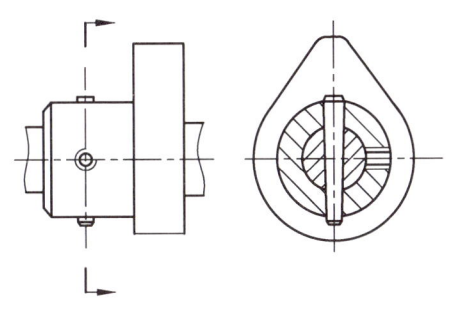

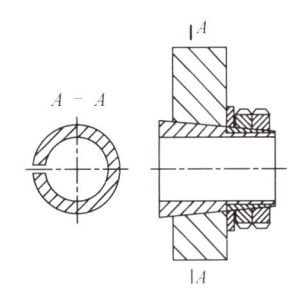

图 3-19 销连接

图 3-20 弹簧锥套与螺母连接

2. 凸轮公差的选择及工作图

1）凸轮公差的选择

凸轮公差主要是指凸轮轮廓向径公差和基准孔（凸轮与轴配合的孔）公差。表 3-1 给出了常用的向径为 300～500mm 的凸轮公差及表面粗糙度。

表 3-1 凸轮公差及表面粗糙度

凸轮精度	向径偏差/mm	角度偏差	基准孔极限偏差	凸轮槽宽极限偏差	表面粗糙度	
					偏向凸轮	凸轮槽
低	±(0.2～0.5)	±1°	H8	H8、H9、H10	>0.63～1.25	>1.25～2.5
中	±(0.1～0.2)	±(30′～40′)	H7（H8）	H8	>0.63～1.25	>1.25～2.5
高	±(0.05～0.1)	±(10′～20′)	H7	H8（H7）	>0.32～0.63	>0.63～1.25

2）凸轮的工作图

图 3-21 所示为凸轮的工作图，为了加工和检验的方便，在凸轮的工作图上应附有升程表，该表中应列出每隔一定角度凸轮工作轮廓的向径值。

在装配时，凸轮与轴有一定的周向位置的要求，故应根据设计要求在凸轮上刻出起始线，作为加工、装配的依据。

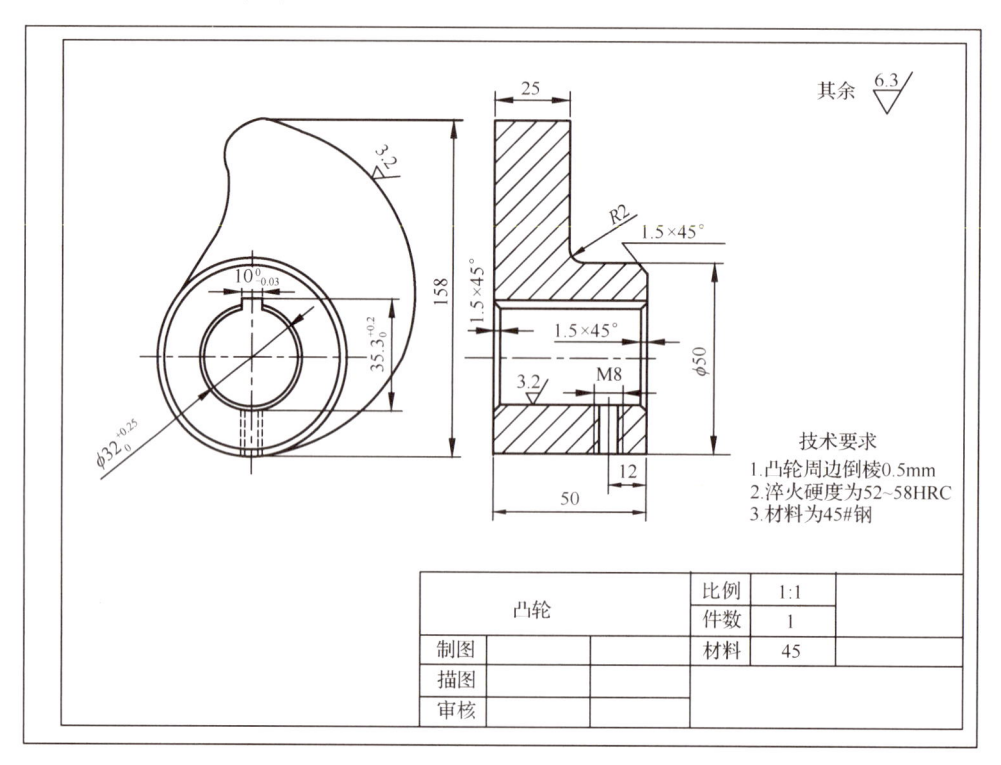

图 3-21 凸轮的工作图

第 4 模块 传动系统的总体设计

冲床由 3 个部分组成，即原动机、传动系统、执行机构，冲床的传动系统将电动机输出的运动（转动）和动力传递给执行机构的曲柄轴，并改变运动形式、速度和转矩，以满足执行机构的工作要求，如图 4-1 所示。

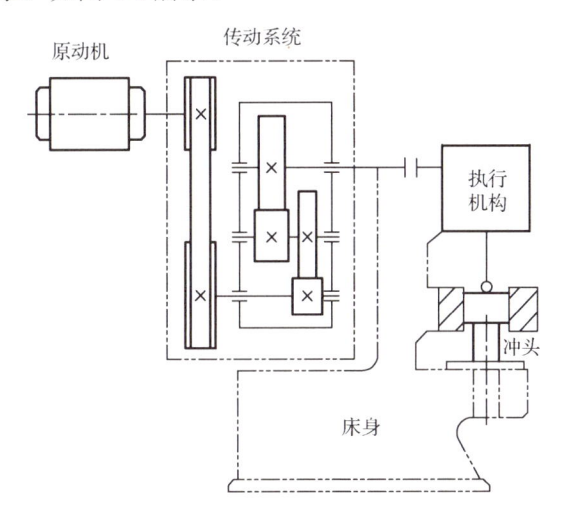

图 4-1 冲床的结构

冲床的总体设计必须在满足执行机构性能的前提下，使冲床的结构紧凑、使用维护方便、加工工艺性好、装配工艺性好、传动效率高等，为设计各级传动零件及装配图提供依据。

本模块的具体内容包括拟定传动系统的传动方案、选择电动机、确定传动系统的总传动比及分配各级传动比、计算传动系统的运动和动力参数。

工作任务

- 任务 1——拟定传动系统的传动方案
- 任务 2——选择电动机
- 任务 3——确定传动系统的总传动比及分配各级传动比
- 任务 4——计算传动系统的运动和动力参数

学习目标

- 掌握常用传动及方案设计方法
- 掌握电动机的选择方法

- 掌握传动系统的总传动比及分配各级传动比的方法
- 掌握传动系统的运动和动力参数的计算

4.1 任务 1——拟定传动系统的传动方案

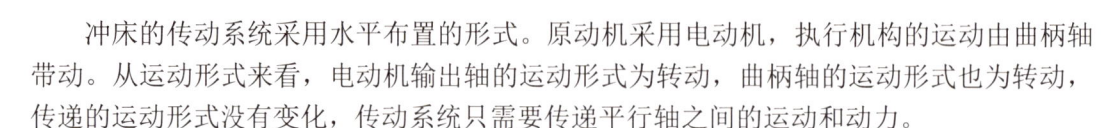

任务描述与分析

冲床的传动系统采用水平布置的形式。原动机采用电动机，执行机构的运动由曲柄轴带动。从运动形式来看，电动机输出轴的运动形式为转动，曲柄轴的运动形式也为转动，传递的运动形式没有变化，传动系统只需要传递平行轴之间的运动和动力。

本任务通过分析常用传动类型的工作特点，选择合适的传动类型，拟定传动系统的传动方案，确定传动系统的传动简图。具体内容包括：

（1）确定传动系统的传动方案时应满足的要求。
（2）传动系统的传动类型的选择。
（3）传动系统的传动顺序的布置。
（4）传动系统的传动方案的拟定。

相关知识与技能

4.1.1 确定传动系统的传动方案时应满足的要求

传动系统在原动机和执行机构之间传递运动和动力，并改变运动的形式及运动和动力参数。

传动系统一般包括传动件（齿轮传动、蜗杆传动、带传动、链传动等）和支承件（轴、轴承、机体等）。

传动系统的传动方案主要应满足以下要求。

（1）机器的功能要求：保证机器的功率、转速和运动形式的要求。
（2）工作条件要求：包括工作环境、场地、工作制度等要求。
（3）工作性能要求：保证工作可靠、传动效率高。
（4）结构工艺性要求：包括结构紧凑、使用维护方便、加工工艺性好、经济性合理等要求。

传动方案通常用机构运动简图表达，它能简单明了地表示运动和动力的传递方式、路线和各部件的组成、连接关系。

4.1.2 传动系统的传动类型的选择

1. 常用传动类型及主要特点

传动类型有很多，各有其优缺点，在应用时可根据运动形式和运动特点选择几个不同的方案进行比较，最后选择较合理的传动类型。

常用传动类型及主要特点如表 4-1 所示。

表 4-1 常用传动类型及主要特点

传 动 类 型	主 要 特 点
带传动	传动平稳，噪声小，能缓冲吸振，具有过载保护作用，结构简单，中心距变化范围较广，成本低。外廓尺寸大，传动比不恒定，寿命短
链传动（滚子链）	工作可靠，传动比恒定，中心距变化范围广，比带传动承载能力强，能适应恶劣环境。瞬时速度不准确，传动工作时的动载荷及噪声较大，高速时的运动不平稳，多用于低速传动
圆柱齿轮传动	承载能力强，速度范围广，传动比恒定，外廓尺寸小，工作可靠，效率高，寿命长。制造安装精度要求高，噪声较大，成本较高。直齿圆柱齿轮可用作变速滑移齿轮；斜齿比直齿传动平稳，承载能力强
圆锥齿轮传动	
蜗杆传动	结构紧凑，传动比大，在传递运动时，传动比可达 1000，传动平稳，噪声小，可做自锁传动。制造精度要求较高，效率较低，蜗杆常使用青铜材料，成本较高
行星齿轮传动	体积小，效率高，质量轻，传动功率范围大。要求载荷均衡机构，制造精度要求较高
圆柱摩擦轮传动	传动平稳，噪声小，具有过载保护作用，传动比稳定。抗冲击能力差，轴和轴承均受力大

2. 传动类型的选择原则

传动类型可参照以下原则进行选择。

1）功率范围

当传动功率小于 100kW 时，可以采用各种传动类型。但当传动功率较大时，宜采用齿轮传动，以降低传动功率的损耗。对于中、小传动功率，宜采用结构简单而可靠的传动类型，以降低成本，如带传动。此时传动效率是次要因素。

2）传动效率

对于大功率传动，传动效率很重要。传动功率越大，越要采用效率较高的传动类型。

3）传动比范围

对于不同类型的传动系统，最大单级传动比差别较大。当采用多级传动时，应合理安排传动的顺序。

4）布局与结构尺寸

对于平行轴之间的传动，可采用圆柱齿轮传动、带传动、链传动；对于相交轴之间的传动，可采用圆锥齿轮传动或圆锥摩擦轮传动；对于交错轴之间的传动，可采用蜗杆传动或交错轴斜齿轮传动。当两个轴相距较远时，可采用带传动、链传动；反之则可采用齿轮传动。

5）其他

其他考虑因素还有噪声等，如链传动和齿轮传动的噪声较大，带传动和摩擦传动的噪声较小。

4.1.3 传动系统的传动顺序的布置

在拟定传动系统的传动方案时，往往将几种传动类型组成多级传动，要合理布置其传动顺序，一般考虑以下几点。

（1）带传动的承载能力较低，在传动功率相同时，带传动的结构尺寸较大，但传动平稳，能缓冲吸振，具有过载保护作用，应布置在高速级。

（2）链传动运动不均匀，有冲击、振动，不适用于高速传动，一般应布置在低速级。

（3）蜗杆传动可以实现较大的传动比，结构紧凑，传动平稳，但效率较低，适用于中、小传动功率的场合。其在与齿轮传动同时应用时，宜布置在高速级。

（4）在传动功率较大时，一般采用圆柱齿轮传动。斜齿轮传动的平稳性比直齿轮传动好，常用于高速级或要求传动平稳的场合。

（5）圆锥齿轮加工较困难，特别是大直径、大模数的圆锥齿轮，所以只有在需要改变轴的布置方向时采用圆锥齿轮传动，并尽量布置在高速级，限制其传动比，以减小圆锥齿轮的直径和模数。

（6）开式齿轮传动工作条件差，润滑不良、易磨损，一般布置在低速级。

任务实施与训练

4.1.4 传动系统的传动方案的拟定

传动系统采用水平布置的形式，传递的运动形式没有变化。

根据常用传动类型的主要特点，选择传动类型，并布置传动顺序，确定齿轮传动的结构和布置形式，通过分析比较，拟定传动方案。

设计步骤如下：

设计项目	计算及说明
1. 选择传动类型	带传动具有弹性，传动平稳，噪声小，能缓冲吸振，结构简单，维护方便，成本低，具有过载保护作用，可保护重要零件不受损坏，能传递较远距离的运动，改变带长可适应不同的中心距。 齿轮传动的传动比恒定，工作可靠，传动平稳，承载能力较强，使用寿命长，适用的圆周速度和功率范围广，传动效率高，结构紧凑。 传动类型选择带传动和齿轮传动（二级展开式圆柱齿轮减速器）的组合
2. 布置传动顺序	带传动布置在高速级，齿轮传动布置在低速级。 传动顺序：原动机—带传动—齿轮传动
3. 确定齿轮传动的结构和布置形式	考虑到减速器的装配工艺性，为了便于拆装，选择二级展开式圆柱齿轮减速器的结构
4. 拟定传动方案	传动方案：原动机—带传动—齿轮传动（二级展开式圆柱齿轮减速器）—联轴器—曲柄轴。 传动简图： 1—原动机；2—带传动；3—齿轮传动；4—联轴器；5—曲柄轴。 图中共有 5 根轴，按传动路线分别表示为 m—Ⅰ—Ⅱ—Ⅲ—w

4.2 任务2——选择电动机

任务描述与分析

冲床传动系统的传动方案：原动机—带传动—齿轮传动—联轴器—曲柄轴，原动机采用电动机、三相交流电源，电压为380V。

执行机构的运动和动力要求如下。

（1）冲床工作段所受的阻力 $F=5000\text{N}$，生产率 $n=70$ 件/min，上模工作段长度 $l=80\text{mm}$，上模工作段对应曲柄转角 $\varphi=80°$。

（2）执行机构效率 $\eta_w=0.6$。

（3）冲床为两班制工作，连续单向运转。

本任务要选择电动机的类型和型号，以满足执行机构的运动和动力要求，具体内容包括：

（1）选择电动机的类型。
（2）选择电动机的容量和转速。
（3）选择电动机的型号。
（4）选择传动系统中的电动机。

相关知识与技能

大部分电动机已经进行标准化、系列化，一般由专门的工厂按标准和系列进行批量生产，在设计时需要选择具体类型和型号以便购买。

4.2.1 选择电动机的类型

电动机的类型要根据电源种类（交流或直流）、工作条件（温度、环境、空间尺寸等）、载荷特点（性质、大小和过载情况等）、启动性能、启动/制动/反转的频繁程度，以及转速和调速性能来确定。

电动机分为交流电动机和直流电动机两种。由于直流电动机需要使用直流电源，结构较为复杂，价格较高，维护较困难，因此应用较少。当无特殊要求时，应选择交流电动机，工业上一般使用三相交流电源。

交流电动机有异步电动机和同步电动机两类。异步电动机有笼式和绕线式两种，其中三相鼠笼式异步电动机应用较多。我国新设计的 Y 系列三相鼠笼式异步电动机（见图 4-2）属于一般用途的全封闭自扇冷电动机，其结构简单、工作可靠、价格低廉、维护方便，适用于不易燃、不易爆、无腐蚀性气体的场合，以及要求具有较好启动性能的机械。

为适应不同的输出轴要求和安装需要，电动机除可

图 4-2 Y系列三相鼠笼式异步电动机

按功率、转速系列化之外，其机体还有几种安装结构形式，应根据安装条件确定。根据不同防护要求，电动机结构还可分为开启式、防护式、封闭式和防爆式等，在实际应用时可根据防护要求进行选择。

4.2.2 选择电动机的容量和转速

1．选择电动机的容量（额定功率）

电动机的容量对电动机的工作性能和成本都有影响。当电动机的容量小于工作要求时，不能保证执行机构的正常工作，或使电动机长期过载而过早损坏；当电动机的容量过大时，电动机的成本较高，能力不能充分被利用，由于经常不满载运行，因此其效率和功率因数都较低，会增加电能消耗，造成很大浪费。

电动机的容量主要根据电动机运行时的发热情况来决定。电动机的发热情况与其运行状态有关，运行状态有三种，即长期连续运行、短时运行和重复短时运行。

对于长期连续运行，载荷不变或很少发生变化，且在常温下工作的电动机，在选择电动机功率时，只需要使电动机的额定功率 P_0 等于或略大于电动机所需的工作功率 P_m，电动机就不会过热，即

$$P_0 \geqslant P_m \tag{4-1}$$

电动机所需的工作功率为

$$P_m = \frac{P_G}{\eta} \tag{4-2}$$

式中，P_m——电动机所需的工作功率（kW）；

P_G——执行机构所需的功率（kW）；

η——电动机到执行机构之间的传动系统的总效率，应为组成传动系统的各部分运动副效率的乘积，即

$$\eta = \eta_1 \eta_2 \eta_3 \cdots \eta_n \tag{4-3}$$

其中 $\eta_1, \eta_2, \eta_3, \cdots, \eta_n$ 分别为传动系统中每个运动副（齿轮、蜗杆、带或链）、每对轴承、每个联轴器的效率，其概略值可查《机械设计手册》。

在计算总效率时要注意以下几点。

（1）在选用数值时，一般取中间值，若工作条件差、加工精度低、润滑维护不良，则应取低值，反之则应取高值。

（2）对于同类型的运动副、轴承或联轴器，要分别考虑其效率，如当有两级齿轮运动副时，效率为 η^2。

（3）轴承效率默认为一对轴承的效率。

2．选择电动机的转速

对于容量相同的同类型电动机，相同的额定功率有几种不同的转速系列可供选择，如三相异步电动机有 4 种常用的同步转速，即 3000r/min、1500r/min、1000r/min、750r/min（相应的电动机定子绕组极对数为 2、4、6、8）。同步转速为由电流频率与极对数确定的磁场转速，电动机在空转时转速可能达到同步转速，在负载时转速低于同步转速。

低转速电动机的极对数较多，转矩也较大，因此外廓尺寸及质量较大，故价格较高，

但可使传动系统的总传动比及尺寸较小，使传动系统的体积、质量较小；高转速电动机则相反。因此，在确定电动机的转速时，应全面分析比较电动机及传动系统的性能、尺寸、质量和价格等因素。通常选用同步转速为 1500r/min 或 1000r/min 的电动机（当轴不需要逆转时常选用前者）。如无特殊要求，一般不选用 750r/min 的电动机。

为合理设计传动系统，根据执行机构主动轴转速 n_w 和总传动比 i 的范围，可以推算出电动机同步转速的可选范围 n'，即

$$n' = in_w \tag{4-4}$$

式中，n'——电动机同步转速的可选范围（r/min）；

n_w——执行机构主动轴转速（r/min）；

i——传动系统的总传动比的合理范围，$i=i_0 i_1 i_2 \cdots i_n$，为各级运动副传动比的合理范围的乘积，各级运动副传动比的合理范围可查表 4-2。

表 4-2 常见机械传动的主要性能

传动类型		传递功率 P/kW	圆周速度 v/(m·s⁻¹)	传动比 i 一般范围	最大值
普通 V 带传动		≤100	≤25～30	2～4	7
平带传动		≤20	≤25	2～4	6
链传动（滚子链）		≤100	≤20	2～6	8
圆柱齿轮传动	一级开式	直齿：≤750；斜齿和人字齿：≤50 000	7 级精度：≤25；5 级精度以上的斜齿轮：15～130	3～7	15～20
	一级减速器			3～5	12
	二级减速器（展开式、同轴线式）			8～40	60
圆锥齿轮传动	一级开式	直齿：≤1000；曲线齿：≤15 000	直齿：<5；曲线齿：5～40	2～4	8
	一级减速器			2～3	6
蜗杆传动	一级开式	通常不大于 50，最大可达 750	滑动速度不大于 15，个别可达 35	15～60	120
	一级减速器			10～40	80
	二级减速器			70～800	3600

4.2.3 选择电动机的型号

在确定了电动机的类型，对电动机可选的转速进行比较并确定电动机的容量和转速后，即可在电动机产品目录中查出其型号、性能参数和主要尺寸。记录电动机的型号、额定功率、满载转速、外形尺寸、中心高、轴伸出尺寸、键连接尺寸、地脚尺寸等参数，列表备用。

对于 Y 系列电动机（JB3074-82）的表示方法，如 Y100L2-4，表示电动机型号为异步电动机，机座中心高为 100mm，长机座，功率序号为 2（功率为 3kW），4 极。

在设计传动系统时，一般按实际电动机所需的工作功率 P_m 来计算，而转速则按电动机额定功率时的满载转速 n_m 来计算，这个转速与实际工作时的转速较为接近。

任务实施与训练

4.2.4 选择传动系统中的电动机

在冲床中,曲柄轴每转动一周,冲头工作一个周期,生产率为 70 件/min,即曲柄轴转速为 n_w =70r/min。

根据电源种类、工作条件选择电动机的类型,根据执行机构的运动和动力参数计算电动机的容量(功率)和转速,就能在产品目录中查出电动机的型号,可列出满足要求的几种方案进行比较,最后列出所选电动机的有关技术数据,供设计时进行查阅。

设计步骤如下:

设 计 项 目	计算及说明	结　果
1. 选择电动机的类型	选择一般用途的 Y 系列三相鼠笼式异步电动机,该电动机为全封闭自扇冷式电动机	
2. 选择电动机的容量(额定功率) 1)计算执行机构所需的功率 P_G	$P_G = \dfrac{Fl}{t} = \dfrac{Fl}{\dfrac{\varphi \cdot 60}{360 \cdot n}} = \dfrac{Fl \cdot 360n}{\varphi \cdot 60}$ $= \dfrac{5000 \times 80 \times 10^{-3} \times 360 \times 70}{80 \times 60} = 2.10\text{kW}$	P_G=2.10kW
2)计算传动系统的总效率 η	$\eta = \eta_1 \eta_2^2 \eta_3^3 \eta_4 \eta_w$。 普通 V 带传动效率 η_1=0.96。 一对齿轮副效率(9 级精度、油润滑)η_2=0.96。 一对滚动轴承效率(球、脂润滑)η_3=0.99。 联轴器效率(弹性)η_4=0.99。 执行机构效率 η_w=0.6	η=0.52
3)计算电动机所需的功率 P_m	$P_m = \dfrac{P_G}{\eta} = \dfrac{2.10}{0.52} = 4.04\text{kW}$	P_m=4.04kW
4)选择电动机的额定功率 P_0	$P_0 \geq P_m$,查《机械设计手册》,取标准系列值	P_0=5.5kW
3. 选择电动机的同步转速 1)计算曲柄轴所需的转速 n_w	$n_w = \dfrac{60 \times 1000 v_w}{\pi D}$	n_w=70r/min (原始数据)
2)计算传动系统的总传动比范围 i	$i=i_0 i_1 i_2$,查表 4-2 可知: 普通 V 带传动 i_0=2~4。 二级减速器圆柱齿轮传动 i_1,i_2=8~40(i_1 为高速级传动比,i_2 为低速级传动比)	i=16~160
3)计算电动机输出轴所需的转速范围 n'	$n'=i \cdot n_w$	n'=1120~11 200r/min
4)选择电动机的同步转速 n_d	查《机械设计手册》,比较 2 种方案,如表 4-3 所示	n_d=1500r/min
4. 选择电动机的型号	查《机械设计手册》,比较 2 种方案,如表 4-3 所示	Y132S-4

表 4-3　电动机选择方案的比较

方　案	电动机型号	额定功率/kW	电动机转速/(r·min^{-1})		电动机质量/kg
			同步转速	满载转速	
1	Y132S1-2	5.5	3000	2900	64
2	Y132S-4	5.5	1500	1440	68

电动机的相关外形尺寸如图 4-3 所示。

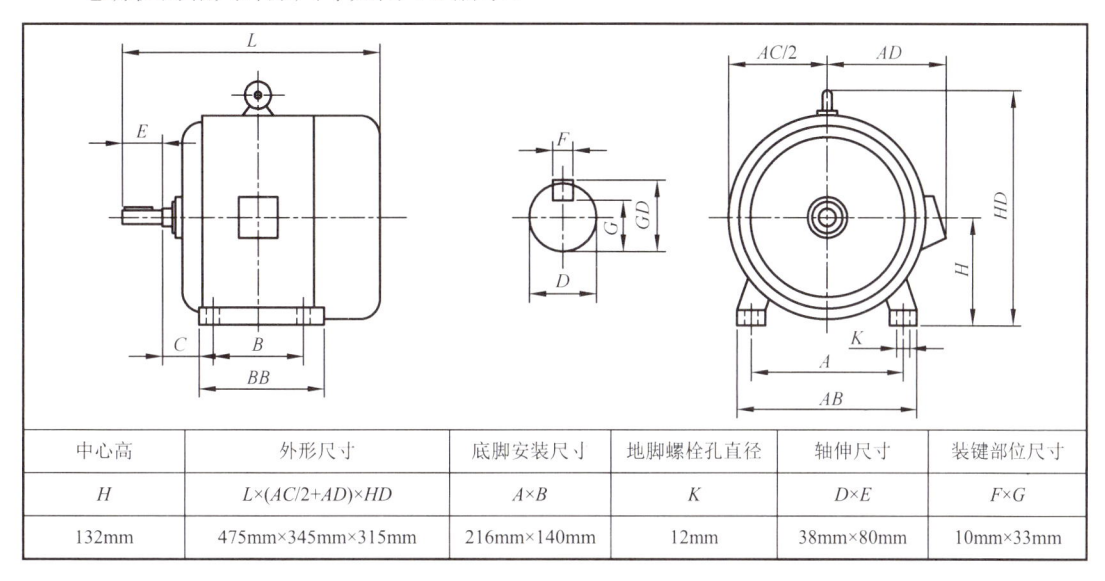

中心高	外形尺寸	底脚安装尺寸	地脚螺栓孔直径	轴伸尺寸	装键部位尺寸
H	$L\times(AC/2+AD)\times HD$	$A\times B$	K	$D\times E$	$F\times G$
132mm	475mm×345mm×315mm	216mm×140mm	12mm	38mm×80mm	10mm×33mm

图 4-3 电动机的相关外形尺寸

在计算时，采用以下参数。

电动机的输出功率为电动机所需的功率：$P_m=4.12\text{kW}$。

电动机的输出转速为额定功率时的满载转速（输出轴的转速）：$n_m=1440\text{r/min}$。

4.3 任务 3——确定传动系统的总传动比及分配各级传动比

任务描述与分析

在冲床的传动系统中，电动机的型号为 Y132S-4，其输出轴的转速为 $n_m=1440\text{r/min}$，而曲柄轴的转速为 $n_w=70\text{r/min}$，如图 4-4 所示。

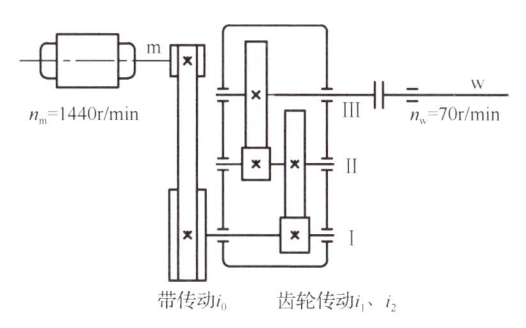

图 4-4 冲床传动系统的传动比

本任务根据电动机的输出轴的转速 n_m 和曲柄轴的转速 n_w，以及带传动和齿轮传动的传动比范围，确定传动系统的总传动比及分配各级传动比，具体内容包括：

（1）确定传动系统的总传动比 i。

（2）分配各级传动比。
（3）设计传动系统的传动比。

相关知识与技能

4.3.1 确定传动系统的总传动比

如图4-4所示，根据轮系传动比的计算方法，已知电动机的输出轴的转速n_m及执行机构的曲柄轴的转速n_w，就可确定传动系统的总传动比为

$$i=\frac{n_m}{n_w} \tag{4-5}$$

总传动比也等于各级传动比的乘积，即

$$i=i_0 i_1 i_2 \cdots i_n \tag{4-6}$$

4.3.2 分配各级传动比

1. 传动比的分配原则

如何分配传动比，即各级传动比如何取值，是传动系统设计中的重要问题。合理分配传动比可以使传动系统得到较小的外廓尺寸或较轻的质量，以实现低成本和紧凑结构；也可以使传动零件获得较低的圆周速度以减小动载荷或降低传动精度等级；还可以获得较好的润滑效果。由于同时达到这几个方面的要求比较困难，因此应按设计要求考虑传动比分配方案，满足某些主要要求。

在分配传动比时，一般有以下原则。

（1）各级传动的传动比应在合理范围内，不超出允许的最大值，以符合各级传动形式的工作特点，并使传动系统的结构紧凑。

（2）注意使各级传动件尺寸协调，结构匀称、合理，以及便于安装。在由带传动和一级圆柱齿轮减速器组成的传动系统中，当带传动的传动比过大时，大带轮半径大于减速器的输入轴中心高，带轮与底架相碰，如图4-5所示，这种情况会导致安装不便。所以，这种类型的传动系统应使带传动比小于齿轮传动比。

（3）应使传动系统的外廓尺寸较小、质量较轻。如图4-6所示，当二级展开式圆柱齿轮减速器总中心距和总传动比相同时，在粗、细实线所示的两种传动比分配方案中，粗实线所示方案因低速级大齿轮直径较小而使传动系统的外廓尺寸较小。

（4）应使各级传动件尺寸协调，结构匀称、合理，避免零件相互干涉，出现碰撞。如图4-7所示，当二级展开式圆柱齿轮减速器的高速级传动比过大时，高速级大齿轮与低速级轴相碰。

（5）当采用浸油润滑时，各级齿轮副的大齿轮直径尽量相近。在闭式传动中，齿轮多采用浸油润滑，为避免各级大齿轮直径相差悬殊，因大齿轮浸油深度过大导致搅油损失增加过多，常希望各级大齿轮直径相近。适当加大高速级传动比有利于减小各级大齿轮的直径差，如图4-8所示。在二级展开式圆柱齿轮减速器中，二级的大齿轮直径尽量相近，以利于浸油润滑。

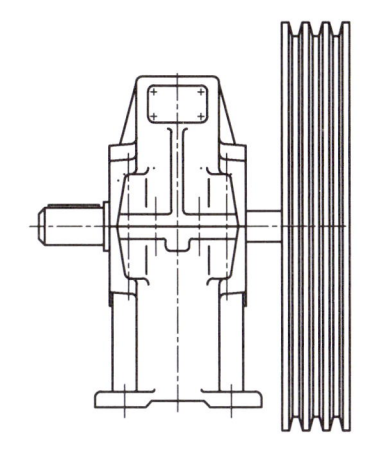

图 4-5　带轮与底架相碰

图 4-6　传动比不同时的外廓尺寸（长度单位：mm）

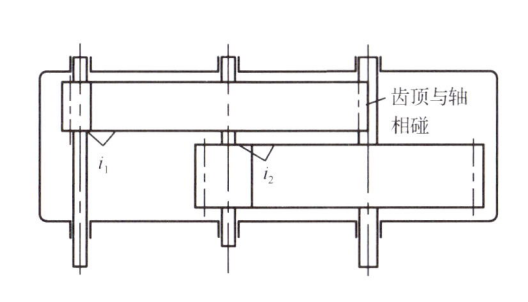

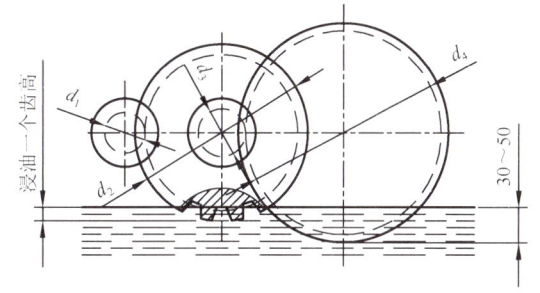

图 4-7　避免零件相互干涉

图 4-8　大齿轮直径尽量相近（长度单位：mm）

此外，为使各级传动寿命接近，应按等强度的原则进行设计，通常当高速级传动比略大于低速级传动比时，较易实现等强度设计。

由以上分析可知，高速级采用较大的传动比，对减小传动系统的外廓尺寸、减轻传动系统的质量、改善润滑条件、实现等强度设计等方面都是有利的。

2．传动比的分配

基于上述分析，一般推荐二级展开式圆柱齿轮减速器的高速级传动比为 $i_1=(1.3\sim 1.5)i_2$。

传动系统的实际传动比要由选定的齿数或标准带轮直径准确计算，与要求的传动比之间可能存在误差。一般允许执行机构的实际转速与要求的转速之间的相对误差为±(3～5)%。

任务实施与训练

4.3.3　设计传动系统的传动比

根据轮系传动比的概念，传动系统的总传动比为电动机的满载转速 n_m 及曲柄轴的转速 n_w 之比。

根据以下两点，就能计算出齿轮传动的各级传动比 i_1、i_2。

（1）带传动的传动比合理范围为 $i_0=2\sim 4$。

（2）根据二级展开式圆柱齿轮传动的传动比分配原则，取 $i_1=(1.3\sim1.5)i_2$。

设计步骤如下：

设 计 项 目	计 算 及 说 明	结　　果
1. 传动系统的总传动比 i	$i=\dfrac{n_m}{n_w}=\dfrac{1440}{70}=20.57$	i=20.57
2. 各级传动比 i_1、i_2	$i=i_0i_1i_2$，$i_0=2\sim4$，$i_1=(1.3\sim1.5)i_2$。 取 $i_0=2$，$i_1=1.4\ i_2$，则 20.57=2×1.4 $i_2×i_2$，得 i_1=3.80，i_2=2.71	i_0=2 i_1=3.80 i_2=2.71
3. 校核	实际传动比 i'=2×3.80×2.71=20.596。 $\dfrac{\|i'-i\|}{i}\times100\%=0.1\%<5\%$	满足要求

4.4 任务4——计算传动系统的运动和动力参数

任务描述与分析

传动系统的运动和动力参数包括各轴的转速、功率、转矩。

电动机的输出功率为 P_m=4.12kW，电动机的输出轴转速为 n_m=1440r/min。

在冲床传动系统中，共有5根轴，如图4-9所示，按传动路线为 m—Ⅰ—Ⅱ—Ⅲ—w。各轴间的传动比如下。

（1）电动机 m 轴与Ⅰ轴间的传动比为带传动的传动比 i_0=2。

（2）Ⅰ、Ⅱ轴间的传动比为高速级齿轮传动的传动比 i_1=3.80。

（3）Ⅱ、Ⅲ轴间的传动比为低速级齿轮传动的传动比 i_2=2.71。

本任务主要计算传动系统的运动和动力参数。具体内容包括：

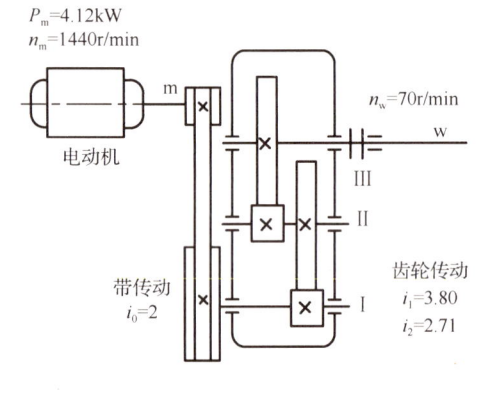

图4-9　各轴传动比分配

（1）传动系统的运动和动力参数。
（2）传动系统的运动和动力参数的计算。
（3）冲床的传动系统的运动和动力参数的计算。

相关知识与技能

4.4.1　传动系统的运动和动力参数

运动和动力参数是设计传动系统的重要数据。这些参数可分为两类，一类是运动特性，通常用传动比、转速等参数来表示；另一类是动力特性，通常用功率、传动效率、转矩等参数来表示。

1. 传动比

传动机构中两个齿轮的角速度或转速之比称为传动比，用 i 表示。设主动轮 1 的角速度和转速分别为 ω_1 和 n_1，从动轮 2 的角速度和转速分别为 ω_2 和 n_2，则传动比为

$$i = \frac{\omega_1}{\omega_2} = \frac{n_1}{n_2} \tag{4-7}$$

当 $i=1$ 时，两个齿轮的角速度或转速大小相等。

当 $i \neq 1$ 时，两个齿轮的角速度或转速大小不相等。当 $i>1$ 时，齿轮做减速传动，小齿轮为主动轮；当 $i<1$ 时，齿轮做增速传动，大齿轮为主动轮。

传动比反映了传动系统增速和减速的能力。一般情况下，传动系统做减速传动。

2. 圆周速度和转速

圆周速度 v（单位：m/s）和转矩 n（单位：N·mm）、直径 d（单位：mm）的关系为

$$v = \frac{\pi d n}{60 \times 1000} \tag{4-8}$$

在其他条件相同的情况下，提高圆周速度可以减小传动系统的外廓尺寸。因此，在较高的速度下进行传动是有利的。对于挠性传动，限制速度的主要因素是离心力，它在挠性元件中会引起附加载荷，并且减小其有效拉力；对于啮合传动，限制速度的主要因素是啮合元件进入啮合和退出啮合时产生的附加作用力，它的增大会使所传递的有效力减小。

为了获得较大的圆周速度，需要提高主动轮的转速或增大其直径。但是直径增大会使传动系统的外廓尺寸变大。因此，为了维持较大的圆周速度，主要方法是提高转速。转速的最大值受到啮合元件进入和退出啮合时的允许冲击力、振动及摩擦等因素的限制。

3. 功率

功率 P 用于反映传动系统的传动能力，可以由执行机构拖动负载的工作阻力或阻力矩和运动参数（圆周速度或转速）求得，其表达式为

$$P = \frac{F \cdot v}{1000} \tag{4-9}$$

$$P = \frac{T \cdot n}{9.55 \times 10^6} \tag{4-10}$$

式中，P ——功率（kW）；

F ——圆周力（N）；

v ——圆周速度（m/s）；

T ——转矩（N·mm）；

n ——转速（r/min）。

当功率 P 一定时，圆周力 F 与圆周速度 v 成反比。

在各种传动中，齿轮传动允许的功率 P 范围最大，圆周速度 v 范围也最大。

常见机械传动的主要性能可参考表 4-2。

4. 传动效率

传动效率的高低可表明机械驱动功率的有效利用程度，是反映机械传动系统性能指标

的重要参数之一。若传动效率低，则机械不仅功率损失大，而且损耗的功率会产生大量的热量，必须采取散热措施。

在机械传动系统中，传动装置的功率损耗主要是由摩擦引起的。因此，想要提高机械传动系统的效率，就必须采取措施来减少传动中的摩擦。

5. 转矩

各轴转矩 T 与传递的功率 P、转速 n 的关系为

$$T = 9.55 \times 10^6 \frac{P}{n} \tag{4-11}$$

式中，T ——转矩（N·mm）；
P ——功率（kW）；
n ——转速（r/min）。

4.4.2 传动系统的运动和动力参数的计算

在对传动件进行设计时，需要知道各轴的转速、转矩或功率，这是设计传动件极为重要的依据，应将执行机构的转速、转矩或功率推算到各轴上。

假设传动系统各轴由高速到低速依次为 Ⅰ、Ⅱ、Ⅲ 轴，有以下计算过程。

1. 各轴转速（r/min）

$$n_\mathrm{I} = \frac{n_\mathrm{m}}{i_0}$$

$$n_\mathrm{II} = \frac{n_\mathrm{I}}{i_1} = \frac{n_\mathrm{m}}{i_0 \cdot i_1}$$

$$n_\mathrm{III} = \frac{n_\mathrm{II}}{i_2} = \frac{n_\mathrm{m}}{i_0 \cdot i_1 \cdot i_2}$$

式中，n_m ——电动机满载转速（r/min）；
n_I、n_II、n_III ——Ⅰ、Ⅱ、Ⅲ 轴转速（r/min），Ⅰ 轴为高速轴，Ⅲ 轴为低速轴；
i_0、i_1、i_2 ——由电动机轴至Ⅰ轴、Ⅰ轴至Ⅱ轴、Ⅱ轴至Ⅲ轴之间的传动比。

2. 各轴功率（kW）

$$P_\mathrm{I} = P_\mathrm{m} \cdot \eta_1$$
$$P_\mathrm{II} = P_\mathrm{I} \cdot \eta_2 \cdot \eta_3$$
$$P_\mathrm{III} = P_\mathrm{II} \cdot \eta_2 \cdot \eta_3$$
$$P_\mathrm{w} = P_\mathrm{III} \, \eta_3 \cdot \eta_4$$

式中，P_m ——电动机的输出功率（kW）；
P_I、P_II、P_III、P_w ——Ⅰ、Ⅱ、Ⅲ、w 轴的输入功率（kW）；
η_1、η_2、η_3、η_4 ——带传动、齿轮传动、轴承、联轴器的传动效率。

3. 各轴转矩（N·mm）

各轴转矩按式（4-11）计算。

任务实施与训练

4.4.3 冲床的传动系统的运动和动力参数的计算

设计步骤如下：

设 计 项 目	计算及说明
1. 各轴转速	$n_m = 1440 \text{r/min}$。 $n_I = \dfrac{n_m}{i_0} = \dfrac{1440}{2} = 720 \text{r/min}$。 $n_{II} = \dfrac{n_I}{i_1} = \dfrac{720}{3.80} = 189.47 \text{r/min}$。 $n_{III} = \dfrac{n_{II}}{i_2} = \dfrac{189.47}{2.71} = 69.91 \text{r/min}$。 $n_w = n_{III} = 69.91 \text{r/min}$
2. 各轴功率	$P_m = 4.12 \text{kW}$。 $P_I = P_m \cdot \eta_1 = 4.12 \times 0.96 \approx 3.96 \text{kW}$。 $P_{II} = P_I \cdot \eta_2 \cdot \eta_3 = 3.96 \times 0.96 \times 0.99 \approx 3.76 \text{kW}$。 $P_{III} = P_{II} \cdot \eta_2 \cdot \eta_3 = 3.76 \times 0.96 \times 0.99 \approx 3.57 \text{kW}$。 $P_w = P_{III} \cdot \eta_3 = 3.57 \times 0.99 \approx 3.53 \text{kW}$
3. 各轴转矩	$T_m = 9.55 \times 10^6 \dfrac{P_m}{n_m} = 9.55 \times 10^6 \times \dfrac{4.12}{1440} \approx 2.73 \times 10^4 \text{N} \cdot \text{mm}$。 $T_I = 9.55 \times 10^6 \dfrac{P_I}{n_I} = 9.55 \times 10^6 \times \dfrac{3.96}{720} \approx 5.25 \times 10^4 \text{N} \cdot \text{mm}$。 $T_{II} = 9.55 \times 10^6 \dfrac{P_{II}}{n_{II}} = 9.55 \times 10^6 \times \dfrac{3.76}{189.47} \approx 1.89 \times 10^5 \text{N} \cdot \text{mm}$。 $T_{III} = 9.55 \times 10^6 \dfrac{P_{III}}{n_{III}} = 9.55 \times 10^6 \times \dfrac{3.57}{69.91} \approx 4.88 \times 10^5 \text{N} \cdot \text{mm}$。 $T_w = 9.55 \times 10^6 \dfrac{P_w}{n_w} = 9.55 \times 10^6 \times \dfrac{3.53}{69.91} \approx 4.82 \times 10^5 \text{N} \cdot \text{mm}$

为了便于下一阶段的传动件设计，将运动和动力参数的计算结果进行整理，列表备查，如表 4-4 所示。

表 4-4 运动和动力参数的计算结果

参　数	轴　名				
	电动机 m 轴	I 轴	II 轴	III 轴	曲柄轴 w 轴
转速 n/(r·min^{-1})	1440	720	189.47	69.91	69.91
功率 P/kW	4.12	3.96	3.76	3.57	3.53
转矩 T/(N·mm)	2.73×10^4	5.25×10^4	1.89×10^5	4.88×10^5	4.82×10^5
传动比 i	2	3.80	2.71	1	
效率 η	0.96	0.96	0.96	0.99	

4.5 模块小结

本模块详细介绍了传动系统的总体设计，结合冲床的传动系统，重点阐述了传动系统的总体设计的4个阶段，即拟定传动系统的传动方案、选择电动机、确定传动系统的总传动比及分配各级传动比、计算传动系统的运动和动力参数。本模块主要有以下几个知识点。

（1）确定传动方案时应满足的要求。
（2）常见传动类型及其特点、传动类型的选择、传动顺序的布置。
（3）电动机容量和转速的计算。
（4）总传动比的计算及各级传动比的分配。
（5）传动系统中各轴的转速和传动比的关系。
（6）传动系统中各轴的功率和效率的关系。

4.6 知识拓展

4.6.1 轮系的概念和类型

1. 轮系的概念

在实际机械中，经常使用一系列相互啮合的齿轮组成的传动系统，该系统称为齿轮系统，简称为轮系。

轮系可以用于变速、变向，以获得大传动比、多传动比，也可以用于分解或合成运动，应用广泛。

2. 轮系的类型

轮系的类型较多，通常可根据以下原则进行分类。

1）齿轮的轴线的位置是否固定

当轮系在传动时，根据齿轮的轴线的位置是否固定，轮系可分为两种类型，即定轴轮系和行星轮系。

当轮系在传动时，若各个齿轮的轴线位置都相对于机架固定不动，则该轮系为定轴轮系，如图4-10所示。

当轮系在传动时，若至少有一个齿轮的轴线绕另一个齿轮的（固定）轴线转动，则该轮系为行星轮系，如图4-11所示。

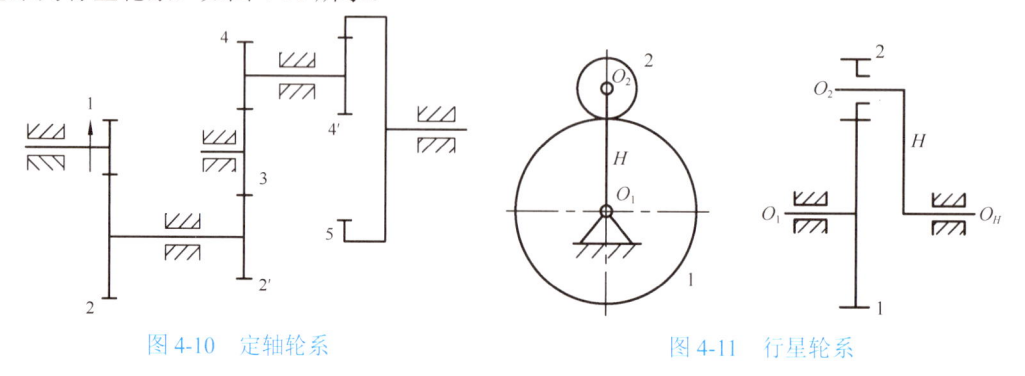

图4-10 定轴轮系　　　图4-11 行星轮系

2）齿轮的轴线是否平行

根据轮系中齿轮的轴线是否平行，轮系可分为两种类型，即平面轮系和空间轮系。

若组成轮系的所有齿轮的轴线都相互平行或重合，则该轮系为平面轮系；反之，则该轮系为空间轮系。

4.6.2　定轴轮系及其传动比的计算

1. 平面定轴轮系

平面定轴轮系中的齿轮全部都是圆柱齿轮，其轴线相互平行或重合，有时也会有齿条存在。

1）一对齿轮的传动比

设主动轮 1 的转速和齿数分别为 n_1 和 z_1，从动轮 2 的转速和齿数分别为 n_2 和 z_2，则传动比为

$$i_{12} = \frac{n_1}{n_2} = \pm \frac{z_2}{z_1} \tag{4-12}$$

对于外啮合圆柱齿轮传动，两个齿轮转向相反，取负号，如图 4-12（a）所示；对于内啮合圆柱齿轮传动，两个齿轮转向相同，取正号，如图 4-12（b）所示。

两个齿轮的转向关系也可以用画箭头的方法在图中表示。

（a）外啮合圆柱齿轮传动　　　　（b）内啮合圆柱齿轮传动

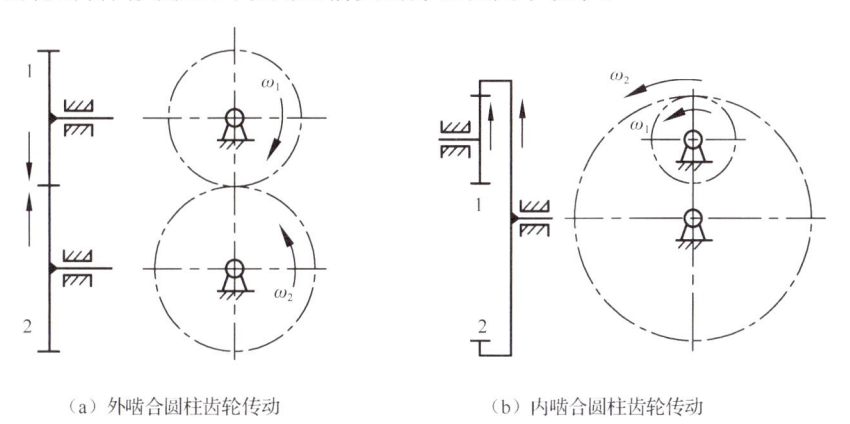

图 4-12　圆柱齿轮传动

2）平面定轴轮系的传动比

轮系的传动比是指轮系中的首末两个齿轮的转速之比。若用 1 和 k 表示首末两个齿轮，则轮系的传动比为

$$i_{1k} = \frac{n_1}{n_k}$$

图 4-10 所示为由圆柱齿轮组成的平面定轴轮系，齿轮 1 为首轮（主动轮），齿轮 5 为末轮（从动轮），设轮系中各个齿轮的齿数分别为 z_1、z_2、z_2'、z_3、z_4、z_4'、z_5，转速分别为 n_1、n_2、n_2'（$n_2' = n_2$）、n_3、n_4、n_4'（$n_4' = n_4$）、n_5。由推导可得该轮系的传动比为

$$i_{15} = \frac{n_1}{n_5} = i_{12} \cdot i_{2'3} \cdot i_{34} \cdot i_{4'5} = (-1)^3 \frac{z_2 \cdot z_4 \cdot z_5}{z_1 \cdot z_2' \cdot z_4'}$$

由上式可知，该轮系的传动比等于各对齿轮的传动比的乘积，也等于轮系中所有对齿轮的从动轮齿数的乘积与主动轮齿数的乘积之比，传动比的正负号取决于外啮合齿轮的对数，当外啮合齿轮的对数为奇数时取负号，表示首末两个齿轮转向相反；当外啮合齿轮的对数为偶数时取正号，表示首末两个齿轮转向相同，图4-10中有3对外啮合齿轮，故取负号。

在图4-10中，齿轮3分别与齿轮2′和齿轮4相啮合，它既是从动轮，又是主动轮，这种齿轮称为惰轮。在上式中，齿轮3的齿数z_3同时出现在分子、分母中，可以消去，说明z_3并不影响轮系传动比的大小，但齿轮3增加了一次外啮合。应用惰轮不仅可以改变从动轮的转向，还可以增大两个轴之间的间距。

对于一般情况，定轴轮系的传动比的通式为

$$i_{1k} = \frac{n_1}{n_k} = i_{12} i_{2'3} i_{3'4} \cdots i_{(k-1)'k} = (-1)^m \frac{z_2 z_3 z_4 \cdots z_k}{z_1 z_2' z_3' \cdots z_{(k-1)}'} \quad (4-13)$$

$$= (-1)^m \frac{\text{所有对齿轮的从动轮齿数的乘积}}{\text{所有对齿轮的主动轮齿数的乘积}}$$

式中，m——轮系中外啮合齿轮的对数。

3）齿轮的转向关系

在平面定轴轮系中，齿轮的转向关系可以用以下两种方法来表示。

可以根据式（4-13），用$(-1)^m$来确定，当m为偶数时，传动比i_{1k}为正，说明齿轮1和k转向相同；当m为奇数时，传动比i_{1k}为负，说明齿轮1和k转向相反。

也可以用画箭头的方法表示各轮的转向，从首轮开始，根据齿轮的啮合关系，沿着运动传递顺序，用直线箭头在图中画出，如图4-12所示。

2. 空间定轴轮系

空间定轴轮系中包含蜗杆传动和圆锥齿轮传动，分别如图4-13和图4-14所示。

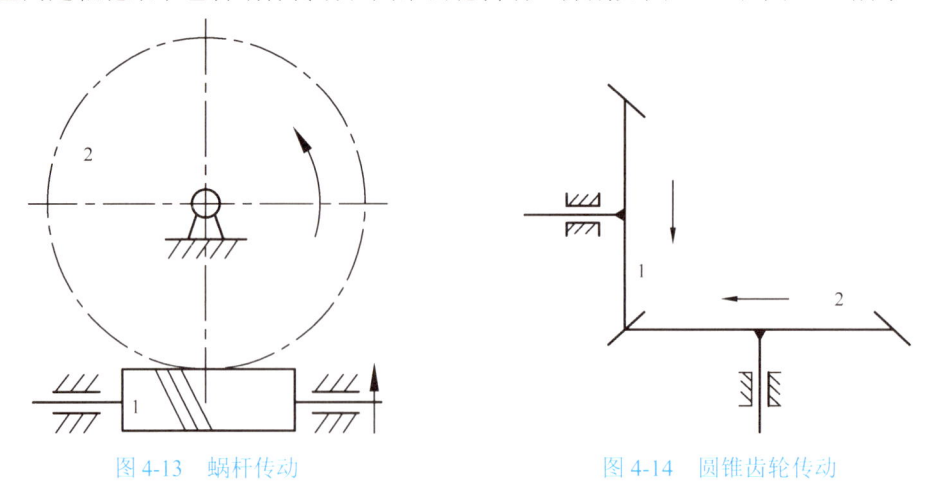

图4-13　蜗杆传动　　　　图4-14　圆锥齿轮传动

空间定轴轮系传动比的数值的大小仍可按式（4-13）计算，但各个齿轮的转向关系只能用画箭头的方法在图中表示。

第 5 模块　V 带传动的设计

冲床的传动系统中的带传动位于传动系统的高速级，V 带传动如图 5-1 所示。

在 V 带传动的设计过程中，除了要满足传动的运动关系、几何关系，还要考虑张紧装置与 V 带传动的安装和维护，保证传动带的初拉力，使传动带正常工作。

本模块的具体内容包括选择普通 V 带的型号、设计普通 V 带传动的参数（包括普通 V 带的基准直径、基准长度、根数、中心距等）、设计普通 V 带轮的结构。

图 5-1　V 带传动

工作任务

- 任务 1——选择普通 V 带的型号
- 任务 2——设计普通 V 带传动的参数
- 任务 3——设计普通 V 带轮的结构

学习目标

- 掌握带传动的类型和普通 V 带的标准
- 掌握带传动的失效形式和设计准则
- 掌握普通 V 带传动的参数的计算
- 掌握普通 V 带轮的结构的选用和设计

5.0　预备知识

5.0.1　带传动的组成

带传动简图如图 5-2 所示，带传动由主动带轮 1、从动带轮 2 和传动带 3 组成。传动带是挠性件，它可将主动带轮的运动和动力传递给从动带轮。

5.0.2　带传动的类型

根据工作原理的不同，带传动可分为摩擦带传动和啮合带传动。

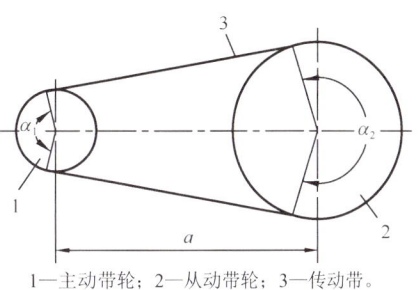

1—主动带轮；2—从动带轮；3—传动带。

图 5-2　带传动简图

1. 摩擦带传动

摩擦带传动依靠带与带轮间的摩擦力传递运动。

根据传动带的截面形状，摩擦带传动可分为 4 种类型：平带传动、V 带传动、圆带传动、多楔带传动，如图 5-3 所示。

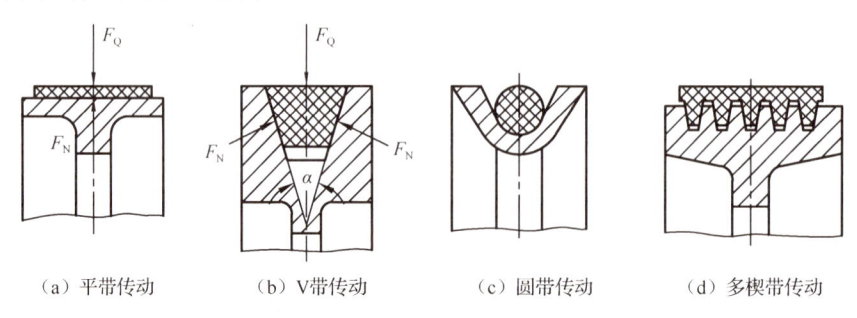

（a）平带传动　　（b）V带传动　　（c）圆带传动　　（d）多楔带传动

图 5-3　摩擦带传动的类型

1）平带传动

平带的截面形状为矩形，其工作面为内表面，如图 5-3（a）所示。常用的平带为橡胶帆布带，其传动结构最简单，多用于中心距较大的场合。近年来，平带传动的应用已大为减少，但在高速（$v>30m/s$）带传动中，仍然多用薄而轻的平带。

平带传动的形式一般有 3 种：开口传动（两个轴平行，转向相同），交叉传动（两个轴平行，转向相反），半交叉传动（两个轴交错 90°），如图 5-4 所示。

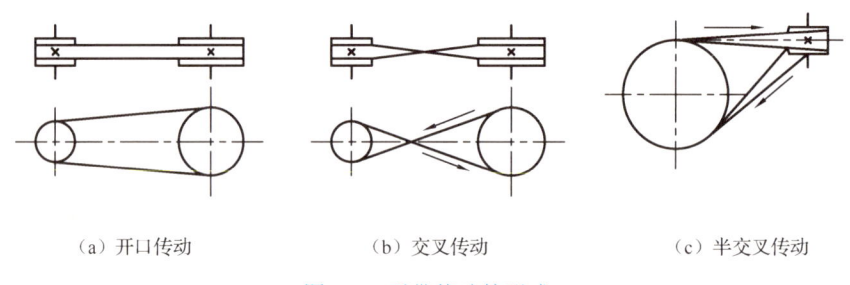

（a）开口传动　　（b）交叉传动　　（c）半交叉传动

图 5-4　平带传动的形式

2）V 带传动

V 带的截面形状为等腰梯形，其工作面为两个侧面，如图 5-3（b）所示，靠两个侧面间的摩擦力实现传动。

因为 V 带传动的结构紧凑，工作面上有较大的摩擦力，在同样的压力 F_Q 的作用下，V 带传动的摩擦力约为平带传动的 3 倍，承载能力较大，所以在一般机械传动中，V 带传动应用较为广泛。

V 带常用于开口传动，如图 5-2 所示。带与带轮接触弧所对应的中心角称为包角 α，小带轮的包角 α_1 总小于大带轮的包角 α_2。

3）圆带传动

圆带的截面形状为圆形，如图 5-3（c）所示。圆带有圆皮带、圆绳带、圆锦纶带等，其传动能力小，主要用于 $v<15\text{m/s}$、$i=0.5\sim3$ 的小功率传动，如仪表、缝纫机、牙科医疗器械中的传动等。

4）多楔带传动

多楔带是在平带基体下有若干个纵向楔的传动带，其工作面为楔的侧面，如图 5-3（d）所示。多楔带可以取代若干根 V 带，柔韧性好、工作面上的摩擦力大，能传递很大的功率，可用于要求传动平稳、结构紧凑的场合。但多楔带传动的带与带轮制造成本较高，对安装精度的要求也较高。

摩擦带传动具有以下主要优点：

（1）传动带具有弹性，能缓和冲击、吸收振动，故传动平稳、无噪声。
（2）在过载时，带在带轮上打滑，不会损伤其他零件，有过载保护作用。
（3）能传递较远距离的运动，可通过改变带长来适应不同的中心距。
（4）结构简单，维护方便，易于制造、安装，成本低。

摩擦带传动的缺点是外廓尺寸大、效率低，存在弹性滑动，不能保证准确的传动比，不能用于易爆、易燃场合。

摩擦带传动适用于要求传动平稳但对传动比要求不严格的场合。V 带传动的常用范围：功率 $P<100\text{kW}$；带速 $v=5\sim25\text{m/s}$；传动比 $i\leqslant7$；效率 $\eta=0.94\sim0.96$。

2. 啮合带传动

啮合带传动依靠带轮上的齿与带上的齿或孔相互啮合来传动。它有两种类型：同步带传动和齿孔带传动，如图 5-5 所示。

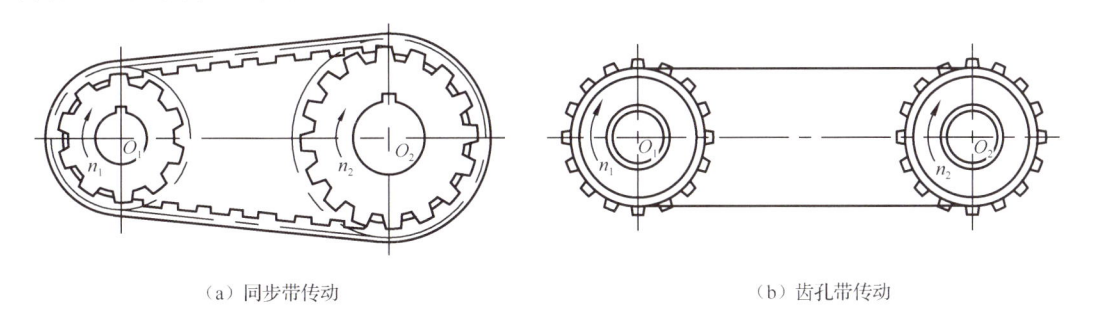

（a）同步带传动　　　　　　　　　（b）齿孔带传动

图 5-5　啮合带传动

1）同步带传动

同步带传动依靠轮上的齿与带上的齿相互啮合来传动，如图 5-5（a）所示。带和带轮之间无相对滑动，能保证主、从动轮同步运动。同步带传动价格较高，常用于要求传动比准确的中、小功率传动，如数控机床、纺织机械中的传动等。

2）齿孔带传动

齿孔带传动依靠轮上的齿与带上的孔相互啮合来传动，如图 5-5（b）所示。齿孔带传动也能保证主、从动轮同步运动，常用于放映机、打印机等设备。

5.1 任务1——选择普通V带的型号

任务描述与分析

冲床的传动系统中的带传动位于传动系统的高速级，采用V带传动。冲床的传动系统中的V带传动如图5-6所示，小带轮装在电动机的输出轴 m 上，电动机的型号为Y132S-4，其输出功率 P_m=4.12kW，输出转速 n_m=1440r/min。

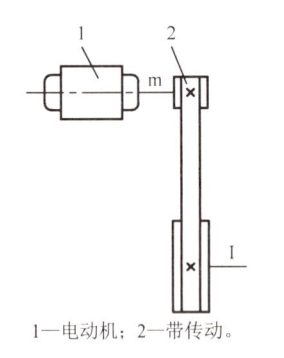

根据冲床的工作情况可知该V带传动的工作条件：

（1）使用时间为10年（每年工作250天），两班制，连续单向运转。

（2）空载启动，有较大冲击，经常满载。

本任务根据V带传动的功率及小带轮的转速，在标准中合理选择普通V带的型号，以满足V带传动的工作要求。具体内容包括：

（1）普通V带的型号。

（2）选择普通V带的型号的依据。

（3）普通V带的型号的选择。

1—电动机；2—带传动。

图5-6 冲床的传动系统中的V带传动

相关知识与技能

5.1.1 普通V带的型号

普通V带是标准件，是无接头的环形带，如图5-7所示。

普通V带的截面结构如图5-8所示，其由包布、顶胶、抗拉体、底胶4个部分组成。包布由橡胶帆布制成，起保护作用；顶胶和底胶由橡胶制成，当V带工作时同时承受拉伸和弯曲载荷；抗拉体是承受主要拉力的部分，有帘布结构和线绳结构两种。帘布结构抗拉强度高，制造方便，型号齐全，应用较广；线绳结构柔韧性好，抗弯强度高，适用于转速较快、载荷不大和带轮直径较小的场合。

图5-7 普通V带

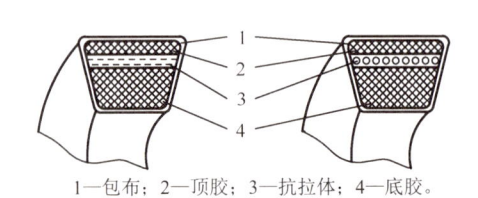

1—包布；2—顶胶；3—抗拉体；4—底胶。

图5-8 普通V带的截面结构

第 5 模块　V 带传动的设计

普通 V 带有 Y、Z、A、B、C、D、E 共 7 种型号。普通 V 带的截面尺寸如表 5-1 所示（该表摘自 GB/T 11544—2012）。其中 Y 型带的截面尺寸最小，E 型带的截面尺寸最大。在同样的条件下，普通 V 带的截面尺寸越大，传递的功率就越大。

表 5-1　普通 V 带的截面尺寸

型　号	Y	Z	A	B	C	D	E
顶宽 b/mm	6	10	13	17	22	32	38
节宽 b_P/mm	5.3	8.5	11	14	19	27	32
高度 h/mm	4.0	6.0	8.0	11	14	19	23
楔角 θ	40°						
每米质量/(kg·m^{-1})	0.04	0.06	0.10	0.17	0.30	0.60	0.87

当普通 V 带在带轮上弯曲时，带中长度不变的周线称为节线，由全部节线组成的面称为节面，节面宽度称为节宽，用 b_P 表示。当普通 V 带弯曲时，节宽保持不变。

普通 V 带的节线长度称为基准长度，用 L_d 表示，各种型号的普通 V 带的基准长度已标准化（见附录 A 中的表 A-2）。

普通 V 带的标记由带型、基准长度和标准号组成。例如，根据 GB/T 1171—2017 制造的基准长度为 1600mm 的 B 型普通 V 带，标记为 B1600 GB/T 1171—2017，V 带的标记通常压印在外表面上，以方便被选用和识别。

5.1.2　选择普通 V 带的型号的依据

选择普通 V 带的型号的依据是设计功率 P_c 和小带轮的转速 n_1，普通 V 带的选型图如图 5-9 所示。当坐标点位于图中型号的分界线附近时，可初选两种相邻的型号，分为两种方案进行设计计算，最后比较两种方案的设计结果，择优选用。

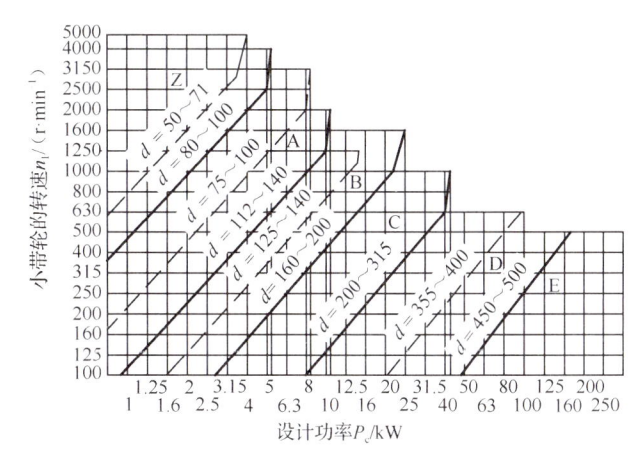

图 5-9　普通 V 带的选型图

对于设计功率 P_c，主要考虑普通 V 带在工作时的载荷性质、原动机和工作机的种类及

该 V 带每天工作的时间，设计功率 P_c 应比要求传递的功率略大，即

$$P_c = K_A P \tag{5-1}$$

式中，P——传递的功率（kW）；

K_A——工作情况系数，如表 5-2 所示（该表摘自 GB/T 13575—2008）。

表 5-2 工作情况系数 K_A

工作机载荷性质		原 动 机					
		空、轻载启动			重载启动		
		每天工作时间/h					
		<10	10～16	>16	<10	10～16	>16
载荷平稳	液体搅拌机、轻载运输机、离心式水泵、离心式压缩机、鼓风机和通风机（$P \leqslant$ 7.5kW）、风扇等	1.0	1.1	1.2	1.1	1.2	1.3
载荷变动小	发电机、带式运输机（运送沙石、谷物）、通风机（$P > 7.5$kW）、压力机、机床、剪床、印刷机、旋转筛和振动筛、锯木机等	1.1	1.2	1.3	1.2	1.3	1.4
载荷变动大	起重机、旋转式运输机、斗式提升机、往复式水泵和压缩机、锻锤、磨粉机、纺织机械、制砖机、冲床等	1.2	1.3	1.4	1.4	1.5	1.6
载荷变动很大	破碎机（旋转式、颚式）、研磨机、挖掘机、卷扬机、脱离滚筒等	1.3	1.4	1.5	1.6	1.7	1.8

注：1. 空、轻载启动：电动机（交流启动、三角启动、直流并励）、四缸以上的内燃机、装有离心式离合器或液力联轴器的动力机。

2. 重载启动：电动机（联机交流启动、直流复励或串励）、四缸以下的内燃机。

3. 当需要工作机频繁启动、经常正反转，以及工作条件恶劣时，普通 V 带的工作情况系数 K_A 应乘以 1.2。

任务实施与训练

5.1.3 普通 V 带的型号的选择

在带传动中，因为小带轮安装在电动机的输出轴上，所以传递的功率 P 为电动机的输出功率 P_m，即 $P = P_m = 4.12$kW；小带轮的转速 n_1 为电动机的输出转速 n_m，即 $n_1 = n_m = 1440$r/min。

根据传递的功率及小带轮的转速，利用选型图就能选定普通 V 带的型号。

设计步骤如下：

设 计 项 目	计 算 及 说 明	结 果
1. 计算带传动的设计功率 P_c	工作机载荷性质是载荷变动大；原动机为空、轻载启动，两班制工作，查表 5-2 可得 $K_A = 1.3$。$P_c = K_A P = 1.3 \times 4.12 = 5.36$kW	$P_c = 5.36$kW
2. 选择普通 V 带的型号	$P_c = 5.36$kW，$n_1 = 1440$r/min，查图 5-9，应选择 A 型	A 型

5.2 任务2——设计普通V带传动的参数

任务描述与分析

冲床的传动系统中使用的V带传动选择使用普通V带中的A型，根据标准，V带的基准长度范围为630~4000mm，对应的带轮的基准直径范围为75~140mm。

V带传动的运动和动力要求：设计功率 P_c =5.36kW；小带轮的转速 n_1=1440r/min；传动比 i=2。

本任务根据V带传动的运动和动力要求，设计普通V带传动的参数。具体内容包括：
（1）设计普通V带传动的参数的依据。
（2）设计普通V带传动的参数的步骤。
（3）普通V带传动的参数的设计。

相关知识与技能

5.2.1 设计普通V带传动的参数的依据

1. 带传动的失效形式和设计准则

带传动的失效形式有以下3种。

1）带在带轮上打滑

在带传动中，当传递功率过大（过载）时，带的有效拉力大于带与带轮接触面间的最大摩擦力，带就在带轮上全面滑动，这种现象称为打滑。因为打滑会使从动轮的转速急剧减小，同时会加剧带的磨损，所以应避免打滑。

需要注意的是，传动带在工作时，受到拉力的作用后会产生弹性伸长，如图5-10所示，带的紧边在进入与主动轮的接触点 A 时，带速与主动轮的转速相等，当传动带绕过主动轮时，其受到的拉力由 F_1 减至 F_2，带的弹性伸长量会逐渐减小，等同于带速在逐渐减小，使得带速逐渐小于主动轮的转速 v_1，同理，在传动带绕过从动轮时，其受到的拉力由 F_2 增至 F_1，带的弹性伸长量会逐渐增大，使得传动带在从动轮缘上产生向前的相对滑动，导致从动轮的转速 v_2 逐渐小于带速，即 v_1>v_2，此为带传动的弹性滑动，而非打滑。

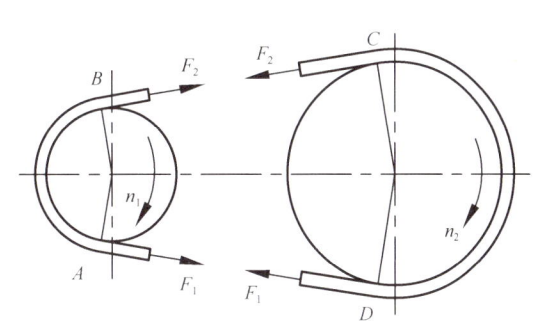

图5-10 带传动的弹性滑动

对于带传动而言，弹性滑动是不可避免的。但在过载时发生打滑现象可以避免机器因过载而损坏。

2）带的疲劳破坏

带在运行时所受的应力随带的运转而呈现周期变化，带在这种应力的作用下可能产生疲劳破坏，出现局部脱层、撕裂或拉断，使带传动失效。

3）带的磨损

打滑和弹性滑动都会引起带的磨损。由打滑引起的磨损是可以避免的；因为弹性滑动是由带的弹性及紧边和松边的拉力差而产生的带与带轮间的相对滑动，所以由弹性滑动引起的磨损是不可避免的。

带传动的设计准则：在保证带传动中不发生打滑的条件下，使带传动具有足够的疲劳强度和一定的使用寿命。

2. 单根普通 V 带的额定功率

单根普通 V 带的额定功率是指在一定初拉力作用下，带传动中不发生打滑且带传动具有足够的疲劳强度和一定的使用寿命时所能传递的最大功率。

在传动比 $i=1$（包角 $\alpha_1=\alpha_2=180°$）、带长确定、载荷平稳时，通过实验可得单根普通 V 带所能传递的额定功率，该功率称为基本额定功率 P_0（见附录 A 中的表 A-3）。

若带传动的实际工作条件与上述特定条件不同，需要对从附录 A 中的表 A-3 中查得的 P_0 值加以修正。在实际工作条件下，单根普通 V 带所能传递的额定功率$[P]$为

$$[P] = (P_0 + \Delta P_0)K_\alpha K_L \tag{5-2}$$

式中，ΔP_0——额定功率增量，当 $i\neq 1$ 时，带在大带轮上的弯曲应力较小，在同样寿命下，带传动传递的功率可以增大一些（见附录 A 中的表 A-4）；

K_α——包角修正系数（该系数的影响见附录 A 中的表 A-5）；

K_L——带长修正系数（该系数的影响见附录 A 中的表 A-2）。

5.2.2 设计普通 V 带传动的参数的步骤

下面介绍设计普通 V 带传动的一般步骤，并讨论其参数的选择。

1）确定带轮的基准直径 d

带轮的基准直径 d 是指普通 V 带装在带轮上时节宽处带轮的直径（其标准系列值见附录 A 中的表 A-1）。

带轮直径越小，结构越紧凑，但带的弯曲应力越大，带的寿命越低；带轮直径越大，传动的外廓尺寸越大。通常应在满足 $d_1 \geq d_{min}$ 的前提下尽量取较小的 d_1 值（见附录 A 中的表 A-1）。

大带轮的基准直径 $d_2 = id_1$。d_2 应圆整为表 A-1 中的标准值。

2）验算带速 v

$$v = \frac{\pi d_1 n_1}{60 \times 1000} \tag{5-3}$$

若带速增大，带的离心力增大，带与带轮间的接触压力减小，则传动的工作能力降低；

若带速减小，传递的圆周力增大，则所需普通 V 带的根数增加。因此在设计时，带速一般为 $5\text{m/s} \leqslant v \leqslant 25\text{m/s}$，否则应重新选取小带轮的基准直径 d_1。

3）确定中心距 a 和 V 带的基准长度 L_{d0}

若普通 V 带传动的中心距较小，则其结构紧凑，但基准长度较短，单位时间内的应力循环次数增多，带的使用寿命缩短，同时小带轮上的包角减小，传动的工作能力降低；反之，若普通 V 带传动的中心距较大，则基准长度较长，结构尺寸较大，且当带速较高时，会出现带的颤动。

若对中心距没有明确规定，则可先按式（5-4）初定中心距 a_0。

$$0.7(d_1+d_2) \leqslant a_0 \leqslant 2(d_1+d_2) \tag{5-4}$$

然后按式（5-5）计算对应 a_0 的 V 带的基准长度 L_{d0}。

$$L_{d0} \approx 2a_0 + \frac{\pi}{2}(d_1+d_2) + \frac{(d_2-d_1)^2}{4a_0} \tag{5-5}$$

再从表 A-2 的标准系列值中选定最接近 L_{d0} 的基准长度 L_d，根据选定的基准长度 L_d 计算实际中心距 a，因带传动的中心距一般可调节，故常用式（5-6）近似计算。

$$a \approx a_0 + \frac{1}{2}(L_d - L_{d0}) \tag{5-6}$$

4）验算小带轮的包角 α_1

若小带轮的包角 α_1 过小，则带易发生打滑现象。V 带传动一般应满足 $\alpha_1 \geqslant 120°$，可按式（5-7）计算。

$$\alpha_1 \approx 180° - \frac{d_2-d_1}{a} \times 57.3° \tag{5-7}$$

若不满足要求，则可加大中心距，减小传动比。

5）确定普通 V 带的根数 z

普通 V 带的根数 z 可按式（5-8）计算。

$$z \geqslant \frac{P_c}{[P]} = \frac{P_c}{(P_0+\Delta P_0)K_\alpha K_L} \tag{5-8}$$

为使每根 V 带受力均匀，带的根数不宜过多，通常取 $z=3\sim6$，$z_{\max} \leqslant 8$，否则应改选 V 带型号或加大带轮的基准直径后重新计算。

6）确定带的初拉力 F_0

适当的初拉力是保证带传动正常工作的重要因素，若初拉力不足，则带与轮槽间的摩擦力小，传动的工作能力不足，且易发生打滑现象；若初拉力过大，则会使带的寿命缩短，并使轴和轴承的工作压力增大。

单根 V 带的初拉力 F_0 可查表 A-6。

7）计算作用在轴上的压力 F_Q

计算作用在轴上的压力 F_Q 是为了设计安装带轮的轴和轴承，若不考虑带两边的拉力差，则可近似按带两边初拉力 F_0 的合力来计算，即

$$F_Q \approx 2zF_0 \sin\frac{\alpha_1}{2} \tag{5-9}$$

任务实施与训练

5.2.3 普通 V 带传动的参数的设计

设计步骤如下：

设 计 项 目	计 算 及 说 明	结　　果
1. 确定带轮的基准直径 d 1）确定小带轮的基准直径 d_1	由表 A-1 和图 5-6，确定小带轮的基准直径 d_1	d_1=125mm
2）验算带速 v	$v = \dfrac{\pi d_1 n_1}{60 \times 1000} = \dfrac{\pi \times 125 \times 1440}{60 \times 1000} = 9.42\text{m/s}$（5m/s≤$v$≤25m/s）	v=9.42m/s，满足要求
3）确定大带轮的基准直径 d_2	$d_2 = id_1 = 2 \times 125 = 250$mm，按表 A-1 取标准值	d_2=250mm
4）验算传动比	实际传动比 $i' = \dfrac{d_2}{d_1} = \dfrac{250}{125} = 2$。 $\dfrac{\lvert i' - i\rvert}{i} \times 100\% = 0$（误差在 5%之内）	i'=2，误差为 0，满足要求
2. 确定中心距 a 和 V 带的基准长度 L_{d0} 1）初定中心距 a_0	$0.7(d_1+d_2) \leq a_0 \leq 2(d_1+d_2)$。 $0.7(d_1+d_2) = 0.7 \times (125+250) = 262.5$mm。 $2(d_1+d_2) = 2 \times (125+250) = 750$mm	a_0=500mm
2）计算 V 带的基准长度 L_{d0}	$L_{d0} \approx 2a_0 + \dfrac{\pi}{2}(d_1+d_2) + \dfrac{(d_2-d_1)^2}{4a_0}$ $= 2 \times 500 + \dfrac{\pi}{2}(125+250) + \dfrac{(250-125)^2}{4 \times 500}$ ≈ 1596.56mm	L_{d0}=1596.56mm
3）取标准带长 L_d	查表 A-2，取标准系列值	L_d=1600mm
4）计算实际中心距 a	$a \approx a_0 + \dfrac{1}{2}(L_d - L_{d0})$ $= 500 + \dfrac{1600 - 1596.56}{2} = 501.72$mm	a=501.72mm
5）验算包角 α_1	$\alpha_1 \approx 180° - \dfrac{d_2-d_1}{a} \times 57.3°$ $= 180° - \dfrac{250-125}{501.72} \times 57.3° \approx 165.72°$（$\alpha_1 \geq 120°$）	α_1=165.72°，合适
3. 确定 V 带的根数 z	$z \geq \dfrac{P_c}{[P]} = \dfrac{P_c}{(P_0 + \Delta P_0)K_a K_L}$	
1）取单根普通 V 带的基本额定功率 P_0	查表 A-3，取 P_0=1.92kW	
2）取单根普通 V 带额定功率的增量 ΔP_0	查表 A-4，取 ΔP_0=0.17kW	
3）取带长修正系数 K_L	查表 A-2，取 K_L=0.99	
4）取包角修正系数 K_a	查表 A-5，取 K_a=0.96	
5）计算 V 带的根数 z	$z \geq \dfrac{5.36}{(1.92+0.17) \times 0.99 \times 0.96} \approx 2.70$	取 z=3
4. 确定带的初拉力 F_0	查表 A-6，取 F_0=120N	F_0=120N
5. 计算作用在轴上的压力 F_Q	$F_Q = 2zF_0 \sin\dfrac{\alpha_1}{2} = 2 \times 3 \times 120 \times \sin\dfrac{165.72°}{2} \approx 665$N	F_Q=665N

设计结果如表 5-3 所示。

表 5-3 设计结果

型号	带长 L_d/mm	根数 z	小带轮的直径 d_1/mm	大带轮的直径 d_2/mm	中心距 a/mm	初拉力 F_0/N	作用在轴上的压力 F_Q/N
A型	1600	3	125	250	501.72	120	665

5.3 任务 3——设计普通 V 带轮的结构

任务描述与分析

在普通 V 带传动中，小带轮装在电动机的输出轴 m 上，大带轮装在轴 I 上，如图 5-6 所示。普通 V 带轮的结构应与普通 V 带的型号对应，并满足 V 带传动的参数要求。

本任务根据普通 V 带的型号和 V 带传动的参数要求设计普通 V 带轮的结构，并绘制其零件图。具体内容包括：
（1）普通 V 带轮的材料及选择。
（2）普通 V 带轮的结构形式和尺寸。
（3）绘制普通 V 带轮的零件图。
（4）普通 V 带轮的结构的设计。

相关知识与技能

5.3.1 普通 V 带轮的材料及选择

普通 V 带轮的常用材料是灰铸铁，如 HT150、HT200，允许最大带速为 25m/s；当普通 V 带的带速大或基准直径大时，带轮材料可用铸钢或钢板，采用焊接结构；当普通 V 带的功率小时，带轮材料可用铸造铝合金或工程塑料。

5.3.2 普通 V 带轮的结构形式和尺寸

普通 V 带轮由轮缘、轮毂和轮辐 3 个部分组成。轮缘是带轮的外圈部分，上面制有与普通 V 带相应的轮槽。轮毂是带轮的内圈与轴连接的部分，其结构应符合轴毂连接的需要。轮辐是连接轮缘与轮毂的中间部分。

普通 V 带轮按轮辐的结构不同，可分为 4 种结构形式：实心式、腹板式、孔板式和轮辐式，如图 5-11 所示。通常根据基准直径 d 来选择这 4 种结构形式。
（1）当 $d \leqslant (2.5 \sim 3)d_0$（$d_0$ 为带轮轴的直径）时，可采用实心式普通 V 带轮。
（2）当 $d \leqslant 300$mm 时，可采用腹板式或孔板式普通 V 带轮。
（3）当 $d > 300$mm 时，可采用轮辐式普通 V 带轮。

普通 V 带轮轮缘的基本参数和尺寸可查表 A-7。考虑到普通 V 带在带轮上弯曲时，其截面形状的变化会使楔角减小，为了使普通 V 带和带轮轮槽工作面接触良好，普通 V 带轮的轮槽角 φ 小于 40°，一般取 32°、34°、36°、38°（根据普通 V 带的型号及带轮基准直径确定）。小带轮上的普通 V 带变形严重，对应的轮槽角小一些，大带轮的轮槽角则可大一些。

普通 V 带轮的结构尺寸可根据表 A-8 中的经验公式计算。

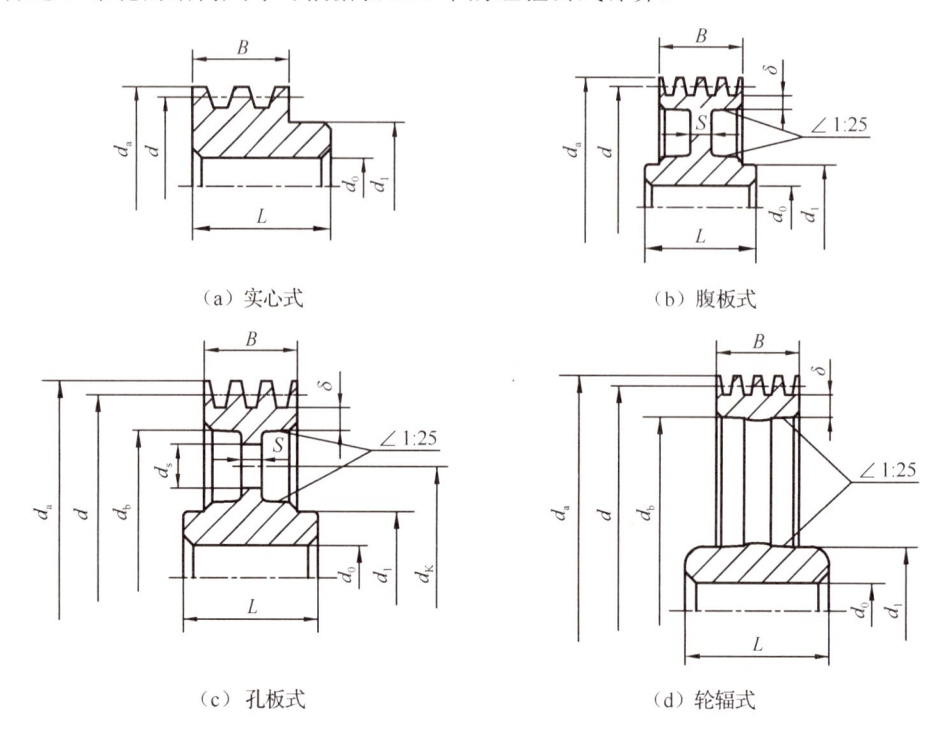

(a) 实心式　　(b) 腹板式

(c) 孔板式　　(d) 轮辐式

图 5-11　普通 V 带轮的结构形式

5.3.3　绘制普通 V 带轮的零件图

普通 V 带轮的零件图采用全剖和局部向视图的表达方式来绘制，要考虑以下几个方面的技术要求。

（1）轮槽工作面上不应有砂眼、气孔；轮辐及轮毂上不应有缩孔和较大的凹陷；带轮外缘的棱角要倒圆和倒钝，无过大的铸造内应力。

（2）轮槽工作面要精细加工（表面粗糙度一般为 3.2），以减小带的磨损；带轮表面的粗糙度和形位公差可参考有关标准。

（3）各槽的尺寸和角度应保持一定的精度，以使载荷分布较为均匀。槽角 φ 的极限偏差：Y、Z、A、B 型带为±1°；C、D、E 型带为±30′。槽间距 e 的极限偏差适用于任何两个轮槽对称中心面的距离。

（4）轮毂孔公差多取 H7 或 H8，毂长上偏差为 IT14，下偏差为零。

任务实施与训练

5.3.4 普通 V 带轮的结构的设计

小带轮装在电动机的输出轴上,小带轮的孔径等于电动机的输出轴的直径,即
$$d_{01}=38\text{mm}$$
大带轮装在Ⅰ轴的最小直径处,大带轮的孔径等于Ⅰ轴的最小直径,即
$$d_{02}=25\text{mm}$$
设计步骤如下:

设计项目	计算及说明	结 果	
		小 带 轮	大 带 轮
1. 选择带轮的材料	带速 $v=9.42\text{m/s}$,常用材料为灰铸铁	HT200	HT200
2. 确定结构形式	根据轴的直径确定带轮的基准直径 d	125mm	250mm
		实心式	腹板式
3. 计算带轮的轮槽尺寸	带的型号为 A 型,根数 $z=3$,查表 A-7		
1) 基准宽度 b_d	$b_d=11\text{mm}$	11mm	11mm
2) 顶宽 b	$b=13.2\text{mm}$	13.2mm	13.2mm
3) 基准线上槽深 h_a	$h_{a,min}=2.75\text{mm}$	3mm	3mm
4) 槽间距 e	$e=(15\pm0.3)\text{mm}$	$(15\pm0.3)\text{mm}$	$(15\pm0.3)\text{mm}$
5) 槽中心至轮端面间距 f	$f_{min}=9\text{mm}$	10mm	10mm
6) 槽深 H	$H_{min}=11.45\text{mm}$	12mm	12mm
7) 槽底至轮缘厚度 δ	$\delta_{min}=6\text{mm}$	6mm	6mm
8) 轮缘宽度 B	$B=(z-1)e+2f=(3-1)\times15+2\times10=50\text{mm}$	50mm	50mm
9) 轮外圆直径 d_a	$d_a=d+2h_a$	131mm	256mm
10) 轮槽角 φ	$\varphi=38°$	38°	38°
4. 计算带轮的结构尺寸	按经验公式,查表 A-8		
1) 带轮的外形尺寸	带轮孔径 d_0	38mm	25mm
	$L=(1.5\sim2)d_0$	70mm	50mm
	$d_1=(1.8\sim2)d_0$	70mm	50mm
	$d_a=d+2h_a$	131mm	256mm
2) 孔板的结构尺寸	$d_b=d_a-2(H+\delta)$	无	220mm
	$d_K=0.5(d_b+d_1)$	无	135mm
	$d_s=(0.2\sim0.3)(d_b-d_1)$	无	40mm
	$S=(0.2\sim0.3)B$	无	12mm
5. 绘制普通 V 带轮的零件图	如图 B-1 所示		

5.4 模块小结

本模块详细介绍了 V 带传动的设计方法与步骤，结合冲床的传动系统中普通 V 带传动的设计，重点阐述了普通 V 带传动设计的 3 个阶段，即选择普通 V 带的型号、设计普通 V 带传动的参数、设计普通 V 带轮的结构。本模块主要有以下几个知识点。

（1）带传动的组成、类型、工作原理。
（2）普通 V 带的结构和标准、几个基本概念（包角、基准长度、基准直径等）。
（3）带传动的失效形式和设计准则。
（4）打滑和弹性滑动的区别（从原因、对传动的影响等方面进行分析）。
（5）普通 V 带传动的设计步骤及有关参数的选择（小带轮上的包角、带速的合适范围等）。
（6）普通 V 带轮的材料选择、结构形式的选用及设计。

5.5 知识拓展

在带传动的设计中，为了控制传动带的初拉力，保证传动带的正常工作，还需要考虑传动带的张紧及传动带的安装和维护。

5.5.1 传动带的张紧

为保证传动带的正常工作，传动带在工作前必须以一定的张紧力压紧在带轮上，此时带的两边承受相等的初拉力 F_0，如图 5-12（a）所示。当传动带工作时，由于带与带轮接触面之间存在摩擦力的作用，带的两边的拉力不再相等，如图 5-12（b）所示。绕入主动轮的一边被拉紧，拉力由 F_0 增大到 F_1，该边称为紧边，F_1 称为紧边拉力；绕入从动轮的一边被放松，拉力由 F_0 减小到 F_2，该边称为松边，F_2 称为松边拉力。

另外，松边和紧边的拉力之差称为带传动的有效拉力，也就是带传动所传递的圆周力 F，即

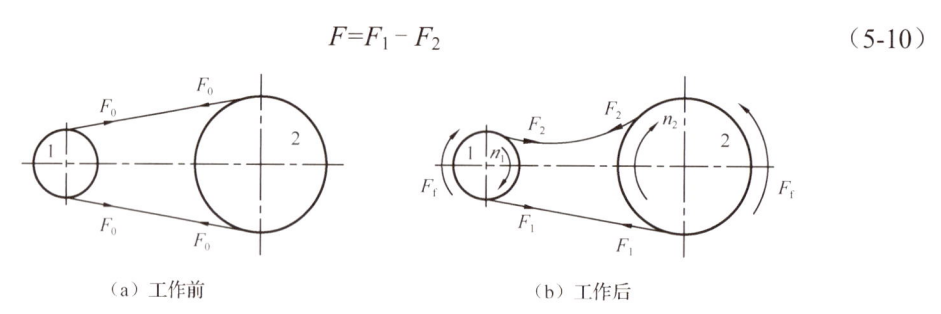

$$F = F_1 - F_2 \tag{5-10}$$

（a）工作前　　　　　　　　（b）工作后

图 5-12　带的受力

传动带在工作一段时间后，由于塑性变形和磨损变得松弛，张紧力逐渐减小，传动能力逐渐下降，影响正常传动。为了使传动带产生并保持一定的初拉力，传动带上应设置张紧装置。

常见的张紧方法有两种，即调节中心距、采用张紧轮，如表 5-4 所示。

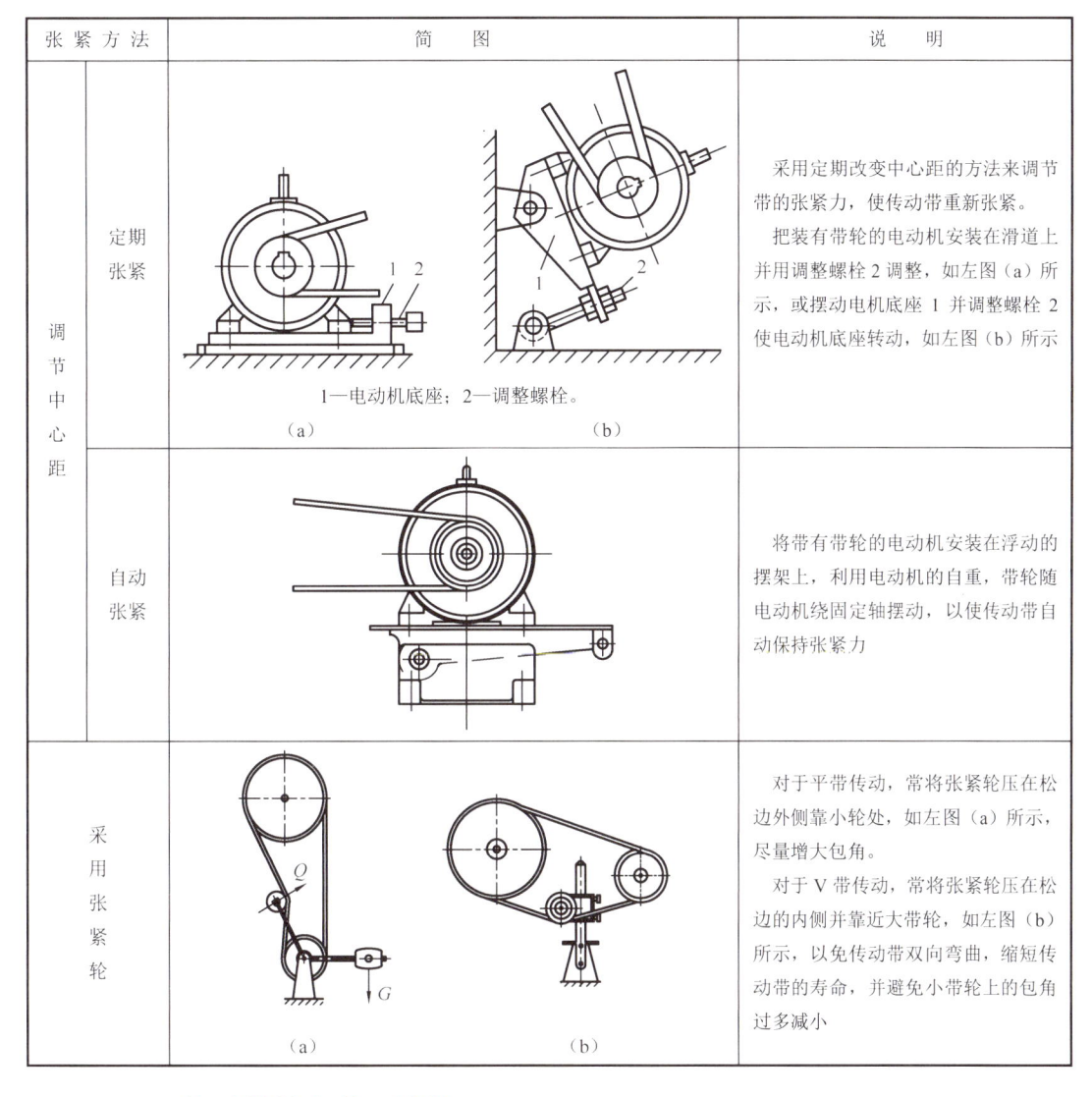

表 5-4 传动带的张紧方法

张紧方法		简　图	说　明
调节中心距	定期张紧	1—电动机底座；2—调整螺栓。 （a）　　　　　（b）	采用定期改变中心距的方法来调节带的张紧力，使传动带重新张紧。 把装有带轮的电动机安装在滑道上并用调整螺栓 2 调整，如左图（a）所示，或摆动电机底座 1 并调整螺栓 2 使电动机底座转动，如左图（b）所示
	自动张紧		将带有带轮的电动机安装在浮动的摆架上，利用电动机的自重，带轮随电动机绕固定轴摆动，以使传动带自动保持张紧力
采用张紧轮		（a）　　　　　（b）	对于平带传动，常将张紧轮压在松边外侧靠小轮处，如左图（a）所示，尽量增大包角。 对于 V 带传动，常将张紧轮压在松边的内侧并靠近大带轮，如左图（b）所示，以免传动带双向弯曲，缩短传动带的寿命，并避免小带轮上的包角过多减小

5.5.2　传动带的安装和维护

1. 传动带的安装

（1）在选用普通 V 带时，要注意型号和长度，型号要和带轮的轮槽尺寸符合。在同组中使用的带应型号相同，长度相等，以免各带受力不均。不同带型、不同新旧的普通 V 带不能在同组中使用。

（2）在安装带时，两个带轮的轴线应相互平行，V 型槽对称平面应重合，偏角误差应小于 20°，以防止带的侧面磨损加剧，如图 5-13 所示。

（3）在安装普通 V 带时，应用规定的初拉力张紧。对于中等中心距的带传动，也可凭经验进行安装，带的张紧程度以大拇指能将带按下 15mm 为宜，如图 5-14 所示。

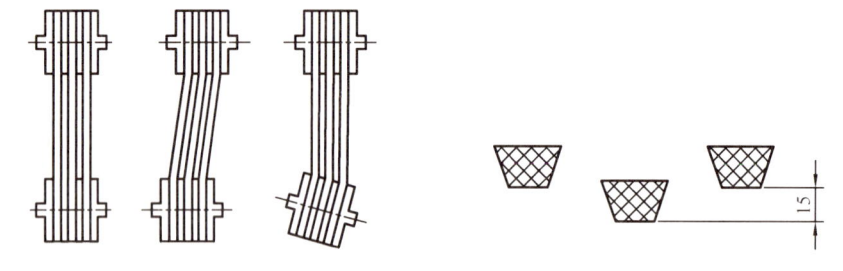

图 5-13　两个带轮的轴线位置　　　图 5-14　带的张紧程度（长度单位：mm）

（4）新带在使用前，最好预先拉紧一段时间。在拆装时，带不能硬撬，应先缩短中心距，再拆装，装好后调到合适的张紧程度。

（5）普通 V 带在轮槽中应有正确的安装位置，如图 5-15 所示，图 5-15（a）是正确的安装位置。

图 5-15（a）中的普通 V 带的顶面与带轮外缘表面平齐或略高出一些，普通 V 带的底面与轮槽的底面之间应有一定间隙，以保证普通 V 带和轮槽的工作面之间可充分接触。

图 5-15（b）中的普通 V 带的顶面高于轮槽顶面过多，会使工作面的实际接触面积减小，传动能力下降。

图 5-15（c）中的普通 V 带的顶面低于轮槽顶面过多，会使普通 V 带的底面与轮槽的底面接触，导致普通 V 带传动因两侧工作面接触不良而摩擦力锐减甚至丧失。

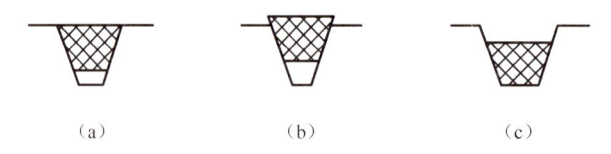

(a)　　　(b)　　　(c)

图 5-15　普通 V 带在轮槽中的安装位置

2．传动带的维护

（1）要采用安全防护罩，以保障操作人员的安全，同时防止油、酸、碱对传动带的腐蚀。

（2）在使用过程中应定期检查并及时调整传动带。若发现一组带中有个别传动带存在疲劳撕裂（裂纹）等现象时，应及时更换所有传动带。

（3）禁止在带轮上加润滑剂，应及时清除带轮槽及带上的油污。

（4）带传动工作温度不应过高，一般不超过 60℃。

（5）若带传动久置后再用，应将传动带放松。

（6）为了保证安全生产和传动带的清洁，应给传动带加防护罩，这样可以避免传动带接触油、酸、碱等具有腐蚀作用的介质或因日光暴晒而过早老化。

第 6 模块　齿轮传动的设计

冲床的传动系统中的齿轮传动位于传动系统的低速级,采用渐开线外啮合直齿圆柱齿轮传动,如图 6-1 所示。

在齿轮传动的设计过程中,除了要满足传动的运动关系、几何关系,还要考虑齿轮传动的精度,以及齿轮传动的制造和安装,使其便于使用和维护,提高传动性能。

本模块的具体内容包括选择齿轮的材料及热处理方法、按齿面接触疲劳强度设计齿轮传动、计算渐开线标准直齿圆柱齿轮传动的几何尺寸、按齿根弯曲疲劳强度校核齿轮传动、确定齿轮传动的精度、设计齿轮的结构及润滑方式。

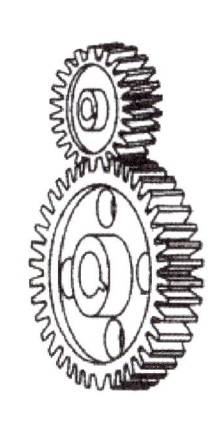

图 6-1　渐开线外啮合直齿圆柱齿轮传动

工作任务

- 任务 1——选择齿轮的材料及热处理方法
- 任务 2——按齿面接触疲劳强度设计齿轮传动
- 任务 3——计算渐开线标准直齿圆柱齿轮传动的几何尺寸
- 任务 4——按齿根弯曲疲劳强度校核齿轮传动
- 任务 5——确定齿轮传动的精度
- 任务 6——设计齿轮的结构及润滑方式

学习目标

- 能正确选择一般齿轮的材料及热处理方法
- 掌握直齿圆柱齿轮传动的啮合特点及几何尺寸的计算
- 了解齿轮常见的失效形式及设计准则
- 掌握按强度理论设计直齿圆柱齿轮传动的方法和步骤
- 掌握直齿圆柱齿轮的结构设计

6.0　预备知识

齿轮传动由主动轮、从动轮和机架组成,利用两个齿轮的轮齿相互啮合传递两个轴间的运动和动力,是一种应用广泛的机械传动。

齿轮传动的基本要求:

1）传动正确、平稳

齿轮在传动过程中，要求瞬时传动比恒定，以免产生冲击、振动和噪声。

2）承载能力强、使用寿命长

要求齿轮尺寸小、质量轻，能传递较大的动力，有较长的使用寿命。

6.0.1 齿轮传动的特点和基本类型

1. 齿轮传动的特点

与其他传动相比，齿轮传动能实现任意位置的两个轴之间的传动，具有工作可靠、使用寿命长、瞬时传动比恒定、效率高、结构紧凑、速度和功率的适用范围广等优点，但其制造及安装精度要求较高，齿轮的加工需要使用专用机床和设备，成本较高，且不宜用于传动距离较大的场合。

2. 齿轮传动的基本类型

齿轮有多种分类方法，根据轮齿的方向可分为直齿轮、斜齿轮、人字齿轮；根据齿轮的加工表面可分为外（啮合）齿轮、内（啮合）齿轮、齿条；根据齿轮的形状可分为圆柱齿轮、圆锥齿轮、蜗杆蜗轮；根据齿面硬度可分为软齿面齿轮（齿面硬度≤350HBW）、硬齿面齿轮（齿面硬度>350HBW）。

可对齿轮传动进行以下分类。

1）按轴线的相互位置分

（1）平面齿轮传动：两条轴线平行的齿轮传动，采用圆柱齿轮传动来实现。

（2）空间齿轮传动：两条轴线不平行的齿轮传动，包括两条轴线相交和两条轴线交错两种情况。

2）按工作条件分

（1）闭式齿轮传动：齿轮、轴和轴承等都装在封闭箱体内，润滑条件良好，杂质不易进入，安装精确，有良好的工作条件，应用较为广泛。

（2）开式齿轮传动：齿轮暴露在外面，不能保证良好的润滑，只适用于低速传动。

（3）半闭（开）式齿轮传动：齿轮浸入油池，有护罩，但不封闭。

根据啮合方式及齿向等可对齿轮传动的类型进一步细分，如图 6-2 所示。

齿轮传动
- 平行轴
  - 按轮齿方向分
    - 直齿圆柱齿轮传动[见图6-2（a）]
    - 斜齿圆柱齿轮传动[见图6-2（b）]
    - 人字齿轮传动[见图6-2（c）]
  - 按啮合方式分
    - 外啮合齿轮传动[见图6-2（a）～（c）]
    - 内啮合齿轮传动[见图6-2（d）]
    - 齿轮齿条传动[见图6-2（e）]
- 相交轴：锥齿轮传动[见图6-2（f）]
- 交错轴
  - 交错轴斜齿轮传动[见图6-2（g）]
  - 蜗杆传动[见图6-2（h）]

第 6 模块　齿轮传动的设计

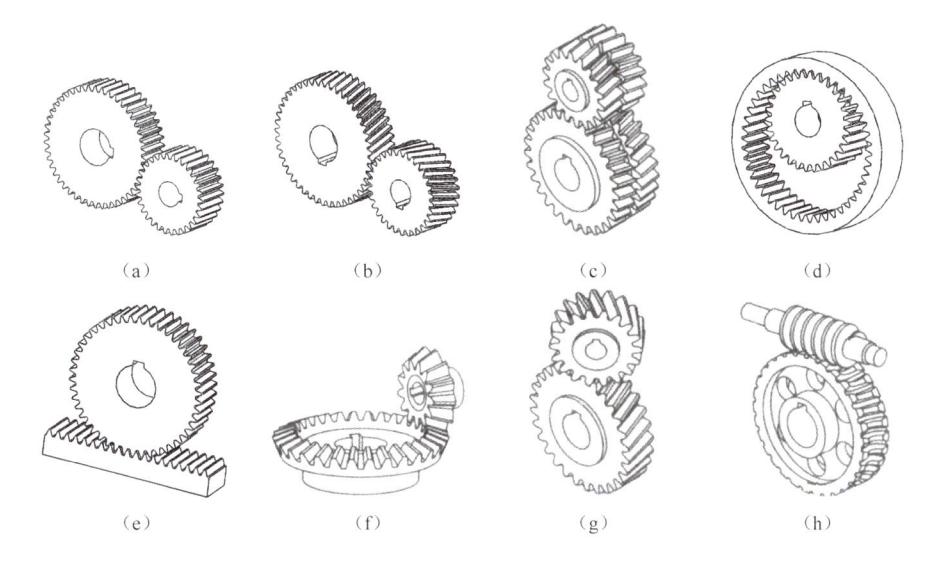

图 6-2　齿轮传动的类型

6.0.2　渐开线齿廓及其啮合特性

齿轮机构要保证瞬时传动比恒定，以达到平稳传动，能满足这一要求的齿廓有很多，考虑到制造、安装和强度等方面的要求，目前采用较多的齿廓有渐开线齿廓、摆线齿廓和圆弧齿廓。其中渐开线齿廓较易制造、便于安装、互换性好，应用最为广泛。渐开线齿廓如图 6-3 所示。

1. 渐开线的形成过程及其特性

渐开线的形成过程如图 6-4 所示，一条直线在圆周上做滚动运动时，该直线上任意点的轨迹称为该圆的渐开线，该圆称为渐开线的基圆，该直线称为发生线。

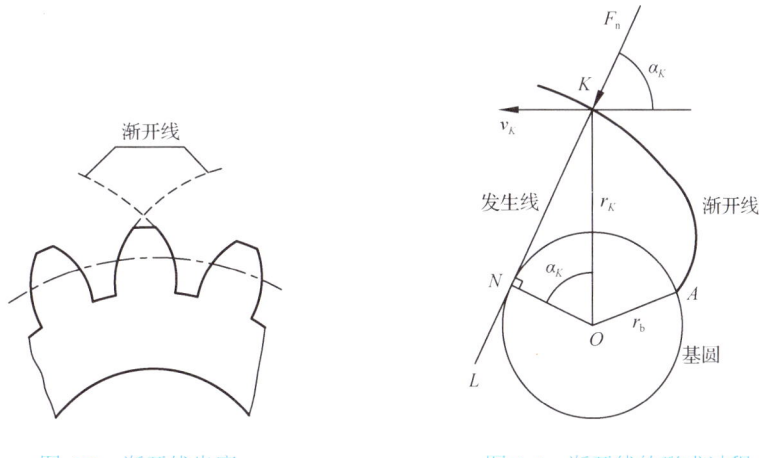

图 6-3　渐开线齿廓　　　　图 6-4　渐开线的形成过程

由渐开线的形成过程可知，渐开线具有下列特性：
（1）发生线沿着基圆滚过的直线长度等于基圆上被滚过的圆弧长度。
（2）渐开线上任意点的法线必与基圆相切，切点 N 是渐开线上点 K 的曲率中心，线段

· 87 ·

$\overline{NK}$ 是渐开线上点 K 的曲率半径。

（3）渐开线上点 K 所受的压力 F_n 的方向与该点速度 v_K 的方向所夹锐角 α_K 称为渐开线在点 K 的压力角。由图 6-4 得

$$\cos\alpha_K = \frac{r_b}{r_K} \tag{6-1}$$

式中，r_b——基圆半径；

r_K——渐开线上点 K 的向径。

渐开线上各点压力角不等，r_K 越大，压力角越大；基圆上的压力角等于 0。

（4）渐开线的形状取决于基圆大小。不同基圆上的渐开线如图 6-5 所示，基圆越大，渐开线越平直；当基圆半径趋于无穷大时，渐开线成为直线。齿条的齿廓就是直线。

（5）基圆以内无渐开线。

2．渐开线齿廓的啮合特性

1）瞬时传动比恒定

渐开线齿廓的瞬时传动比恒定，如图 6-6 所示，公法线 n 与两个齿轮的连心线 O_1O_2 的交点 P 称为节点，显然 P 为定点。以 O_1、O_2 为圆心，过节点的圆称为节圆，节圆半径分别用 r_1'、r_2' 表示，有

$$i_{12} = \frac{\omega_1}{\omega_2} = \frac{r_2'}{r_1'} = \frac{r_{b2}}{r_{b1}} \tag{6-2}$$

即渐开线齿廓能实现定传动比传动。

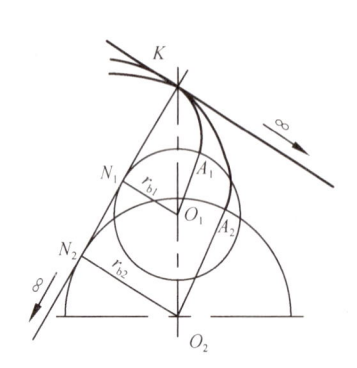

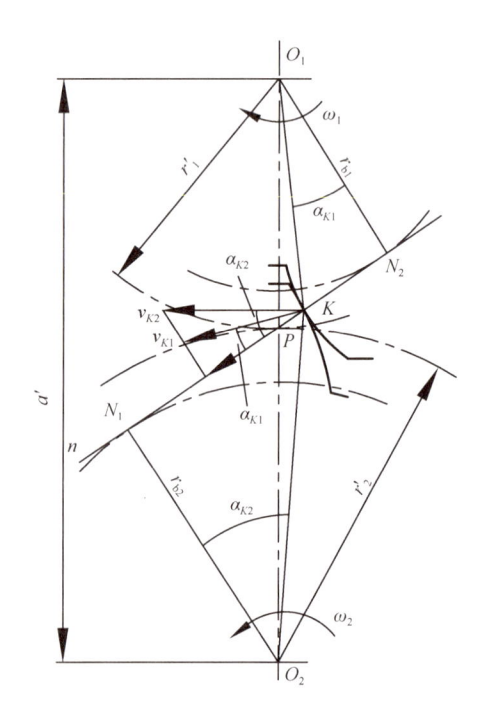

图 6-5　不同基圆上的渐开线　　图 6-6　渐开线齿廓的瞬时传动比恒定

2）中心距可分性

在图 6-6 中，两个齿轮的中心 O_1、O_2 之间的距离称为安装中心距，用 a' 表示，有

$$a' = r_1' + r_2' \tag{6-3}$$

显然，若渐开线齿轮传动的安装中心距略有变化，则节圆半径也随之变化，但在渐开线齿廓加工完成之后，因为两个齿轮的基圆半径不变，所以传动比保持不变，这种中心距稍有变化但并不改变传动比的性质称为中心距的可分性。

中心距的可分性是渐开线齿轮传动的一个重要优点，当由于制造或安装上的误差，两个齿轮间的实际中心距略大于设计值时，传动比的大小不会受到影响，这为齿轮的制造和安装带来了方便。

3）传递压力方向不变

根据渐开线的性质，无论两个齿轮的齿廓在何位置接触，过接触点 K 的公法线 n 就是两个基圆的内公切线，而因为两个齿轮的齿廓间的正压力又是沿接触点的公法线方向的，所以渐开线齿轮在传动过程中，齿廓间的压力方向始终不变，这可使传动平稳，是渐开线齿轮传动的又一个重要优点。

两个齿轮的齿廓啮合点的轨迹称为啮合线，与两个齿轮的齿廓的接触点的公法线 n 重合，在齿轮传动中，啮合线为一条定直线。

6.1 任务 1——选择齿轮的材料及热处理方法

任务描述与分析

冲床的传动系统中的齿轮传动采用二级直齿圆柱齿轮传动。

本任务根据冲床的工作情况选择齿轮的材料及热处理方式，以满足齿轮传动的工作要求。具体内容包括：

（1）选择齿轮的材料及热处理方法的依据。
（2）常用的齿轮的材料及热处理方法。
（3）齿轮的材料及热处理方法的选择。

相关知识与技能

6.1.1 选择齿轮的材料及热处理方法的依据

1. 齿轮传动的失效形式

齿轮传动的失效主要发生在轮齿上，常见的轮齿失效形式有以下 5 种。

1）轮齿折断

由于在齿轮工作时，轮齿弯曲，齿根部分的弯曲应力最大，而且存在应力集中，因此轮齿折断通常发生在齿根部分。

轮齿折断分为过载折断和疲劳折断，如图 6-7 所示。过载折断是轮齿受短期过载或过大的冲击产生的。疲劳折断是轮齿承受多次重复弯矩作用，在齿根处产生疲劳裂纹，裂纹逐渐扩大产生的。

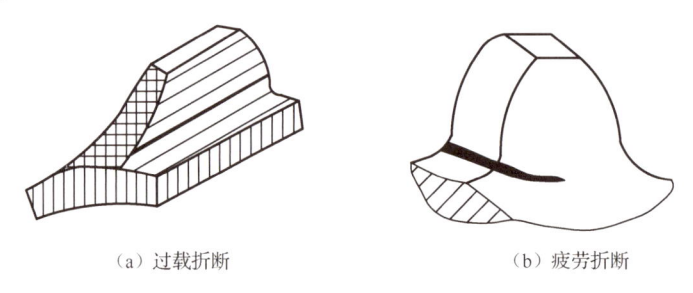

(a) 过载折断　　　　(b) 疲劳折断

图 6-7　轮齿折断

2）齿面点蚀

齿轮在啮合时，齿面间会产生脉动循环变化的接触应力。当这种应力超过材料的接触疲劳极限时，齿廓表面就会产生细小的疲劳裂纹，裂纹扩大会使齿面金属微粒脱落，形成不规则的小坑或麻点，这种现象称为齿面疲劳点蚀，简称为齿面点蚀，如图 6-8 所示。

实践表明，齿面点蚀会先出现在节线附近的齿根面上。齿面点蚀常出现在软齿面闭式齿轮传动中。

3）齿面胶合

在高速重载的齿轮传动中，因为齿面压力大，相对滑动速度大，摩擦发热，所以会产生局部瞬时高温，若散热条件不好，则导致油膜破裂，齿面金属直接接触，发生瞬时点焊（黏结）。当齿面相对运动时，强度较弱的齿面金属会被撕落，形成与滑动方向一致的沟痕，这种现象称为齿面胶合，如图 6-9 所示。

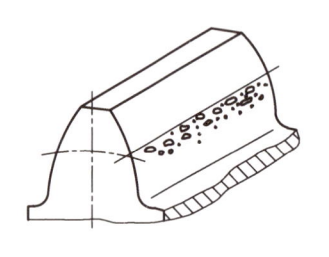

图 6-8　齿面点蚀 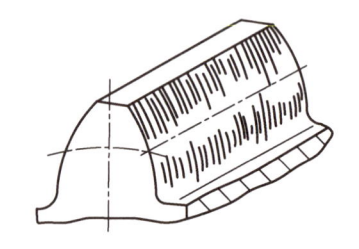　　　　图 6-9　齿面胶合

齿面的载荷越大，相对滑动速度越大，越易出现齿面胶合。在低速重载的齿轮传动中，过大的压力会使齿面间的油膜因挤压而破裂，也会发生齿面胶合而失效。

4）齿面磨损

齿面磨损如图 6-10 所示，它有两种形式：磨粒磨损、跑合性磨损。磨粒磨损是指硬颗粒（砂粒、铁屑等）落入啮合表面引起的磨损；跑合性磨损是指两个齿面在相对滑动中相互摩擦引起的磨损。当齿面磨损严重时，齿侧间隙增大，齿根变薄，甚至可能发生轮齿折断。

在开式齿轮传动中，磨粒磨损是主要齿面磨损形式。

5）齿面塑性变形

当软齿面齿轮的载荷及摩擦力较大时，轮齿表面的金属会产生塑性流动，失去原来的正确齿形，这种现象称为齿面塑性变形，如图 6-11 所示。在设计与工作条件相符的情况下，这种失效形式一般不会出现。

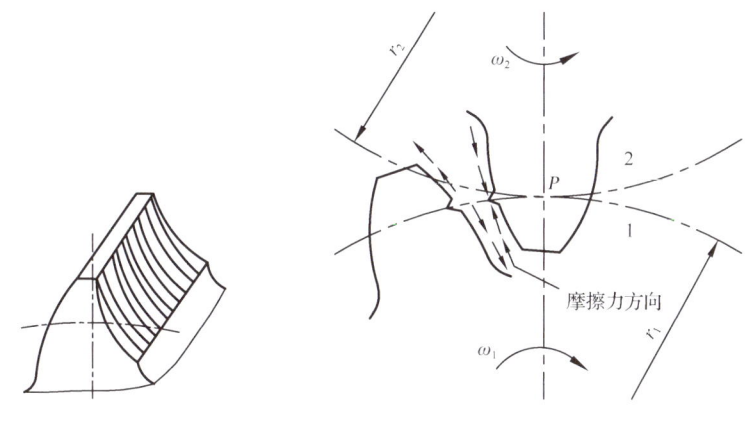

图 6-10　齿面磨损　　　　图 6-11　齿面塑性变形

2. 齿轮传动的设计准则

分析齿轮传动的失效可为齿轮的设计、制造、使用和维护提供科学的依据。虽然齿轮传动的失效形式多种多样，但在某个具体的使用场合中并不会同时出现多种齿轮传动的失效。目前，对于齿面磨损和齿面塑性变形，还没有较成熟的计算方法。关于齿面胶合，我国虽已制定出渐开线圆柱齿轮胶合承载能力的计算方法，但该方法只在设计高速重载齿轮传动时应用。对于一般齿轮传动，通常只按齿面接触疲劳强度或齿根弯曲疲劳强度进行计算。

对于软齿面闭式齿轮传动，由于主要失效形式是齿面点蚀，故应先按齿面接触疲劳强度进行计算，再校核齿根弯曲疲劳强度。

对于硬齿面闭式齿轮传动，由于主要失效形式是轮齿折断，故应先按齿根弯曲疲劳强度进行计算，再校核齿面接触疲劳强度。

对于开式齿轮传动或铸铁齿轮，仅按齿根弯曲疲劳强度进行计算。考虑到磨损的影响，可将模数扩大 10%～20%。

6.1.2　常用的齿轮的材料及热处理方法

齿轮的齿面应具有较好的耐磨损、抗点蚀、抗胶合及抗塑性变形的能力，而齿根应具有较好的抗折断能力。因此，对齿轮材料性能的基本要求为齿面要硬、齿芯要韧，并具有良好的切削加工性能和热处理性能。

常用的齿轮的材料有优质碳素钢、合金结构钢、铸钢、铸铁、非金属等。常用的齿轮的材料及部分性能如表 6-1 所示。

表 6-1 常用的齿轮的材料及部分性能

材料	牌号	热处理方法	力学性能				极限循环次数	应用范围
			硬度	抗拉强度 σ_b/MPa	屈服点 σ_s/MPa	疲劳极限 σ_{-1}/MPa		
优质碳素钢	45	正火、调质	170～200HBW 220～250HBW	610～700 750～900	360 450	260～300 320～360	10^7	一般传动
		整体淬火	40～45HRC	1000	750	430～450	$(3～4)\times10^7$	体积小的闭式传动、重载、无冲击
		表面淬火	45～50HRC	750	450	320～360	$(6～8)\times10^7$	体积小的闭式传动、重载、有冲击
合金结构钢	35SiMn	调质	200～260HBW	750	500	380	10^7	一般传动
	40Cr 42SiMn 40MnB	调质	250～280HBW	900～1000	800	450～500		
		整体淬火	45～50HRC	1400～1600	1000～1100	550～650	$(4～6)\times10^7$	体积小的闭式传动、重载、无冲击
		表面淬火	50～55HRC	1000	850	500	$(6～8)\times10^7$	体积小的闭式传动、重载、有冲击
	20Cr 20SiMn 20MnB	渗碳淬火	56～62HRC	800	650	420	$(9～15)\times10^7$	冲击载荷
	20CrMnTi 20MnB	渗碳淬火		1100	850	525		高速、重载、大冲击
	12CrNi3	渗碳淬火		950		500～550		
铸钢	ZG270-550 ZG310-570 ZG340-640	正火	140～176HBW 160～210HBW 180～210HBW	500 550 600	300 320 350	230 240 260	10^7	$v<6～7$m/s 的一般传动
铸铁	HT200 HT300		170～230HBW 190～250HBW	200 300		100～120 130～150		$v<3$m/s 的不重要传动
	QT400-15 QT600-3	正火	156～200HBW 200～270HBW	400 600	300 420	200～220 240～260		$v<4～5$m/s 的一般传动
夹布胶木			30～40HBW	85～100				高速、轻载
塑料	MC 尼龙		20HBW	90	60			中、低速、轻载

由于小齿轮的齿根强度较弱,受载次数又多,为使大、小齿轮的寿命接近,小齿轮的齿面硬度通常比大齿轮的齿面硬度高,对进行调质和正火的软齿面齿轮,小齿轮的齿面硬度比大齿轮的齿面硬度高 30～50HBW,传动比越大,硬度差也应越大。

任务实施与训练

6.1.3 齿轮的材料及热处理方法的选择

设计步骤如下:

设 计 项 目	计 算 及 说 明	结　　果
1. 选择齿轮材料及热处理方法	查表 6-1,小齿轮的齿面硬度比大齿轮的齿面硬度高 30~50HBW	
	小齿轮:45#,调质,硬度为 220~250HBW	取 240HBW
	大齿轮:45#,正火,硬度为 170~200HBW	取 190HBW
2. 确定齿轮的设计准则	根据齿面硬度可知,该齿轮传动属于软齿面闭式齿轮传动,其主要失效形式是齿面点蚀	先按齿面接触疲劳强度进行设计,再校核齿根弯曲疲劳强度

该设计步骤以高速级齿轮传动为例,低速级齿轮的材料及热处理方法的选择与高速级齿轮一致,这里不再重复。

6.2 任务 2——按齿面接触疲劳强度设计齿轮传动

任务描述与分析

冲床的传动系统采用二级展开式圆柱齿轮传动,其示意图如图 6-12 所示。

对于高速级齿轮传动,传动比 i_1=3.80,主动轮装在 I 轴上,I 轴的功率 P_I=3.96 kW,转速 n_I=720r/min。

对于低速级齿轮传动,传动比 i_2=2.71,主动轮装在 II 轴上,II 轴的功率 P_{II}=3.76 kW,转速 n_{II}=189.47r/min。

本任务根据齿轮传动所传递的功率、主动轮转速及传动比,按齿面接触疲劳强度来设计齿轮传动,计算出小齿轮的分度圆直径。具体内容包括:

(1)轮齿的受力分析。
(2)齿面接触疲劳强度的计算。
(3)公式使用说明及参数选择。
(4)按齿面接触疲劳强度进行齿轮传动的设计。

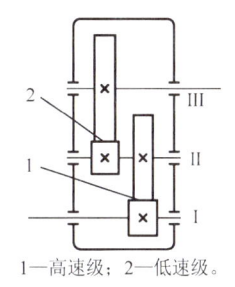

1—高速级;2—低速级。

图 6-12　二级展开式圆柱齿轮传动示意图

相关知识与技能

6.2.1 轮齿的受力分析

为了计算齿轮强度,同时为轴和轴承的计算做准备,需要对轮齿进行受力分析。下面以渐开线标准直齿圆柱齿轮传动为例进行研究。

齿轮在啮合传动时,齿面上的摩擦力与轮齿所受载荷相比很小,可忽略不计。因此,在一对啮合的齿面上，只作用着沿啮合线方向的法向力 F_n。取小主动轮为研究对象，设法向力 F_n 集中作用在分度圆上的齿宽中点，如图 6-13 所示。将 F_n 分解为相切于分度圆的圆周力 F_t 和沿半径方向的径向力 F_r，其大小分别为

$$圆周力\ F_t = 2T_1/d_1 \tag{6-4}$$

$$径向力\ F_r = F_t \tan\alpha \tag{6-5}$$

$$法向力\ F_n = F_t/\cos\alpha \tag{6-6}$$

式中，T_1——主动轮传递的转矩（N·mm）；

d_1——主动轮分度圆直径（mm）；

α——分度圆压力角，对标准齿轮来说，$\alpha=20°$。

根据作用力与反作用力的关系，作用在主动轮和从动轮上的各对力的大小相等、方向相反。主动轮上的圆周力是工作阻力，其方向与主动轮的转向相反；从动轮上的圆周力是驱动力，其方向与从动轮的转向相同；径向力分别指向各自的轮心，如图 6-14 所示。

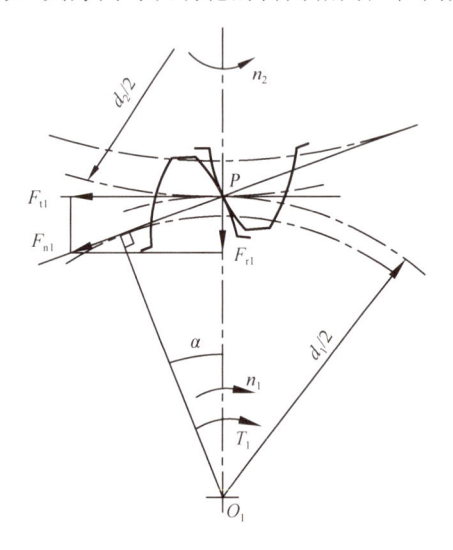

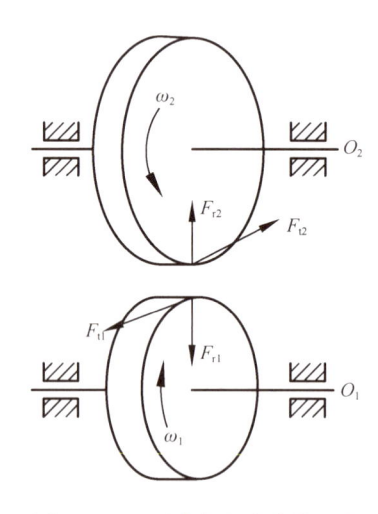

图 6-13 直齿圆柱齿轮的受力分析　　　　图 6-14 圆周力与径向力的方向

6.2.2 齿面接触疲劳强度的计算

1. 齿面接触疲劳强度校核公式

如图 6-15（a）所示，两个平行的圆柱体在法向力的作用下相互接触，接触线因弹性变形而成为窄带形接触面，最大接触应力产生在接触区中心处，其值与正压力的大小、两个圆柱体的曲率半径、材料、接触线长度等有关。

如图 6-15（b）所示，一对轮齿的啮合可视为两个平行的曲率半径随时变化着的圆柱体的接触过程，由于节点附近通常是单齿对啮合区，且疲劳点蚀多发生在节线附近的齿根面上，因此常以节点为计算对象。根据弹性力学计算接触应力的赫兹公式，代入齿轮相应参数，经过推导，一对钢制标准外啮合直齿圆柱齿轮的齿面接触疲劳强度校核公式为

$$\sigma_H = 671\sqrt{\frac{KT_1(i+1)}{bd_1^2 i}} \leq [\sigma_H] \tag{6-7}$$

式中，b——齿宽（mm），取两个轮的接触宽度；

i——传动比；

K——载荷系数，可根据原动机和工作机情况查表6-2；

$[\sigma_H]$——许用接触应力（MPa），其计算公式如式（6-9）所示。

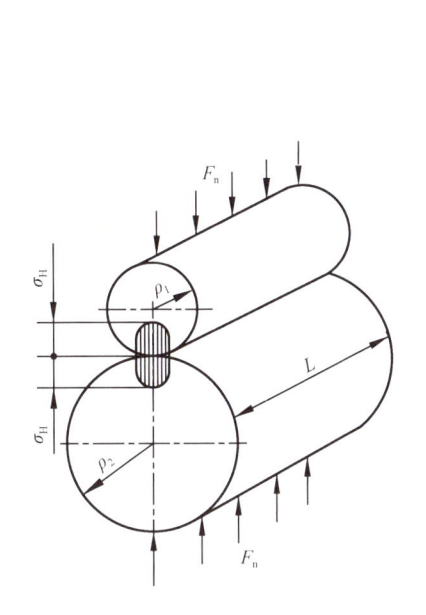

（a）两个平行的圆柱体的接触应力　　　　（b）齿轮节点处的接触应力

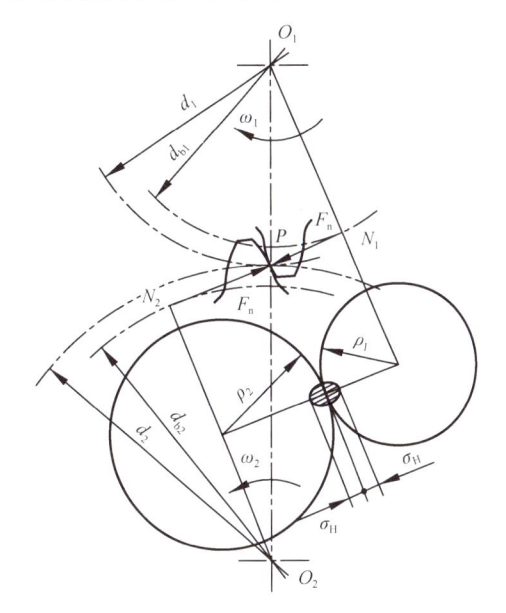

图 6-15　接触应力

表 6-2　载荷系数 K

原　动　机	工作机械的载荷特性		
	平　稳	中等冲击	强烈冲击
电动机	1～1.2	1.2～1.6	1.6～1.8
多缸内燃机	1.2～1.6	1.6～1.8	1.9～2.1
单缸内燃机	1.6～1.8	1.8～2.0	2.2～2.4

注：若圆周速度低、精度高、齿宽系数小，则 K 取小值，反之，则 K 取大值；当齿轮在两个轴承之间对称布置时，K 取小值，当齿轮为非对称布置及悬臂布置时，K 取大值。

2．齿面接触疲劳强度设计公式

在式（6-7）中，令 $b=\psi_d d_1$，可得直齿圆柱齿轮传动齿面接触疲劳强度的设计公式为

$$d_1 \geqslant \sqrt[3]{\left(\frac{671}{[\sigma_H]}\right)^2 \frac{KT_1(i+1)}{\psi_d i}} \tag{6-8}$$

式中，ψ_d——齿宽系数，可查表6-3。

表 6-3 齿宽系数 ψ_d

齿轮相对于轴承的位置	软 齿 面	硬 齿 面
对称布置	0.8～1.4	0.4～0.9
非对称布置	0.6～1.2	0.3～0.6
悬臂布置	0.3～0.4	0.2～0.25

注：对于直齿圆柱齿轮，ψ_d 取小值，对于斜齿轮，ψ_d 取大值；当传动的载荷平稳、刚度大时，ψ_d 宜取大值，反之则取小值。

6.2.3 公式使用说明及参数选择

（1）大小齿轮的齿面接触应力相等，即 $\sigma_{H1}=\sigma_{H2}$。由于两个齿轮的材料和热处理方法不同，因此齿面硬度不同，许用接触应力不相等，即 $[\sigma_{H1}] \neq [\sigma_{H2}]$，在计算时代入较小值。

（2）若材料组合不全是钢，则式（6-8）中的常数 671 应修正为 $671 \times Z_E/189.8$，Z_E 为弹性系数，可查表 6-4。

表 6-4 弹性系数 Z_E

小齿轮材料	大齿轮材料			
	钢	铸 钢	球墨铸铁	铸 铁
钢	189.8	188.9	181.4	162.0
铸钢		188.0	180.5	161.4
球墨铸铁			173.9	156.9
铸铁				143.7

注：在设计时，为使大小齿轮强度相近，表中只列出小齿轮材料优于大齿轮材料的情况。

（3）许用接触应力 $[\sigma_H]$ 与齿轮材料、热处理方法及齿面硬度有关，其公式为

$$[\sigma_H] = \frac{\sigma_{H,\lim}}{S_{H,\min}} \quad (6-9)$$

式中，$\sigma_{H,\lim}$——试验齿轮在长期持续的交变载荷作用下，齿面保持不发生点蚀的应力（失效概率为 1%），其值由图 6-16 查得；

$S_{H,\min}$——接触疲劳强度的最小安全系数，最小安全系数可查表 6-5。

表 6-5 最小安全系数

齿轮传动的重要性	$S_{H,\min}$	$S_{F,\min}$
一般	1	1
较重要	1.25	1.5

第6模块 齿轮传动的设计

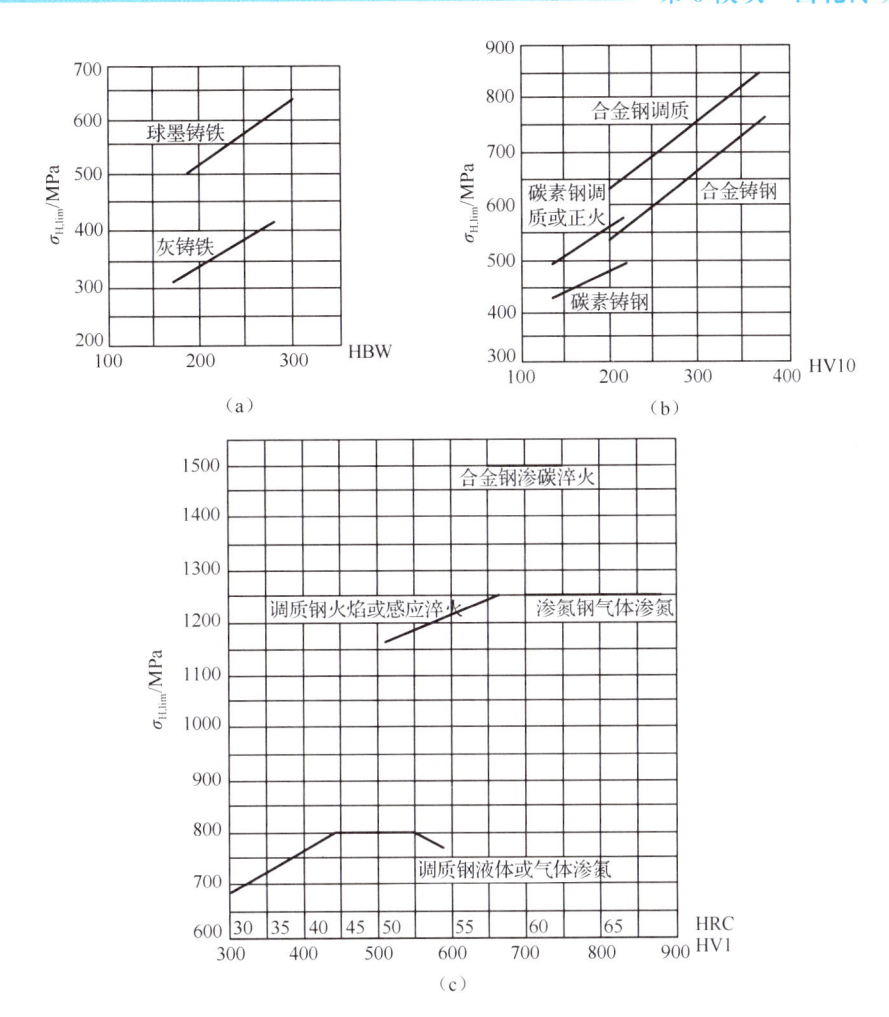

图6-16 齿轮的接触疲劳极限 $\sigma_{H,\lim}$

任务实施与训练

6.2.4 按齿面接触疲劳强度进行齿轮传动的设计

对于高速级齿轮传动，主动轮安装在Ⅰ轴上，传动传递的功率 P 为Ⅰ轴的功率 P_1，即 $P = P_1 = 3.96\text{kW}$；主动轮的转速 n_1 为Ⅰ轴的转速 n_1，即 $n_1 = n_1 = 720\text{r/min}$；传递的转矩 T_1 为Ⅰ轴的转矩 T_1，即 $T_1 = T_1 = 5.25 \times 10^4 \text{N·mm}$；传动比 $i = i_1 = 3.80$。

根据齿面接触疲劳强度设计公式（6-8），就能完成本任务。

设计步骤如下：

设计项目	计算及说明	结　果
1. 计算两个齿轮的许用接触应力	$[\sigma_H] = \dfrac{\sigma_{H,\lim}}{S_{H,\min}}$。 由图6-16（b）可知，$\sigma_{H,\lim 1} = 580\text{MPa}$，$\sigma_{H,\lim 2} = 540\text{MPa}$。 查表6-5取 $S_{H,\min 1} = S_{H,\min 2} = 1$	

续表

设 计 项 目	计算及说明	结　果
1. 计算两个齿轮的许用接触应力	$[\sigma_{H1}] = \dfrac{\sigma_{H,lim1}}{S_{H,min1}} = 580\text{MPa}$。 $[\sigma_{H2}] = \dfrac{\sigma_{H,lim2}}{S_{H,min2}} = 540\text{MPa}$	$[\sigma_{H1}]$ =580MPa。 $[\sigma_{H2}]$ =540MPa
2. 按齿面接触疲劳强度进行设计	$d_1' \geqslant \sqrt[3]{\left(\dfrac{671}{[\sigma_H]}\right)^2 \dfrac{KT_1(i+1)}{\psi_d i}}$	
1）载荷系数 K	查表 6-2，取 $K=1.2$	
2）传递转矩 T_1	$T_1 = 5.25 \times 10^4 \text{N}\cdot\text{mm}$	
3）传动比 i	$i = 3.80$	
4）齿宽系数 ψ_d	查表 6-3，取 $\psi_d = 1$	
5）许用接触应力 $[\sigma_H]$	取两者中的较小者，$[\sigma_H] = [\sigma_{H2}] = 540\text{MPa}$	
	$d_1' \geqslant \sqrt[3]{\left(\dfrac{671}{540}\right)^2 \dfrac{1.2 \times 5.25 \times 10^4(3.80+1)}{1 \times 3.80}} = 49.71$	$d_1' \geqslant 49.71\text{mm}$

对于低速级齿轮传动，主动轮安装在 II 轴上，传动传递的功率 P 为 II 轴的功率 P_{II}，即 $P = P_{II} = 3.76\text{kW}$；主动轮的转速 n_1 为 II 轴的转速 n_{II}，即 $n_1 = n_{II} = 189.47\text{r/min}$；传递的转矩 T_1 为 II 轴的转矩 T_{II}，即 $T_1 = T_{II} = 1.89 \times 10^5 \text{N}\cdot\text{mm}$；传动比 $i = i_2 = 2.71$。

低速级齿轮传动的设计过程与高速级齿轮传动一致，这里不再详细介绍，其小齿轮的分度圆直径 $d_1' \geqslant 78.13\text{mm}$。

6.3　任务3——计算渐开线标准直齿圆柱齿轮传动的几何尺寸

任务描述与分析

任务 2 已计算出在满足齿面接触疲劳强度的前提下小齿轮的分度圆直径 d_1'，它可以作为计算依据来确定齿轮传动的主要参数和几何尺寸。

本任务根据 d_1' 确定齿轮传动的主要参数和几何尺寸。具体内容包括：

（1）齿轮的基本参数。
（2）齿轮的啮合传动。
（3）齿轮的几何尺寸的计算。
（4）渐开线标准直齿圆柱齿轮传动的几何尺寸。

相关知识与技能

6.3.1　齿轮的基本参数

1. 齿轮各部分的名称与符号

图 6-17 所示为齿轮各部分的名称与符号，该部件为直齿圆柱外齿轮的一部分。

第6模块　齿轮传动的设计

b—齿宽；
r_a—齿顶圆半径（其直径为 d_a）；
r_f—齿根圆半径（其直径为 d_f）；
r_K—任意圆半径；
s_K—任意圆齿厚；
e_K—任意圆齿槽宽；
p_K—任意圆齿距；
r—分度圆半径（其直径为 d）；
s、e、p—齿厚、齿槽宽、齿距；
h_a—齿顶高；
h_f—齿根高；
h—全齿高；
r_b—基圆半径。

图 6-17　齿轮各部分的名称与符号

2. 齿轮的主要参数

1）齿数 z

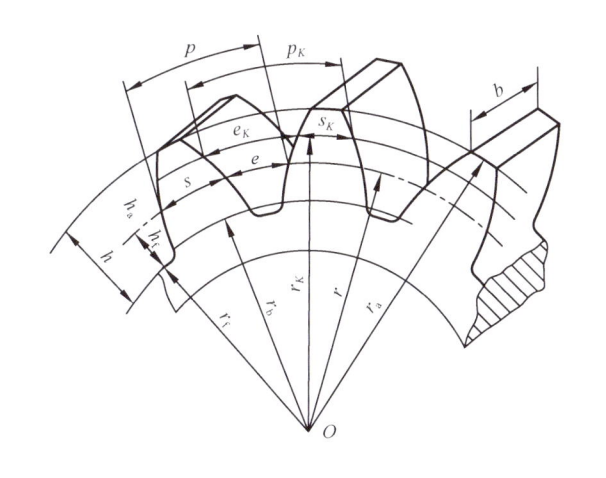

形状相同、沿圆周方向均匀分布的轮齿个数称为齿数。齿轮的齿数 z 与传动比有关，通常由工作条件确定。

2）模数 m

分度圆直径 d 与齿数 z 及齿距 p 有如下关系：

$$\pi d = pz$$

即

$$d = \frac{p}{\pi} z$$

式中，π 是一个无理数，为了计算和测量方便，在工程中，$m = \dfrac{p}{\pi}$，称为模数，并对标准模数系列进行了规定，如表 6-6 所示。于是有

$$d = mz \tag{6-10}$$

表 6-6　标准模数系列

第一系列	0.1　0.12　0.15　0.2　0.25　0.3　0.4　0.5　0.6　0.8　1　1.25　1.5　2　2.5　3　4　5　6　8　10　12　16　20　25　32　40　50
第二系列	0.35　0.7　0.9　0.75　2.25　2.75　（3.25）　3.5　（3.75）　4.5　5.5　（6.5）　7　9　（11）　14　18　22　28　（30）　36　45

注：1. 本表适用于渐开线圆柱齿轮，对斜齿轮是指法向模数。
　　2. 优先选用第一系列，括号内的模数尽可能不用。

根据基圆与分度圆的关系可得

$$d_b = d\cos\alpha = mz\cos\alpha \tag{6-11}$$

3）压力角 α

在不同直径的圆周上，渐开线齿廓的压力角是不同的。为了便于设计、制造和维修，我国规定分度圆上的压力角为标准值 α=20°。分度圆是齿轮上具有标准模数和标准压力角的圆。任何齿轮的分度圆都是唯一的。

4）齿顶高系数 h_a^* 和顶隙系数 c^*

由于齿距与模数成正比，因此为了使齿形均匀，齿高也与模数成正比，即

$$\begin{cases} h_a = h_a^* m \\ h_f = h_a^* m + c^* m = (h_a^* + c^*) m \\ h = h_a + h_f = (2h_a^* + c^*) m \end{cases} \quad (6\text{-}12)$$

式中，m、h_a^*、c^* 均为标准值，且 $e=s$ 的齿轮称为标准齿轮。齿顶高系数 h_a^* 和顶隙系数 c^* 的标准值如表 6-7 所示。

表 6-7 齿顶高系数 h_a^* 和顶隙系数 c^* 的标准值

模数范围	$m \geq 1\text{mm}$		$m < 1\text{mm}$
	正常齿制	短齿制	
h_a^*	1	0.8	1
c^*	0.25	0.3	0.35

6.3.2 齿轮的啮合传动

对于渐开线齿轮的匀速、连续的传动，仅有渐开线齿廓是不够的，每一对轮齿在啮合一段时间后就会分离，再由后一对轮齿接替。若要使各对轮齿之间合理交接以保证匀速、连续的传动，则必须满足下列条件。

1. 正确啮合条件

渐开线齿轮啮合如图 6-18 所示。从图 6-18 中可以看出，在两个渐开线齿轮的啮合过程中，参加啮合的轮齿的工作一侧齿廓的啮合点都在啮合线 N_1N_2 上。

由于两个齿轮的齿廓是沿着啮合线进行啮合的，因此只有当两个齿轮在啮合线上的齿距（称为法向齿距）相等时，才能保证两个齿轮的相邻齿廓正确啮合，即 $p_{n1}=p_{n2}$。由渐开线的性质可知，法向齿距与基圆齿距相等，则上式也可写成 $p_{b1}=p_{b2}$，有

$$p_{b1} = \pi m_1 \cos \alpha_1$$
$$p_{b2} = \pi m_2 \cos \alpha_2$$

于是有

$$\pi m_1 \cos \alpha_1 = \pi m_2 \cos \alpha_2$$

由于模数 m 和压力角 α 均已标准化，不能任意选取，因此要满足上式必须有

$$m_1 = m_2 = m$$
$$\alpha_1 = \alpha_2 = \alpha \quad (6\text{-}13)$$

结论：一对渐开线齿轮的正确啮合条件是两个齿轮的模数相等、压力角相等。

2. 标准中心距条件

图 6-19 所示为正确安装的一对外啮合标准直齿圆柱齿轮，它的中心距是两个齿轮的分度圆半径之和，此中心距称为标准中心距，其计算公式为

$$a = r_1 + r_2 = \frac{m}{2}(z_1 + z_2) \qquad (6-14)$$

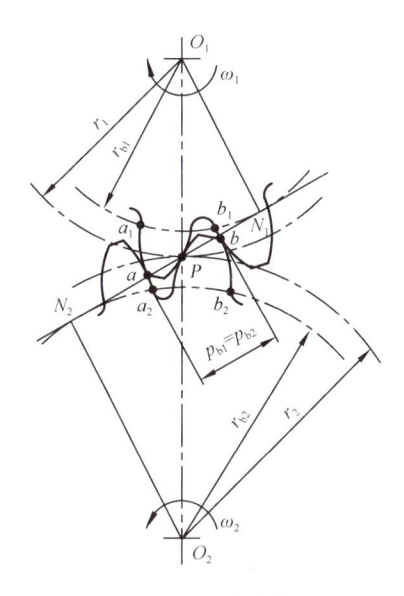

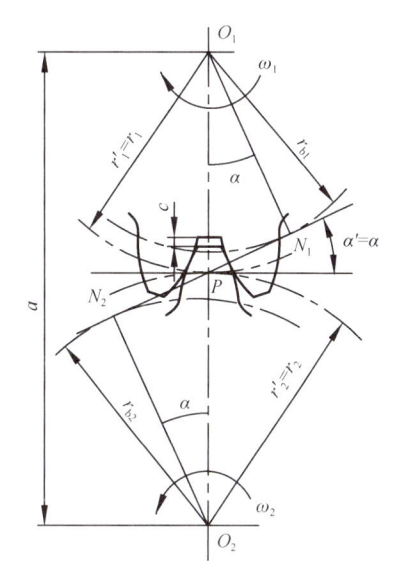

图 6-18　渐开线齿轮啮合　　图 6-19　正确安装的一对外啮合标准直齿圆柱齿轮

按照标准中心距条件进行标准齿轮的安装称为标准安装。

3. 连续传动条件

图 6-20 所示为轮齿啮合过程，当一对齿廓开始啮合时，主动轮的齿根推动从动轮的齿顶，啮合起点是从动轮的齿顶圆与啮合线 N_1N_2 的交点 B_2，两个齿廓的啮合点沿着啮合线移动，当两个齿廓分开时，啮合终点是在主动轮的齿顶圆与啮合线 N_1N_2 的交点 B_1，$\overline{B_2B_1}$ 称为实际啮合线的长度。

要使齿轮连续传动，必须保证在前一对轮齿啮合点尚未到达 B_1 点（脱离啮合）前，后一对轮齿能及时到达 B_2 点进行啮合，所以齿轮连续传动的条件是实际啮合线的长度 $\overline{B_2B_1}$ 大于或等于基圆齿距 p_b，即 $\overline{B_2B_1} \geq p_b$。

通常把实际啮合线的长度与基圆齿距的比称为重合度，用 ε 表示，则齿轮连续传动的条件为

$$\varepsilon = \frac{\overline{B_2B_1}}{p_b} \geq 1 \qquad (6-15)$$

图 6-20　轮齿啮合过程

理论上，只要 $\varepsilon = 1$ 就能保证连续传动，但由于齿轮的制

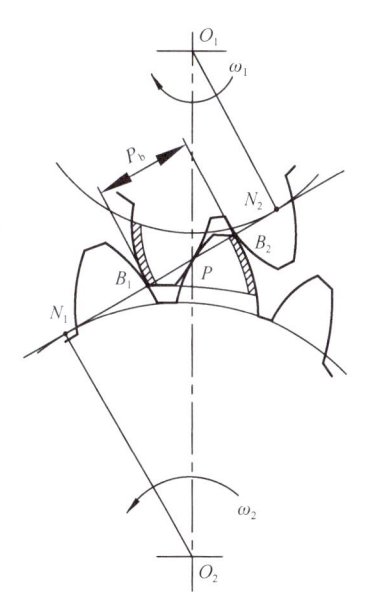

造和安装误差及传动中轮齿的变形等因素,必须使 $\varepsilon>1$。重合度的大小表明同时参与啮合的齿轮对数的多少,其值较大则传动平稳,每对轮齿承受的载荷较小,可相对提高齿轮的承载能力。

6.3.3 齿轮的几何尺寸的计算

外啮合标准直齿圆柱齿轮的几何尺寸计算公式如表 6-8 所示。

表 6-8 外啮合标准直齿圆柱齿轮的几何尺寸计算公式

名 称	代 号	计 算 公 式	
主要参数:z,m,α,$h_a^*=1$,$c^*=0.25$			
		小 齿 轮	大 齿 轮
分度圆直径	d	$d_1 = mz_1$	$d_2 = mz_2$
齿顶圆直径	d_a	$d_{a1} = d_1 + 2h_a = (z_1 + 2)m$	$d_{a2} = d_2 + 2h_a = (z_2 + 2)m$
齿根圆直径	d_f	$d_{f1} = d_1 - 2h_f = (z_1 - 2.5)m$	$d_{f2} = d_2 - 2h_f = (z_2 - 2.5)m$
齿距	p	$p = \pi m$	
齿厚	s	$s = \dfrac{\pi m}{2}$	
齿槽宽	e	$e = \dfrac{\pi m}{2}$	
齿顶高	h_a	$h_a = m$	
齿根高	h_f	$h_f = 1.25m$	
全齿高	h	$h = h_a + h_f = 2.25m$	
标准中心距	a	$a = \dfrac{m}{2}(z_1 + z_2)$	

任务实施与训练

6.3.4 渐开线标准直齿圆柱齿轮传动的几何尺寸

设计步骤如下:

设 计 项 目	计算及说明	结 果
1. 确定齿轮的主要参数 1)齿数	取小齿轮齿数 $z_1=23$,则 $z_2=iz_1=3.80\times23=87.4$,取 $z_2=87$。 校核: $i' = \dfrac{z_2}{z_1} = 3.78$,$\Delta i = \left|\dfrac{i-i'}{i}\right|\times100\% = 0.53\%$	$z_1 = 23$。 $z_2 = 87$。 满足要求
2)模数	$m = \dfrac{d_1'}{z_1} = \dfrac{49.33}{23} = 2.14$,查表 6-6,取 $m=2.5$	$m = 2.5$
2. 计算齿轮的主要尺寸 1)分度圆直径 $d = mz$	$d_1 = mz_1 = 2.5\times23 = 57.5$mm。 $d_2 = mz_2 = 2.5\times87 = 217.5$mm	$d_1 = 57.5$mm。 $d_2 = 217.5$mm
2)齿顶圆直径 $d_a = d + 2m$	$d_{a1} = (z_1+2)m = (23+2)\times2.5 = 62.5$m。 $d_{a2} = (z_2+2)m = (87+2)\times2.5 = 222.5$mm	$d_{a1} = 62.5$mm。 $d_{a2} = 222.5$mm

续表

设 计 项 目	计算及说明	结 果
3）齿根圆直径 $d_f = d - 2.5m$	$d_{f1} = (z_1 - 2.5)m = (23-2.5)\times 2.5 = 51.25\text{mm}$。 $d_{f2} = (z_2 - 2.5)m = (87-2.5)\times 2.5 = 211.25\text{mm}$	$d_{f1} = 51.25\text{mm}$。 $d_{f2} = 211.25\text{mm}$
4）齿宽 $b = \psi_d \cdot d_1$	$b = \psi_d \cdot d_1 = 57.5\text{mm}$，取 $b_2 = 58\text{mm}$。 $b_1 = b_2 + (5\sim 10) = 63\sim 68\text{mm}$，取 $b_1 = 64\text{mm}$	$b_1 = 64\text{mm}$。 $b_2 = 58\text{mm}$
5）中心距 a	$a = \dfrac{1}{2}m(z_1 + z_2) = \dfrac{1}{2}\times 2.5 \times (23+87) = 137.5\text{mm}$	$a = 137.5\text{mm}$

对于低速级齿轮传动，齿轮参数和主要尺寸的计算结果如表 6-9 所示。

表 6-9　齿轮参数和主要尺寸的计算结果

齿轮	齿数 z	模数 m	分度圆直径 d/mm	齿顶圆直径 d_a/mm	齿根圆直径 d_f/mm	齿宽 b/mm	中心距 a/mm
小齿轮 3	31	3	93	99	85.5	99	172.5
大齿轮 4	84		252	258	244.5	93	

6.4　任务 4——按齿根弯曲疲劳强度校核齿轮传动

任务描述与分析

前面的任务已经在满足齿面接触疲劳强度的前提下计算出了齿轮的主要参数和几何尺寸，根据软齿面闭式齿轮传动的设计准则，还需要校核齿根弯曲疲劳强度。

本任务根据齿轮传动中齿轮的主要参数，按齿根弯曲疲劳强度校核齿轮传动。具体内容包括：

（1）齿根弯曲疲劳强度的计算。
（2）公式使用说明及参数选择。
（3）按齿根弯曲疲劳强度进行齿轮传动的校核。

相关知识与技能

6.4.1　齿根弯曲疲劳强度的计算

1. 齿根弯曲疲劳强度校核公式

轮齿在受力时可看作悬臂梁。实验表明，轮齿的危险截面及与齿廓对称中心线成 30°的直线和齿根圆角相切处即为 ab 截面，如图 6-21 所示。根据力学知识，推导、整理可得齿根弯曲疲劳强度校核公式为

$$\sigma_F = \frac{KT_1 Y_{FS}}{bm} = \frac{2KT_1 Y_{FS}}{d_1 bm} \leqslant [\sigma_F] \qquad (6\text{-}16)$$

式中，Y_{FS}——复合齿形系数，是考虑齿形和齿根应力集中及压应力、切应力对弯曲应力的影响而引入的系数，可由图 6-22 查得；

$[\sigma_F]$——许用弯曲应力（MPa）。

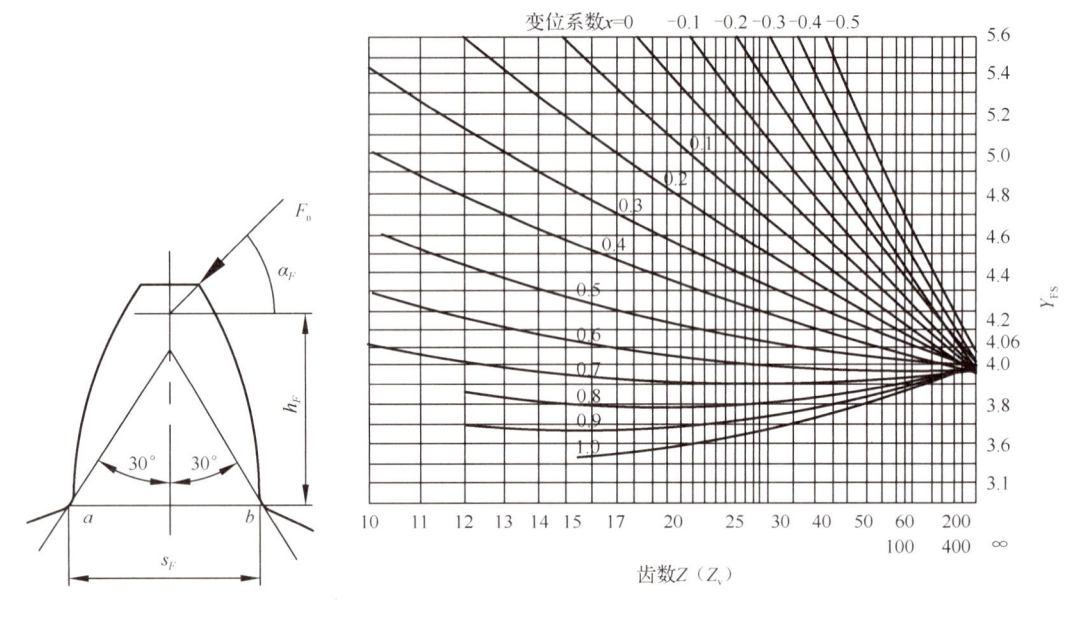

图 6-21 齿根弯曲应力

图 6-22 复合齿形系数 Y_{FS}

2. 齿根弯曲疲劳强度设计公式

将 $b=\psi_d d_1$ 代入式（6-16），经整理，齿根弯曲疲劳强度设计公式为

$$m \geqslant \sqrt[3]{\frac{2KT_1}{\psi_d z_1^2}\frac{Y_{FS}}{[\sigma_F]}} \quad (6-17)$$

6.4.2 公式使用说明及参数选择

（1）小齿轮的齿数 z_1。软齿面闭式齿轮传动在满足弯曲疲劳强度的条件下，为提高传动的平稳性，一般取 $z_1=20\sim40$，速度较高时取较大值；硬齿面的弯曲疲劳强度是薄弱环节，宜取较小值，以增大模数，一般取 $z_1=17\sim20$。

（2）齿宽 $b=\psi_d d_1$。为了保证弯曲疲劳强度并减小加工量，也为了装配和调整方便，大齿轮的齿宽应小于小齿轮的齿宽。取 $b_2=\psi_d d_1$，则 $b_1=b_2+(5\sim10)$ mm。

（3）两个齿轮的齿根弯曲应力不相等，即 $\sigma_{F1}\neq\sigma_{F2}$。由于两个齿轮的材料或热处理方法不同，两个齿轮的许用弯曲应力也不相等，即 $[\sigma_{F1}]\neq[\sigma_{F2}]$，因此在校核时应分别验算两个齿轮的弯曲疲劳强度，即应使 $\sigma_{F1}\leqslant[\sigma_{F1}]$、$\sigma_{F2}\leqslant[\sigma_{F2}]$。

在应用式（6-16）时，应代入 $Y_{FS1}/[\sigma_{F1}]$ 与 $Y_{FS2}/[\sigma_{F2}]$ 中的较大值。

（4）设计求出的模数应圆整为标准值。在动力传动中，一般使 $m\geqslant 1.5\sim2$mm。

图 6-23 所示为齿轮的弯曲疲劳极限 $\sigma_{F,\lim}$。

（5）许用弯曲应力 $[\sigma_F]$ 的计算公式为

$$[\sigma_F]=\frac{\sigma_{F,\lim}}{S_{F,\min}} \quad (6-18)$$

式中，$\sigma_{F,\lim}$——试验齿轮的齿根弯曲疲劳极限应力（MPa），其值由图 6-23 查得，图 6-23 中的线段表示齿轮材料和热处理质量达到中等要求时的疲劳极限应力值。对于双向弯曲的轮齿，$\sigma_{F,\lim}$应取图中值的 70%；

$S_{F,\min}$——弯曲疲劳强度的最小安全系数，可查表 6-5。

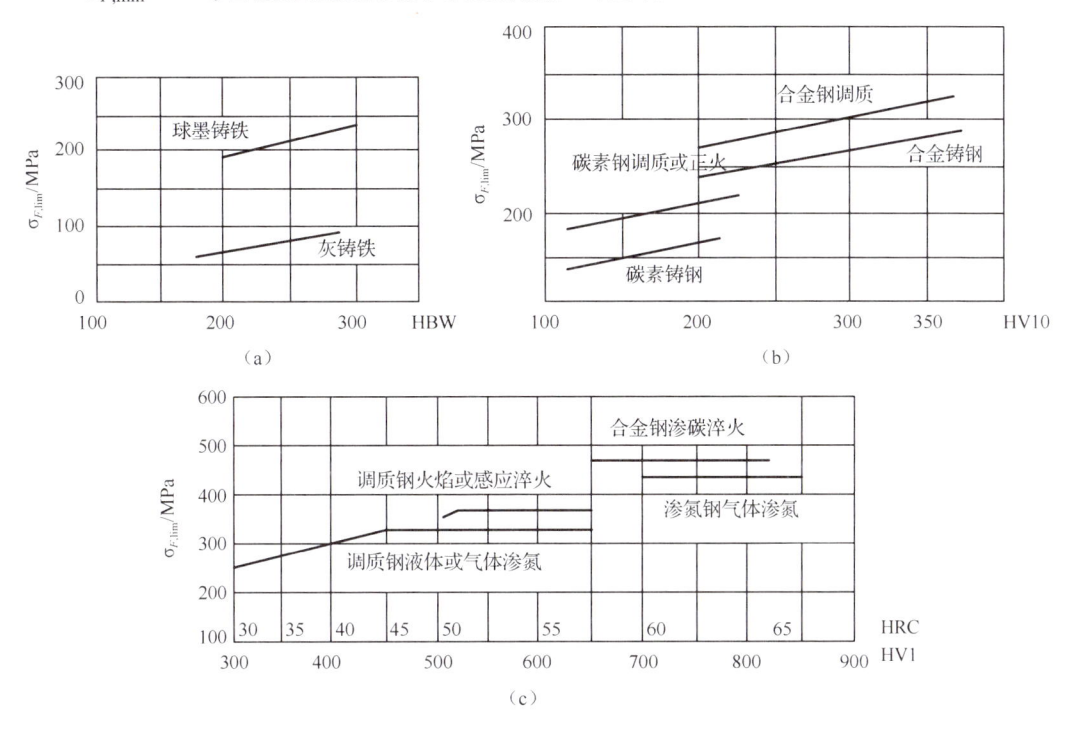

图 6-23 齿轮的弯曲疲劳极限$\sigma_{F,\lim}$

6.4.3 按齿根弯曲疲劳强度进行齿轮传动的校核

设计步骤如下：

设 计 项 目	计算及说明	结 果
1．计算两个齿轮的许用弯曲应力	$[\sigma_F] = \dfrac{\sigma_{F,\lim}}{S_{F,\min}}$。 查图 6-23（b），得 $\sigma_{F,\lim 1}$=230MPa，$\sigma_{F,\lim 2}$=220MPa。 查表 6-5，取 $S_{F,\min 1}=S_{F,\min 2}=1$	$[\sigma_{F1}]$=230MPa。 $[\sigma_{F2}]$=220MPa
2．计算两个齿轮的弯曲应力	$\sigma_F = \dfrac{2KT_1 Y_{FS}}{d_1 bm}$	
1）载荷系数 K	查表 6-2，取 K=1.2	
2）传递转矩	T_1=5.25×10^4 N·mm	
3）分度圆直径	d_1=57.5mm	
4）齿宽	$b=b_2$=58mm	

续表

设 计 项 目	计算及说明	结 果
5）模数	$m=2.5$mm	
6）复合齿形系数 Y_{FS}	查图 6-22，$x=0$，$Y_{FS1}=4.3$，$Y_{FS2}=3.95$	
	$\sigma_{F1}=\dfrac{2KT_1 Y_{FS1}}{d_1 bm}=\dfrac{2\times1.2\times5.25\times10^4\times4.3}{57.5\times58\times2.5}=64.99$MPa。 $\sigma_{F2}=\sigma_{F1}\dfrac{Y_{FS2}}{Y_{FS1}}=64.99\times\dfrac{3.95}{4.3}=59.70$MPa	
3. 校核	$\sigma_{F1}<[\sigma_{F1}]$。 $\sigma_{F2}<[\sigma_{F2}]$。	齿根弯曲疲劳强度足够

对于低速级齿轮传动，校核结果：$\sigma_{F1}=74.8$MPa$<[\sigma_{F1}]$，$\sigma_{F2}=68.7$MPa$<[\sigma_{F2}]$，齿根弯曲疲劳强度足够。

6.5 任务5——确定齿轮传动的精度

任务描述与分析

前面的任务已经计算出齿轮的主要参数和几何尺寸，并满足了齿轮弯曲疲劳强度的要求，在此基础上，需要考虑齿轮的加工问题，并确定齿轮传动的精度。

本任务要求熟悉齿轮的各种加工制造方法，根据齿轮传动精度与圆周速度的关系，确定冲床的传动系统中齿轮传动的精度。具体内容包括：

（1）齿轮的切削加工与根切现象及最少齿数。
（2）齿轮传动的精度及选择依据。
（3）齿轮传动的精度的确定。

相关知识与技能

6.5.1 齿轮的切削加工与根切现象及最少齿数

1. 齿轮的切削加工

齿轮的加工方法有很多，如冲压、铸造、轧制和切削等。下面介绍两种常用的切削加工方法。

1）仿形法

用与齿槽形状相同的成形铣刀加工齿形的方法称为仿形法，如图 6-24 所示。该方法在铣完一个齿槽后，分度头将齿坯转过 $360°/z$，再铣下一个齿槽，直至铣出所有的齿槽。当齿轮模数 $m<8$mm 时，用盘状铣刀在卧式铣床上加工，如图 6-24（a）所示；当齿轮模数 $m\geqslant8$mm 时，用指状铣刀在立式铣床上加工，如图 6-24（b）所示。

由于渐开线齿廓的形状取决于基圆的大小，由 $r_b=r\cos\alpha=mz\cos\alpha/2$ 可知，在模数和压力角相同的情况下，齿数不同，基圆半径不同，齿形也就不同。若想加工相同模数、不同齿数的齿轮并得到正确的齿形，就需要使用不同的铣刀，这当然是不实际的。为了减少刀具的数量，对应同一模数的一套铣刀只有 8 把或 15 把，每把铣刀可铣一定齿数范围的齿轮。表 6-10 所示为一套铣刀（8 把）的加工齿数范围。

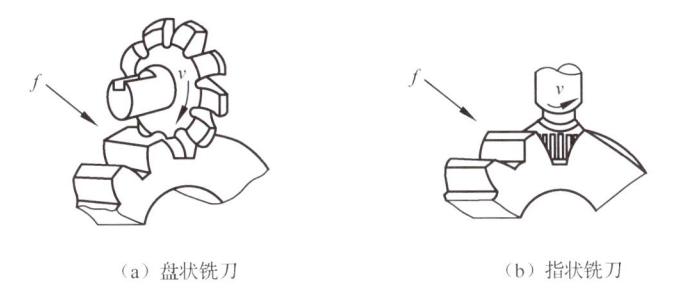

(a) 盘状铣刀　　　　　　　　(b) 指状铣刀

图 6-24　仿形法

表 6-10　一套铣刀（8 把）的加工齿数范围

刀　号	1	2	3	4	5	6	7	8
加工齿数范围	12～13	14～16	17～20	21～25	26～34	35～54	55～134	≥135

仿形法的优点是不需要专用机床，但生产效率低、精度低，故仅适用于单件或小批量生产，以及精度要求不高的场合。

2）展成法

利用轮齿的啮合原理来切削齿轮齿廓的方法称为展成法。这种方法采用的刀具主要有齿轮滚刀、齿轮插刀、齿条插刀，如图 6-25 所示。

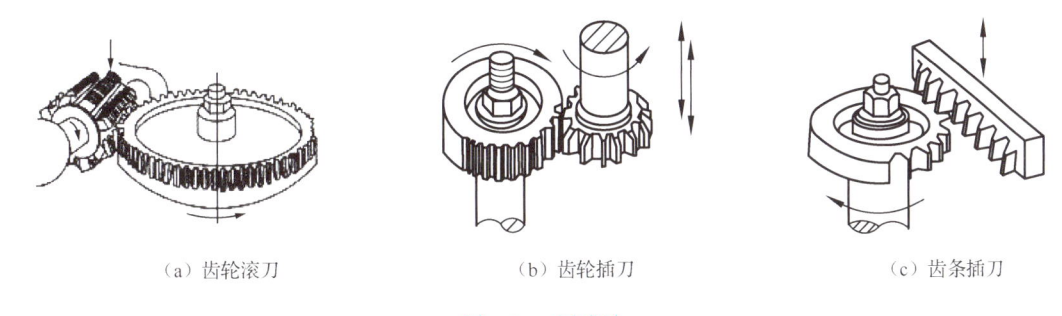

(a) 齿轮滚刀　　　　　　(b) 齿轮插刀　　　　　　(c) 齿条插刀

图 6-25　展成法

用齿轮滚刀在滚齿机上加工齿轮可以实现连续加工，生产效率较高。

在用展成法加工齿轮时，一把刀具可加工出相同模数、相同压力角、不同齿数的所有齿轮，加工精度较高，生产效率也较高，故广泛应用于大批量生产。

2. 根切现象及最少齿数

1）根切现象

在用展成法加工齿轮时，有时会出现轮齿根部渐开线齿廓被切去一部分的现象，该现象称为根切现象，如图 6-26（a）所示。根切现象会削弱轮齿的弯曲强度，减小重合度，影响传动质量，所以应尽量避免出现该现象。

2）最少齿数

研究证明，在用展成法加工齿轮时，若刀具齿顶线或齿顶圆与啮合线的交点超过被加工齿轮的啮合极限点 N，则会出现根切现象，如图 6-26（b）所示。

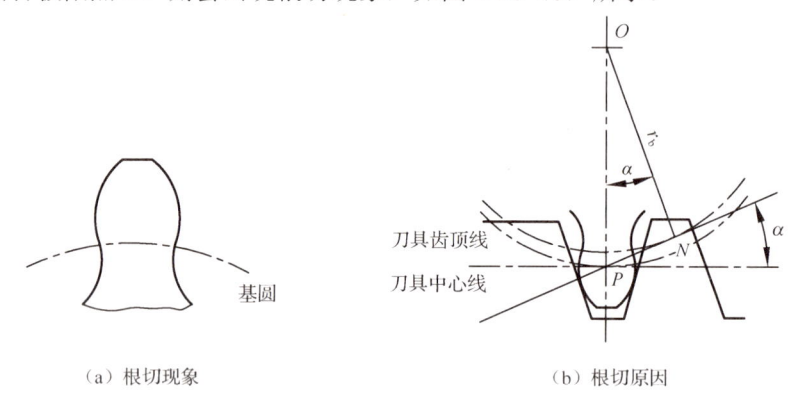

(a) 根切现象　　(b) 根切原因

图 6-26　根切现象及刀具的位置

对于正常齿制渐开线标准直齿圆柱齿轮（$\alpha = 20°$，$h_a^* = 1$），不出现根切现象的最少齿数 $z_{\min} = 17$。

6.5.2　齿轮传动的精度及选择依据

凡有齿轮传动的机器，其工作性能、承载能力及使用寿命都和齿轮传动的精度有关。若齿轮传动的精度过低，则会影响齿轮的质量和寿命；若齿轮传动的精度过高，则会增加齿轮的制造成本。因此，在设计齿轮传动时，应根据具体工作情况合理选择齿轮传动的精度等级。

1. 齿轮传动的精度等级

GB/T 10095.1－2022 中规定，齿轮和齿轮副有 0～12 共 13 个精度等级，0 级精度最高，12 级精度最低。通常 3～5 级为高精度级，6～9 级为中等精度级，10～12 级为低精度级。通用机械中常用 6～9 级。在齿轮副中，两个齿轮的精度等级一般相同。

齿轮传动的各项精度指标可根据对传动性能的主要影响划分为 3 个公差组，如表 6-11 所示。

表 6-11　不同公差组对传动性能的主要影响

公　差　组	对传动性能的主要影响	说　　明
第Ⅰ公差组	传递运动的精确度	要准确地传递转速及分度，就要使齿轮在一转范围内传动比的变化（齿轮在一转范围内实际转角和公称转角之差的总幅度值）不超过一定的限度
第Ⅱ公差组	传动工作的平稳性	要求齿轮在一转中瞬时传动比的变化不大，即齿轮在一转范围内回转角多次重复的误差数值均不超过一定的限度，从而减小冲击、振动和噪声
第Ⅲ公差组	载荷分布的均匀性	要求齿轮传动中齿面有一定的接触面积（接触斑点的大小），接触面积越大，接触精度越高，齿面受载就越均匀，不易引起过载磨损或其他失效形式

2. 齿轮传动的精度等级的选择

齿轮传动的精度应根据齿轮传动的用途、使用条件、传动功率、圆周速度及其他技术要求决定。在选择齿轮传动的精度时，根据齿轮的圆周速度确定第Ⅱ公差组的等级（见表 6-12），第Ⅰ公差组可比第Ⅱ公差组低一级或同级，第Ⅲ公差组通常与第Ⅱ公差组同级。

表 6-12　齿轮的第Ⅱ公差组精度等级与圆周速度

轮齿形式	硬度/HBW	第Ⅱ公差组精度等级			
		6	7	8	9
		圆周速度/（m·s^{-1}）			
直齿	≤350	≤18	≤12	≤6	≤4
	>350	≤15	≤10	≤5	≤3
斜齿	≤350	≤36	≤25	≤12	≤8
	>350	≤30	≤20	≤9	≤6

任务实施与训练

6.5.3　齿轮传动的精度的确定

设计步骤如下：

设　计　项　目	计　算　及　说　明	结　　果
1. 计算高速级齿轮的圆周速度	$v = \dfrac{\pi d_1 n_1}{60 \times 1000} = \dfrac{3.14 \times 57.5 \times 720}{60 \times 1000} = 2.17$ m/s	
2. 选择齿轮传动的精度等级	查表 6-12	精度等级为 9 级

同理，低速级齿轮圆周速度 $v = \dfrac{\pi d_2 n_2}{60 \times 1000} = \dfrac{3.14 \times 93 \times 189.47}{60 \times 1000} = 0.92$ m/s，该齿轮传动的精度等级为 9 级。

6.6　任务 6——设计齿轮的结构及润滑方式

任务描述与分析

通过任务 1~4，已经确定齿轮传动中各齿轮的主要参数和几何尺寸，本任务主要设计齿轮的结构，并用零件图进行表示。具体内容包括：

（1）确定齿轮的结构。
（2）确定齿轮传动的润滑方式。
（3）齿轮的结构及润滑方式的设计。

相关知识与技能

齿轮的结构设计一般在主要参数和几何尺寸确定之后进行，与齿轮的几何尺寸、材料、加工方法等因素有关，在进行设计时常先根据齿轮的直径选择合适的结构；再根据经验公式计算齿轮的轮缘、轮辐、轮毂等结构形式及各部分尺寸。

6.6.1 确定齿轮的结构

圆柱齿轮的结构有以下 4 种。

1. 齿轮轴

齿根圆至键槽的距离如图 6-27 所示，对于钢制圆柱齿轮，$e≤2.5m$，当 $e≤1.6m$（m 为大端模数）时，应将齿轮与轴做成一体，称为齿轮轴，如图 6-28 所示。

2. 实心式齿轮

对于 $d_a≤200$mm 的钢制圆柱齿轮，可采用实心式齿轮，如图 6-29 所示。

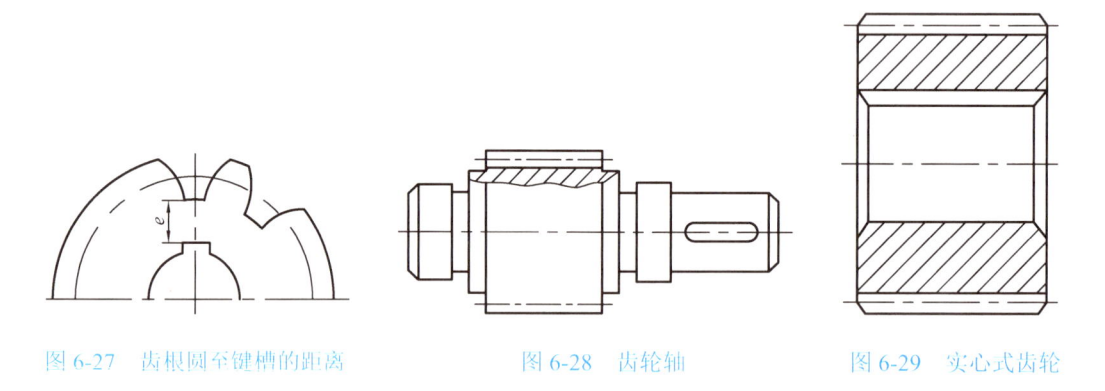

图 6-27　齿根圆至键槽的距离　　图 6-28　齿轮轴　　图 6-29　实心式齿轮

实心式齿轮常用锻钢制造，采用锻造毛坯。

3. 腹板式齿轮

对于 $200<d_a≤500$mm 的钢制圆柱齿轮，为了减轻质量、节约材料，也为了起重和运输方便，可采用腹板式齿轮，如图 6-30 所示。

腹板式齿轮常用锻钢制造，采用锻造毛坯。齿轮的各部分尺寸由图 6-30 中的经验公式确定。

4. 轮辐式齿轮

当 $d_a>500$mm 时，可采用轮辐式齿轮，如图 6-31 所示。

受到锻造设备的限制，轮辐式齿轮常用铸钢制造，采用铸造毛坯。齿轮的各部分尺寸由图 6-31 中的经验公式确定。

第6模块 齿轮传动的设计

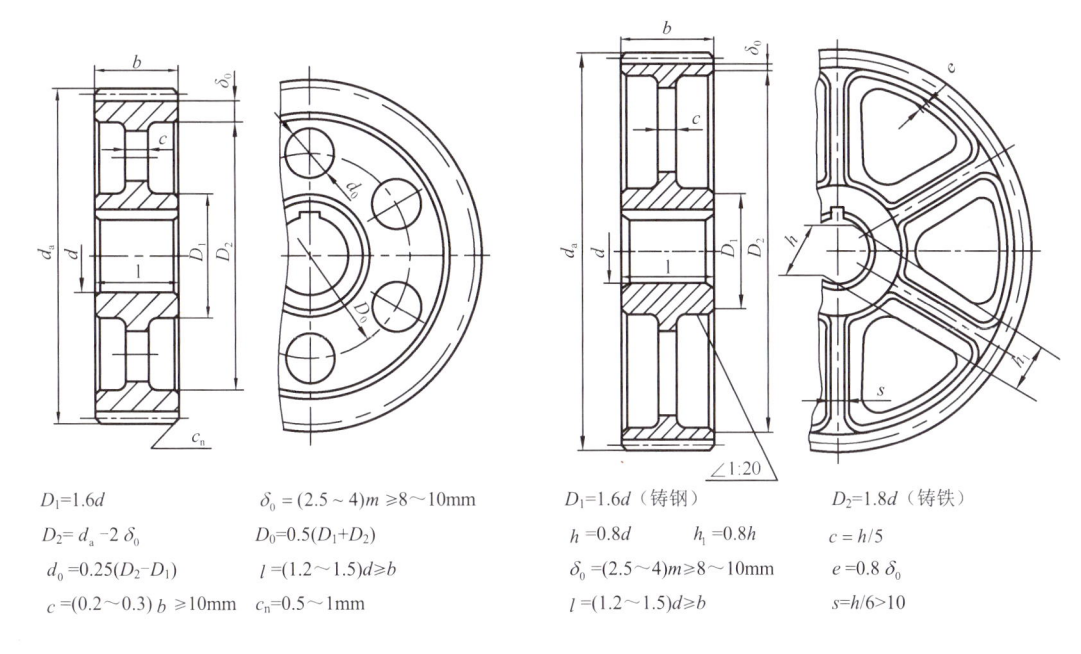

$D_1=1.6d$
$D_2=d_a-2\delta_0$
$d_0=0.25(D_2-D_1)$
$c=(0.2\sim0.3)b\geq10\text{mm}$

$\delta_0=(2.5\sim4)m\geq8\sim10\text{mm}$
$D_0=0.5(D_1+D_2)$
$l=(1.2\sim1.5)d\geq b$
$c_n=0.5\sim1\text{mm}$

$D_1=1.6d$（铸钢）
$h=0.8d$
$\delta_0=(2.5\sim4)m\geq8\sim10\text{mm}$
$l=(1.2\sim1.5)d\geq b$

$D_2=1.8d$（铸铁）
$c=h/5$
$h_1=0.8h$
$e=0.8\delta_0$
$s=h/6>b$

图 6-30　腹板式齿轮　　　　　　　　图 6-31　轮辐式齿轮

6.6.2　确定齿轮传动的润滑方式

1．齿轮传动的效率

闭式齿轮传动的总效率 η 由 3 个部分组成：轮齿的啮合效率 η_1、轴承效率 η_2 和考虑润滑油经过搅动损失后的效率 η_3，总效率 η 为

$$\eta=\eta_1\cdot\eta_2\cdot\eta_3 \qquad (6-19)$$

在设计时，齿轮传动的效率可查阅相关手册。

2．齿轮传动的润滑

为了提高传动效率、减少磨损、延长使用寿命、具有良好的散热和防锈效果，齿轮传动应进行必要的润滑。润滑包括 2 个方面：润滑方式和润滑剂。

1）润滑方式

齿轮传动的润滑方式主要取决于齿轮的圆周速度。对于闭式齿轮传动，当圆周速度 $v\leq12\text{m/s}$ 时，采用浸油润滑，如图 6-32 所示，将大齿轮浸入油池深度约一个齿高，但不应小于 10mm，当圆周速度较小（$0.5\sim0.8\text{m/s}$）时，浸入深度可大一些，但不超过分度圆半径的 $1/6\sim1/3$。在多级传动中，当 n 个大齿轮的尺寸相差较大时，为了减小搅油损失，可采用惰轮蘸油润滑。

当圆周速度 $v>12\text{m/s}$ 时，为避免搅油损失过大，常采用喷油润滑，如图 6-33 所示，由油泵或中心对油站以一定的压力给油并经过喷油嘴射向齿轮啮合处。

对于速度较低的齿轮传动或开式齿轮传动，可定期人工加油润滑。

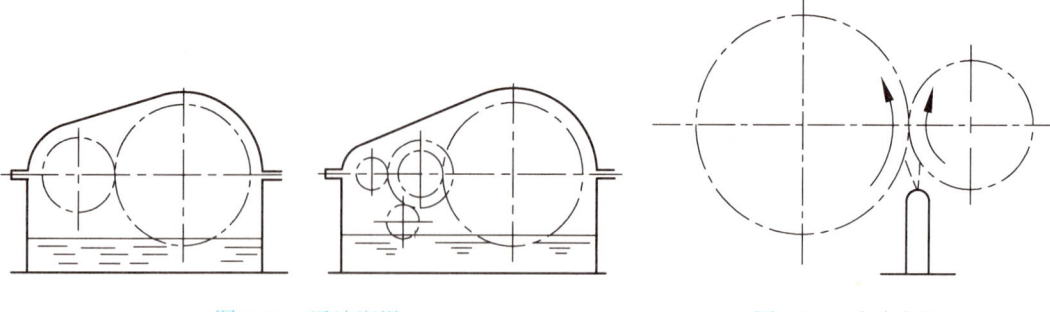

图 6-32　浸油润滑　　　　　　　　　图 6-33　喷油润滑

2）润滑剂

齿轮传动常用的润滑剂为润滑脂和润滑油。润滑油的选择可先根据齿轮材料及圆周速度由表 6-13 选取黏度，再通过相关手册查出相应的润滑油牌号。

表 6-13　齿轮传动的润滑油运动黏度 $v_{40℃}$　　　　　　　　　单位：mm²/s

材　料	强度极限/MPa	圆周速度 v（m·s^{-1}）						
		<0.5	0.5～1	1～2.5	2.5～5	5～12.5	12.5～25	>25
铸铁、青铜	—	320	220	150	100	80	60	—
钢	450～1000	500	320	220	150	100	80	60
	1000～1250	500	500	320	220	150	100	80
	1250～1600	1000	500	500	320	220	150	100
渗碳或表面淬火钢								

注：多级减速器的润滑油黏度应按各级黏度的平均值选取。

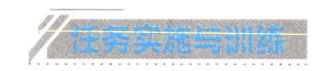

6.6.3　齿轮的结构及润滑方式的设计

通过任务 3，可知齿轮传动机构中齿轮的齿顶圆直径如下。

高速级：$d_{a1}=62.5$mm，$d_{a2}=222.5$mm；低速级：$d_{a1}=99$mm，$d_{a2}=258$mm。

对于两级齿轮传动的小齿轮，采用将齿轮与轴制成一体的结构，即齿轮轴。

对于两级齿轮传动的大齿轮，设计步骤如下：

设 计 项 目	计 算 及 说 明	结　果	
		高速级大齿轮	低速级大齿轮
1. 确定结构形式	根据齿轮的齿顶圆直径 d_{a2} 确定，200mm<d_{a2}≤500mm	222.5mm 腹板式	258mm 腹板式
2. 计算齿轮的结构尺寸	根据齿轮的孔径 d 计算	45mm	65mm
1）D_1	$D_1=1.6d$	72mm	104mm
2）δ_0	$\delta_0=(2.5～4)m\geq 8～10$mm	8mm	8mm

续表

设计项目	计算及说明	结果 高速级大齿轮	结果 低速级大齿轮
3) D_2	$D_2 = d_f - 2\delta_0$	196mm	228mm
4) D_0	$D_0 = 0.5(D_1 + D_2)$	134mm	166mm
5) d_0	$d_0 = 0.25(D_2 - D_1)$	31mm	31mm
6) l	$l = (1.2 \sim 1.5)d \geqslant b$	58mm	93mm
7) c	$c = (0.2 \sim 0.3)b \geqslant 10$	15mm	19mm
3. 确定齿轮传动的润滑方式	根据圆周速度确定，$v < 12$m/s	浸油润滑，大齿轮的浸油深度不超过分度圆半径的 1/6～1/3	
4. 齿轮的零件图	见附录 B 中的图 B-4		

6.7 模块小结

本模块详细介绍了齿轮传动的设计方法与步骤，结合冲床的传动系统中齿轮传动的设计，重点阐述了齿轮传动设计的 6 个阶段，即选择齿轮的材料及热处理方法、按齿面接触疲劳强度设计齿轮传动、计算渐开线标准直齿圆柱齿轮传动的几何尺寸、按齿根弯曲疲劳强度校核齿轮传动、确定齿轮传动的精度、设计齿轮的结构及润滑方式。本模块主要有以下几个知识点。

（1）齿轮的常用材料及选择。
（2）齿轮传动的失效形式及设计准则。
（3）齿轮传动的受力分析及强度计算。
（4）齿轮的基本参数、几何尺寸计算及分度圆、标准齿轮、标准中心距的概念。
（5）直齿圆柱齿轮的正确啮合条件及连续传动的条件。
（6）齿轮切削加工原理与根切现象。
（7）齿轮的结构类型及设计。

6.8 知识拓展

6.8.1 斜齿圆柱齿轮传动

由于直齿圆柱齿轮在啮合时，齿面的接触线均平行于齿轮轴线，因此其齿廓是沿整个齿宽同时进入啮合及脱离啮合的。载荷沿齿宽的突然变化会使直齿轮传动的平稳性较差，容易产生冲击和噪声，故直齿圆柱齿轮不适合用于高速和重载的传动。

斜齿圆柱齿轮传动如图 6-34 所示，对于一对平行轴斜齿圆柱齿轮传动，斜齿轮的齿廓是逐渐进入啮合及脱离啮合的。斜齿轮的齿廓接触线的长度由零逐渐增加，又逐渐减小，直至齿廓脱离接触，由于载荷不是突然变化的，因此斜齿圆柱齿轮传动较平稳。

1. 斜齿圆柱齿轮传动的基本参数

斜齿轮的轮齿为螺旋形，在垂直于齿轮轴线的端面（用下标 t 表示）和垂直于齿廓螺旋面的法面（用下标 n 表示）上有不同的参数。斜齿轮的端面是标准的渐开线，但从斜齿轮的加工和受力角度看，斜齿轮的法面参数应为标准值。

1）螺旋角 β

图 6-35 所示为斜齿轮在分度圆柱面上的展开图，螺旋线展开成一条直线，该直线与轴线的夹角 β 称为斜齿轮在分度圆柱上的螺旋角，设螺旋线的导程为 p_z，则有

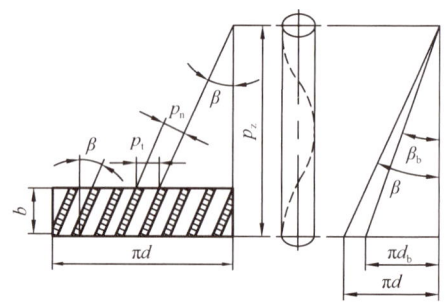

$$\tan\beta = \frac{\pi d}{p_z} \tag{6-20}$$

图 6-34　斜齿圆柱齿轮传动

图 6-35　斜齿轮在分度圆柱面上的展开图

通常用分度圆上的螺旋角 β 进行齿轮几何尺寸的计算。螺旋角 β 越大，轮齿越倾斜，传动的平稳性越好，但轴向力也越大。在设计时，β 通常取 8°～25°。

齿轮按齿廓渐开线螺旋面的旋向，可分为左旋和右旋两种，如图 6-36 所示。

2）模数 m

在图 6-35 中，p_t 为端面齿距，而 p_n 为法面齿距，$p_n = p_t \cos\beta$，因为 $p = \pi m_n = \pi m_t \cos\beta$，所以斜齿轮法面模数与端面模数的关系为 $m_n = m_t \cos\beta$。

3）压力角 α

斜齿圆柱齿轮和斜齿条在啮合时，法面压力角和端面压力角应分别相等，斜齿圆柱齿轮法面压力角 α_n 和端面压力角 α_t 的关系可通过图 6-37 得到。

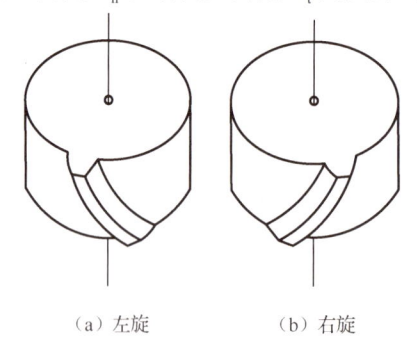

(a) 左旋　　(b) 右旋

图 6-36　斜齿轮的旋向

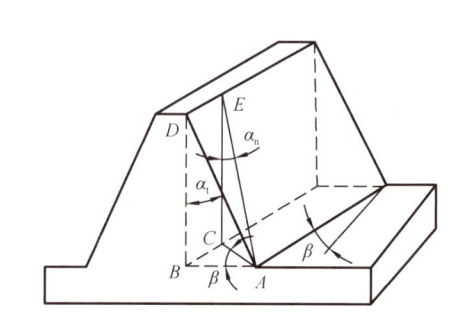

图 6-37　斜齿轮的压力角

4）齿顶高系数和顶隙系数

无论从法面还是端面来看，轮齿的齿顶高都是相同的，顶隙也是相同的，即

$$h_a = h_{an}^* m_n \tag{6-21}$$

$$h_f = (h_{an}^* + c_n^*) m_n \tag{6-22}$$

2．斜齿圆柱齿轮传动的几何尺寸计算

只要将直齿圆柱齿轮的几何尺寸计算公式中的各参数看作端面参数，就可以将其用于平行轴标准斜齿轮的几何尺寸计算，如表6-14所示。

表6-14　标准斜齿圆柱齿轮的几何尺寸计算公式

名　　称	符　号	公　　式
法面模数	m_n	根据齿轮强度计算，选取标准值
端面模数	m_t	$m_t = \dfrac{m_n}{\beta}$
法面压力角	α_n	$\alpha_n = 20°$
端面压力角	α_t	$\tan \alpha_t = \dfrac{\tan \alpha_n}{\cos \beta}$
分度圆直径	d	$d = m_t z = \left(\dfrac{m_n}{\cos \beta}\right) z$
基圆直径	d_b	$d_b = d \cos \alpha_t$
齿顶高	h_a	$h_a = h_{an}^* m_n$
齿根高	h_f	$h_f = (h_{an}^* + c_n^*) m_n$
全齿高	h	$h = h_a + h_f = (2 h_{an}^* + c^*) m_n$
齿顶圆直径	d_a	$d_a = d + 2 h_a$
齿根圆直径	d_f	$d_f = d - 2 h_f$
法面齿距	p_n	$p_n = \pi m_n$
端面齿距	p_t	$p_t = \pi m_t = \dfrac{\pi m_n}{\cos \beta} = \dfrac{p_n}{\cos \beta}$
标准中心距	a	$a = \dfrac{1}{2}(d_1 + d_2) = \dfrac{m_t}{2}(z_1 + z_2) = \dfrac{m_n}{2\cos \beta}(z_1 + z_2)$

6.8.2　圆锥齿轮传动

圆锥齿轮传动是用来传递两个相交轴之间的运动和动力的。通常两个轴的交角$\Sigma=90°$，如图6-38所示。圆锥齿轮的轮齿是沿着圆锥表面的素线切出的。在圆锥齿轮工作时，相当于用两个齿轮的节圆锥做成的摩擦轮进行滚动，这两个节圆锥的锥顶必须重合，才能保证两个节圆锥的传动比一致，这样就增加了制造、安装的困难，并降低了圆锥齿轮传动的精度和承载能力。因此，直齿圆锥齿轮传动一般应用于轻载、低速场合。

直齿圆锥齿轮轮齿是均匀分布在一个圆锥体上的，它的齿形为一端大，另一端小，取大端参数为标准值。

图6-38表示两个轴的交角为90°的标准直齿锥齿轮啮合，其节圆锥与分度圆锥重合。标准直齿圆锥齿轮的几何尺寸计算公式如表6-15所示。

(a) (b)

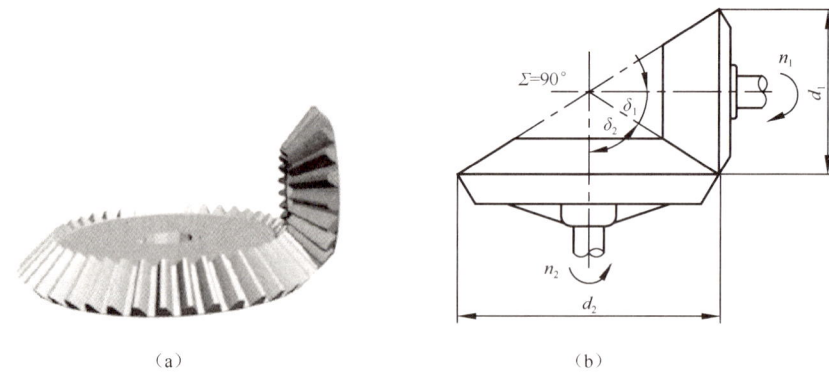

图 6-38 圆锥齿轮传动

表 6-15 标准直齿圆锥齿轮的几何尺寸计算公式

名 称	符 号	计 算 公 式
分度圆锥角	δ	$\delta_1 = \text{arctg}\dfrac{z_2}{z_1}$，$\delta_2 = 90° - \delta_1$
分度圆半径	r	$r_1 = \dfrac{mz_1}{2}$，$r_2 = \dfrac{mz_2}{2}$
齿顶高	h_a	$h_a = m$
齿根高	h_f	$h_f = 1.2m$
齿顶圆半径	r_a	$r_{a1} = r_1 + m\cos\delta_1$，$r_{a2} = r_2 + m\cos\delta_2$
齿根圆半径	r_f	$r_{f1} = r_1 - 1.2m\cos\delta_1$，$r_{f2} = r_2 - 1.2m\cos\delta_2$
锥距	R	$R = \sqrt{r_1^2 + r_2^2} = \dfrac{r_1}{\cos\delta_1} = \dfrac{r_2}{\cos\delta_2}$
齿宽	B	$B = (0.25 \sim 0.30)R$
齿顶角	θ_a	$\theta_{a1} = \theta_{a2} = \text{arctg}\dfrac{h_a}{R}$
齿根角	θ_f	$\theta_{f1} = \theta_{f2} = \text{arctg}\dfrac{h_f}{R}$
顶圆锥角	δ_a	不等顶隙收缩齿制：$\delta_{a1} = \delta_1 + \theta_{a1}$，$\delta_{a2} = \delta_2 + \theta_{a2}$ 等顶隙收缩齿制：$\delta_{a1} = \delta_1 + \theta_{f2}$，$\delta_{a2} = \delta_2 + \theta_{f2}$
根圆锥角	δ_f	$\delta_{f1} = \delta_1 - \delta_{f1}$，$\delta_{f2} = \delta_2 - \delta_{f2}$

6.8.3 蜗杆传动

蜗杆机构是由交错轴斜齿圆柱齿轮机构演变而来的，如图 6-39 所示，其交错角 $\Sigma = 90°$，螺旋角旋向相同，小齿轮的螺旋角很大，分度圆柱直径较小，轴向长度较长，齿数很少，外形像一根螺杆，称为蜗杆。蜗轮实际上是一个斜齿轮。

1. 蜗杆传动的基本参数

1）模数 m 和压力角 α

蜗杆传动的设计计算都是以中间平面上的参数和几何关系为

图 6-39 蜗杆传动

标准的。在中间平面上，蜗轮与蜗杆的啮合相当于渐开线齿轮与齿条的啮合，即

$$\begin{cases} m_{a1} = m_{t2} = m \\ \alpha_{a1} = \alpha_{t2} = \alpha \\ \lambda = \beta_2 \end{cases} \quad (6-23)$$

2）蜗杆分度圆螺旋导程角 λ

将蜗杆分度圆上的螺旋线展开，如图 6-40 所示，设蜗杆的导程角为 λ，齿数为 z_1，轴向齿距为 p_{x1}，则有

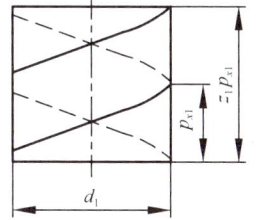

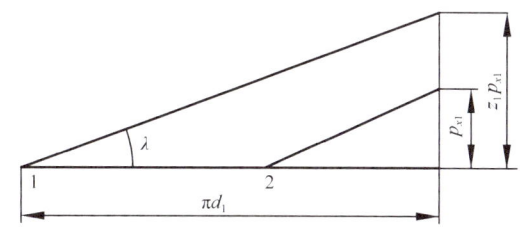

$$\text{tg}\lambda = \frac{z_1 p_{x1}}{\pi d_1} = \frac{z_1 m\pi}{\pi d_1} = \frac{z_1}{q} \quad (6-24)$$

图 6-40 蜗杆导程角

3）蜗杆的分度圆直径 d_1 及蜗杆的直径系数 q

由于加工蜗轮需要用和与之啮合的蜗杆参数相同的滚刀来加工，因此对于同一尺寸的蜗杆，必须配一把对应的蜗轮滚刀，即对同一模数、不同直径的蜗杆，必须配相应数量的蜗轮滚刀。为了限制蜗轮滚刀的数量，取蜗杆的分度圆直径 d_1 为标准值，并引入蜗杆的直径系数 q。

蜗杆的分度圆直径 d_1 为

$$d_1 = m\frac{z_1}{\tan\lambda} \quad (6-25)$$

令蜗杆的直径系数 q 为

$$q = \frac{z_1}{\tan\lambda}$$

则有

$$d_1 = mq \quad (6-26)$$

2. 标准圆柱蜗杆传动的几何尺寸计算

标准圆柱蜗杆传动的几何尺寸计算公式如表 6-16 所示。

表 6-16 标准圆柱蜗杆传动的几何尺寸计算公式

名 称	符 号	蜗 杆	蜗 轮
齿顶高	h_a	$h_{a1} = h_{a2} = h_a^* m$	
齿根高	h_f	$h_{f1} = h_{f2} = (h_a^* + c^*)m$	

续表

名　称	符　号	蜗　杆	蜗　轮
全齿高	h	\multicolumn{2}{c	}{$h_1 = h_2 = (2h_a^* + c^*)m$}
分度圆直径	d	$d_1 = mq$	$d_2 = mz_2$
齿顶圆直径	d_a	$d_{a1} = d_1 + 2h_{a1}$	$d_{a2} = d_2 + 2h_{a2}$
齿根圆直径	d_f	$d_{f1} = d_1 - 2h_{f1}$	$d_{f2} = d_2 - 2h_{f2}$
蜗杆导程角	γ	\multicolumn{2}{c	}{$\gamma = \arctan\dfrac{z_1}{q}$}
蜗轮螺旋角	β_2	\multicolumn{2}{c	}{$\beta_2 = \gamma$}
节圆直径	d'	$d_1' = mq$	$d_2' = d_2$
中心距	a	\multicolumn{2}{c	}{$a = \dfrac{m(q + z_2)}{2}$}

第 7 模块　轴的设计

轴是机器中普遍使用的重要零件，也是机械传动机构中的核心零件，如图 7-1 所示。机器上所安装的旋转零件，如带轮、齿轮、联轴器和离合器等，都必须用轴来支承，并依靠轴来传递运动和动力以正常工作。轴是一种非标准零件，它的结构、尺寸由轴承和被支承零件的结构、尺寸决定。同时，轴上零件必须以一定的方式进行定位和固定，以完成运动和动力的正常传递。

图 7-1　轴

冲床的传动系统中的轴比较常见且具有一定的典型性，本模块通过对工程项目带式输送机减速器中的低速轴进行分析及设计，介绍轴的基本知识、结构设计、强度计算的基本理论和方法，以及轴上零件的轴向和周向定位方法。

本模块要设计冲床的传动系统中的轴。轴的设计原始条件为已知各传动轴的传递功率、圆周速度等。轴的设计内容包括选择轴的材料及热处理方法、估算轴的最小直径、设计轴的结构、校核轴的强度。

在设计过程中，除了要满足传动的运动关系、几何关系，还要考虑设计准则的要求，保证轴的制造和安装，便于使用与维护，并提高传动性能。

工作任务

- 任务 1——选择轴的材料及热处理方法
- 任务 2——估算轴的最小直径
- 任务 3——设计轴的结构
- 任务 4——校核轴的强度

学习目标

- 熟悉轴的分类和材料
- 掌握轴的最小直径的估算方法
- 掌握轴的结构设计方法、轴上零件的轴向和周向定位方法
- 掌握轴的强度计算方法

7.0 预备知识

7.0.1 轴的作用

轴的主要作用是支承旋转零件，传递运动和动力。

7.0.2 轴的分类

根据轴上载荷的不同，轴分为心轴、传动轴和转轴 3 种。

1）心轴

心轴只承受弯矩而不承受转矩，主要用于支承旋转零件，按其是否转动，又可分为转动心轴和固定心轴，如图 7-2 所示。

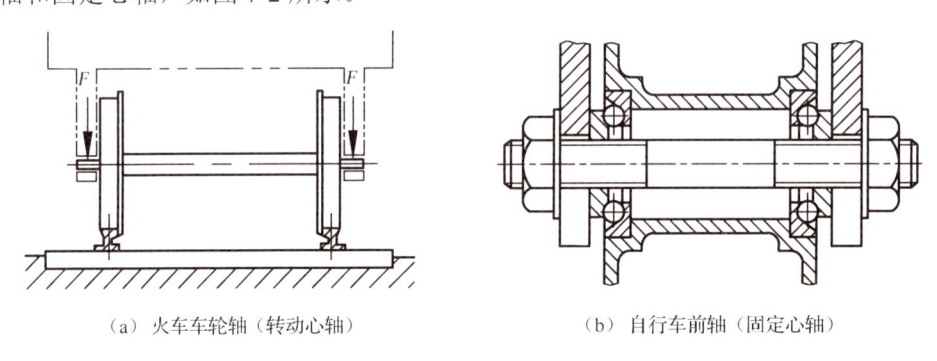

(a) 火车车轮轴（转动心轴）　　(b) 自行车前轴（固定心轴）

图 7-2　心轴

2）传动轴

传动轴主要承受转矩，不承受弯矩或只承受很小的弯矩，主要用于传递转矩，如图 7-3 所示，该传动轴为汽车变速箱与后桥间的传动轴。

3）转轴

转轴既承受弯矩又承受转矩，如图 7-4 所示，该转轴为减速器中的低速轴，转轴在各类机械中最为常见。本模块以转轴为例，介绍轴的设计过程。

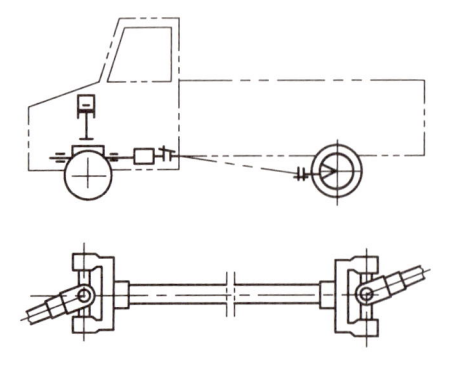

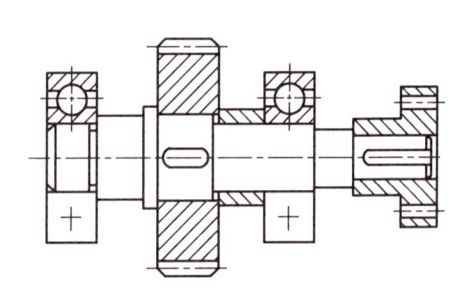

图 7-3　传动轴　　图 7-4　减速器中的低速轴

根据轴线形状的不同，轴可分为直轴、曲轴（见图 7-5）和挠性轴（见图 7-6）。曲轴常用于往复式机械，挠性轴能把转矩和回转运动灵活地传递到任何位置，常用于振捣器等移动设备。

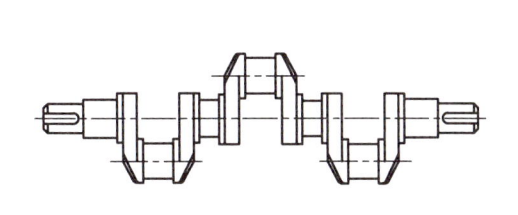

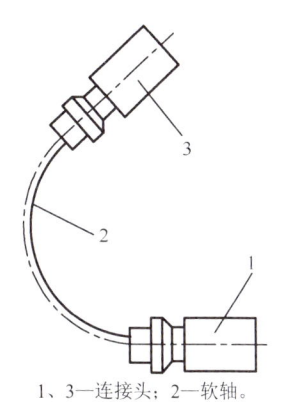

1、3—连接头；2—软轴。

图 7-5　曲轴　　　　　　　　　　　图 7-6　挠性轴

直轴根据外形不同又可分为光轴和阶梯轴，光轴主要用作传动轴（见图 7-3），阶梯轴便于轴上零件的定位和安装，在机器中应用较为广泛（见图 7-4）。

直轴一般都制成实心的，当为了减轻质量或结构需要时，可制成空心的，如机床主轴。

7.1　任务 1——选择轴的材料及热处理方法

任务描述与分析

冲床的传动系统中的齿轮传动位于低速级，齿轮传动轴是机器中最主要的零件之一，轴的质量直接影响着机器的精度和寿命。因此，合理选择轴的材料是齿轮设计、生产和维修中的一个主要环节。采用不同材料制造的轴，其尺寸、结构、加工方法、工艺要求等都会有所不同。

本任务根据轴的工作要求，完成轴的材料及热处理方法的选择。具体内容包括：
（1）常用的轴的材料及热处理方法。
（2）对轴的材料及热处理方法进行选择。

相关知识与技能

7.1.1　常用的轴的材料及热处理方法

轴的材料是影响轴的承载能力的重要因素，在选择轴的材料时应考虑工作条件对其提出的强度、刚度、耐磨性、耐腐蚀性等方面的要求，还应考虑制造工艺的性能和经济性，以延长轴的寿命，提高生产率，减少消耗，从而降低成本。

常用的轴的材料主要有以下几种。

1）碳素钢

碳素钢具有较好的机械性能，对应力集中敏感性低，便于进行各种热处理及机械加工，价格低、供应充足，应用较广。常用的优质碳素钢有 30#、35#、40#、45#和 50#等，其中一般用途的轴最常用的是 45#钢。用优质碳素钢制造的轴一般会进行正火或调质处理，以改善力学性能。对于耐磨性要求较高的轴，可进行表面淬火及低温回火处理。对于不重要或受力较小的轴，也可用 Q235A 等普通碳素钢，一般不进行热处理。

2）合金钢

合金钢比碳素钢强度高，热处理性能好，但对应力集中比较敏感，且价格较贵，多用于高速、重载及有耐磨、耐高温等特殊要求的场合。例如，20Cr、20CrMnTi 等低碳合金钢经渗碳处理后可提高耐磨性；20CrMoV、38CrMoAl 等合金钢有良好的高温机械性能，常用于在高温、高速和重载条件下工作的轴。

另外，由于在一般工作温度下，合金钢和碳素钢的弹性模量十分接近，因此在结构相同时用合金钢代替碳素钢并不能提高轴的刚度，此时应通过增大轴径等方式来提高轴的刚度。

3）铸钢和球墨铸铁

铸钢和球墨铸铁价格低廉，具有良好的吸振性和耐磨性，且对应力集中不太敏感，常用于制造形状复杂的轴等，但其质量不易控制，可靠性差。

轴的毛坯可用轧制圆钢、锻件、铸件等，对于不重要或较长的轴，在毛坯直径小于 150mm 时，可用轧制圆钢；对于受力大且生产批量大的重要的轴，应用锻造毛坯；对于生产批量大、外形复杂、尺寸较大的轴，可用铸造毛坯。

轴的常用材料及其主要力学性能如表 7-1 所示。

表 7-1 轴的常用材料及其主要力学性能

材料牌号	热处理方法	毛坯直径/mm	硬度/HBW	抗拉强度 σ_b/MPa	屈服强度 σ_s/MPa	许用弯曲应力/MPa $[\sigma_{+1}]_b$	$[\sigma_0]_b$	$[\sigma_{-1}]_b$	备 注
				不小于					
Q235-A	热轧或锻后空冷	≤100 >100~250		400~420 375~390	225 215	125	70	40	用于不重要的轴
35	正火	≤100	149~187	520	270	170	75	45	用于一般轴
45	正火	≤100	170~217	600	300	200	95	55	用于较重要的轴
	调质	≤200	217~255	650	360	215	108	60	
40Cr	调质	≤100	241~286	750	550	245	120	70	用于载荷较大，但冲击不太大的重要的轴
	调质	>100~300		700	500				
35SiMn	调质	≤100	229~286	800	520	270	130	75	用于中、小型轴，可代替 40Cr
42SiMn	调质								
40MnB	调质	≤200	241~286	750	500	245	120	70	用于小型轴，可代替 40Cr

任务实施与训练

7.1.2 对轴的材料及热处理方法进行选择

传动系统中共有 3 根轴，都为齿轮轴。

设计步骤如下：

设 计 项 目	计算及说明	结　　果
1．选择轴的材料	Ⅰ轴：45#钢	
2．确定热处理方式	正火处理，由表 7-1 查得 $[\sigma_{-1}]_b$	$[\sigma_{-1}]_b$ =55MPa

Ⅱ轴、Ⅲ轴的选择与Ⅰ轴一致，这里不再重复。

7.2 任务 2——估算轴的最小直径

任务描述与分析

在传动系统中，当各轴的转速及传递的功率确定后，就能按扭转强度初步估算轴的最小直径，作为轴受扭部分的最小直径一般是轴端直径。

本任务根据各轴的材料、转速及传递的功率估算轴的最小直径。具体内容包括：

（1）按扭转强度估算轴的最小直径。

（2）轴的最小直径的估算。

相关知识与技能

7.2.1 按扭转强度估算轴的最小直径

对于传动轴，因其只受转矩，可只按转矩计算轴的最小直径；对于转轴，先用此方法估算轴的最小直径，再进行轴的结构设计，并用弯扭合成强度校核。

实心圆轴的最小直径估算公式为

$$d \geqslant \sqrt[3]{\frac{9550 \times 10^3}{0.2[\tau]} \cdot \frac{P}{n}} = C\sqrt[3]{\frac{P}{n}} \quad (\text{mm}) \qquad (7-1)$$

式中，d——轴的最小直径（mm），计算结果应圆整为标准值；

$[\tau]$——轴的材料的许用扭转切应力（MPa）；

P——轴传递的功率（kW）；

n——轴的转速（r/min）；

C——由轴的材料和承载情况确定的系数（见表 7-2）。

表 7-2　轴的常用材料的 $[\tau]$ 和 C

材料牌号	Q235-A	35	45	40Cr、35SiMn、42SiMn、40MnB
$[\tau]$/MPa	15～25	20～35	25～45	35～55
C	149～126	135～112	126～103	112～97

由式（7-1）计算出的直径为轴受扭部分的最小直径，一般为输入或输出轴外伸端处直径。若该处有键槽，则应将轴的直径适当增大。当有 1 个键槽时，轴的直径增大 4%～5%；当有 2 个键槽时，轴的直径增大 7%～10%，增大后再圆整为标准值。

任务实施与训练

7.2.2 轴的最小直径的估算

Ⅰ轴：$P_Ⅰ=3.96\text{kW}$，$n_Ⅰ=720\text{r/min}$。
Ⅱ轴：$P_Ⅱ=3.76\text{kW}$，$n_Ⅱ=189.47\text{r/min}$。
Ⅲ轴：$P_Ⅲ=3.57\text{kW}$，$n_Ⅲ=69.91\text{r/min}$。

按扭转强度的计算公式就能估算各轴的最小直径。

设计步骤如下：

设 计 项 目	计算及说明	结　果
1. 计算公式	$d \geqslant C\sqrt[3]{\dfrac{P}{n}}$	
2. 有关参数和系数	由表 7-2 查得 $C=126\sim103$，取 $C=110$	
3. 最小直径的估算	$d_Ⅰ \geqslant 110 \times \sqrt[3]{\dfrac{3.96}{720}} \approx 19.42\text{mm}$	$d_Ⅰ=25\text{mm}$
	$d_Ⅱ \geqslant 110 \times \sqrt[3]{\dfrac{3.76}{189.47}} \approx 29.78\text{mm}$	$d_Ⅱ=40\text{mm}$
	$d_Ⅲ \geqslant 110 \times \sqrt[3]{\dfrac{3.57}{69.91}} \approx 40.81\text{mm}$	$d_Ⅲ=45\text{mm}$

7.3　任务 3——设计轴的结构

任务描述与分析

在确定了各轴的最小直径后，要正确地安装轴上零件，确保其工作性能，还要正确地设计轴的结构。

本任务根据轴上零件的安装位置设计轴的结构。具体内容包括：

（1）设计轴的结构的基本要求。
（2）设计轴的结构时应考虑的因素。
（3）轴的结构的设计。

相关知识与技能

7.3.1 设计轴的结构的基本要求

设计轴的结构要确定轴的外形和尺寸。影响轴的结构的因素有很多，如轴上零件的布局及其在轴上的固定方法；轴上载荷的大小及其分布情况；轴承的类型、尺寸和布置情况；轴的加工和装配工艺性等。轴的结构没有标准形式。设计轴的结构的基本要求如下。

(1) 轴和轴上零件要有准确的工作位置。
(2) 轴上各零件要可靠地相互连接。
(3) 轴应便于加工，轴上零件应易于拆装。
(4) 尽量减少应力集中。
(5) 轴的各部分直径和长度尺寸要合理。

7.3.2 设计轴的结构时应考虑的因素

1. 拟定轴上零件的装配方案

图 7-7 所示为阶梯轴的典型结构。

轴主要由轴颈、轴头、轴身 3 个部分组成，轴上安装轴承的轴段称为轴颈，如③、⑦；安装旋转零件的轴段称为轴头，如①、④；连接轴颈和轴头的非配合轴段称为轴身，如②、⑤、⑥。

轴的结构形式取决于轴上零件的装配方案，在进行轴的结构设计时，必须先拟定几种不同的装配方案，以便进行比较与选择，图 7-7 所示为两种不同的装配方案。

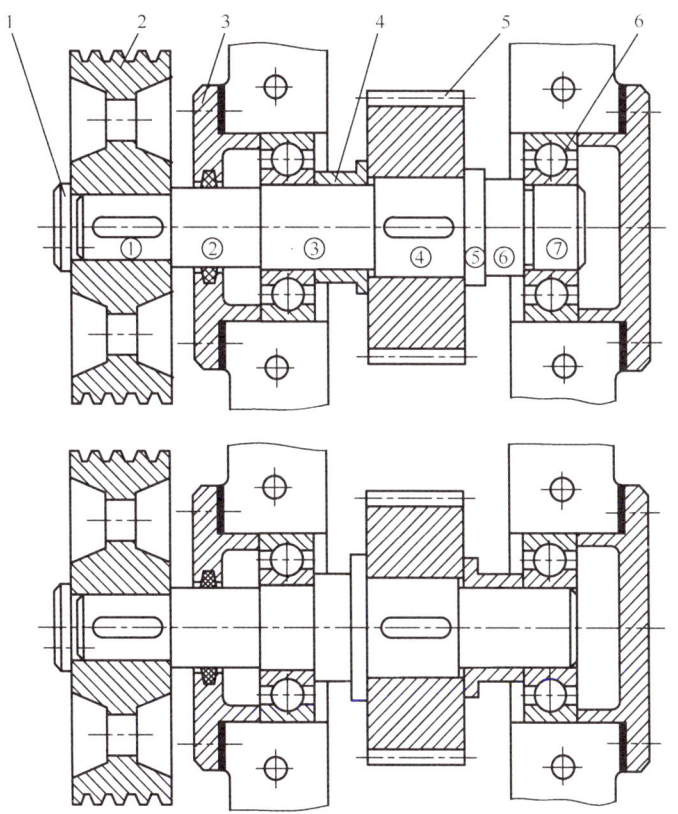

1—轴端挡圈；2—带轮；3—轴承端盖；4—套筒；5—齿轮；6—滚动轴承。

图 7-7 阶梯轴的典型结构

2. 轴上零件的定位和固定

1) 轴上零件的轴向定位和固定

轴向定位和固定的目的是保证轴上零件有确定的轴向位置，防止零件沿轴向移动并传递轴向力。

常用的轴上零件的轴向定位和固定方式如表 7-3 所示。

表 7-3 常用的轴上零件的轴向定位和固定方式

使用配件	结构简图	应用说明
轴肩或轴环		图中，h 为轴肩高度；r 为轴上圆角半径；R 为轮毂上的圆角半径；C 为孔倒角高度。 阶梯轴上的截面变化处称为轴肩。其结构简单，轴向定位方便、可靠，能承受较大的轴向载荷，应用较多。 对于定位轴肩高度，取 $h≈(0.07～0.1)d$（d 为配合处的轴径）。 轴环宽度一般取 $b=1.4h$。 为了使零件端面与轴肩贴合，$r<R$ 或 $r<C$，$h>R$ 或 $h>C$。 安装滚动轴承的定位轴肩高度 h 应查表获得，根据安装尺寸 d_a 确定。 对于非定位轴肩高度，一般取 $h≈1～2mm$，也可根据需要调整
套筒		固定可靠，承受的轴向力较大，多用于轴上相邻两个零件间距离较小的场合。 套筒孔径略大，与轴无须配合，为了使轴上零件轴向固定可靠，应使安装轴上零件的轴段长度小于轮毂的宽度
圆螺母	双圆螺母　　　圆螺母与止动垫圈	固定可靠，可承受较大的轴向力，主要用于固定轴端的零件。但轴上的螺纹段会削弱轴的强度
弹性挡圈		结构简单紧凑，拆装方便，适用于轴向力较小或不承受轴向力的场合，常用于滚动轴承的轴向固定

续表

使用配件	结 构 简 图	应 用 说 明
紧定螺钉		结构简单，可兼作周向固定，用于作用力较小的零件
锁紧挡圈		结构简单，拆装方便，不能承受较大的轴向力
轴端挡圈		用于轴端零件的固定，可承受较大的轴向力
锥面		常用于轴端零件，可与轴端挡圈合用实现轴向固定。圆锥面连接适用于对零件与轴的同轴度要求较高或受冲击载荷的轴。其拆装容易，但配合表面加工较困难

2）轴上零件的周向定位和固定

轴上零件的周向定位和固定的目的是限制轴上零件相对于轴的转动并保证同心度，以可靠地传递运动和转矩。

轴上零件的周向定位和固定的方式有很多，常用的有键、花键、销、胀紧、弹性环、过盈配合等。

3．轴的结构工艺性

轴的结构形状和尺寸应便于加工及拆装，在满足使用要求的情况下，轴的结构应力求简单。轴的结构在工艺性方面应满足以下要求。

（1）当同一个轴上有两个以上键槽时，键槽应开在同一条母线上，且键槽尺寸也应尽量保持一致。

（2）同一个轴上的圆角应尽可能取相同半径。

（3）当需要对轴切制螺纹或进行磨削时，应设螺纹退刀槽（见图 7-8）或砂轮越程槽（见图 7-9），且尽可能采用相同的标准值。

（4）为便于轴上零件的拆装，轴应设计成阶梯形。轴端应有 45° 倒角，如图 7-9 所示。

（5）对于采用过盈配合连接的轴段，压入端常加工出导向锥面，如图 7-10 所示，或在同一个轴段的两个部位中采用不同的尺寸公差，如图 7-11 所示。

图 7-8　螺纹退刀槽　　　　　　　　图 7-9　砂轮越程槽

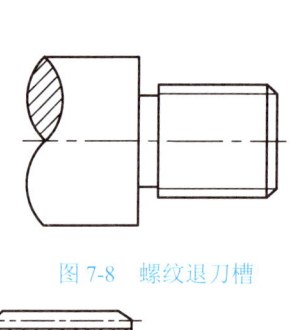

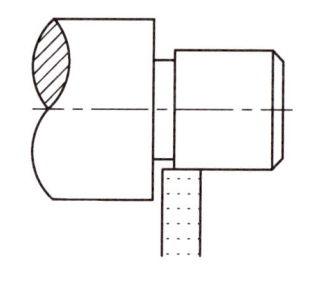

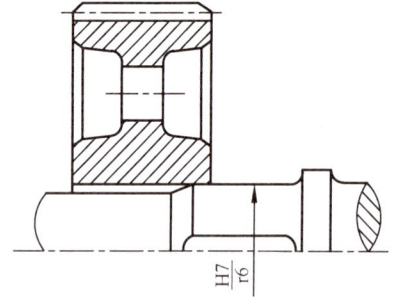

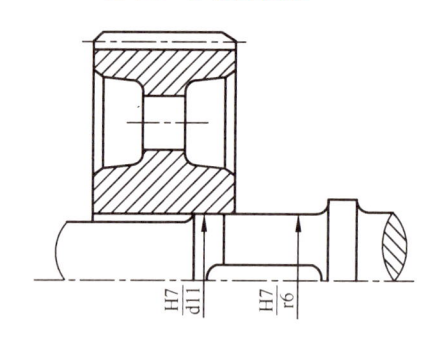

图 7-10　导向锥面　　　　　　　　图 7-11　采用不同的尺寸公差

4. 减少应力集中并提高轴的疲劳强度

轴一般在变应力状态下工作，在对其进行结构设计时，应尽量减少应力集中并提高其疲劳强度，满足以下要求。

（1）阶梯轴相邻轴段的直径不宜相差太大，在轴径变化处的过渡圆角半径不宜过小[见图 7-12（a）]。当所装零件的倒角 C（或倒圆 R）很小，轴肩过渡圆角半径 r 的增大受限时，可利用间隔环 [见图 7-12（b）] 或沉割槽 [见图 7-12（c）] 将圆弧延伸到轴肩中来增大过渡圆角半径，减少应力集中。

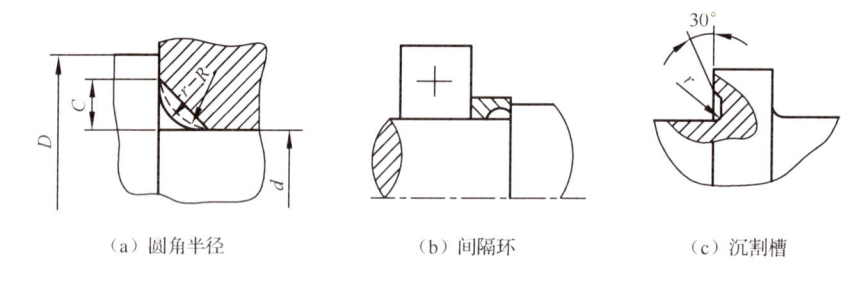

（a）圆角半径　　　　（b）间隔环　　　　（c）沉割槽

图 7-12　减少轴上应力集中的结构

（2）尽量避免在轴上（特别是应力大的部位）开横孔、切口或凹槽。

（3）当轴上的过盈配合处有较多的应力集中时，采用图 7-13 所示的结构，可缓解轴毂挤压、协调轴毂刚度，达到减少应力集中并提高轴的疲劳强度的目的。

（4）提高轴的表面质量，降低其表面粗糙度，采用碾压、喷丸、渗碳淬火、氮化、高频淬火等表面强化方法，可以显著提高轴的疲劳强度。

（5）合理分布轴上零件，减少轴上载荷，减小轴向尺寸，以提高其疲劳强度。

第 7 模块 轴的设计

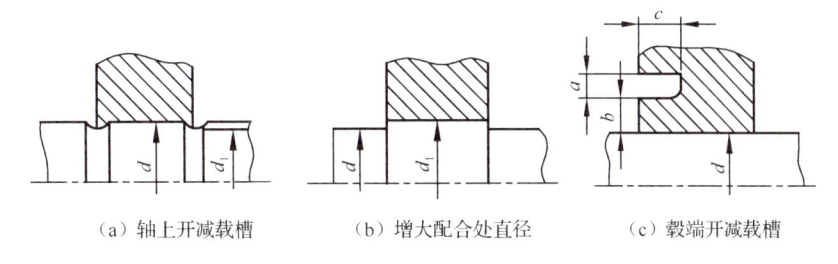

(a) 轴上开减载槽　　(b) 增大配合处直径　　(c) 毂端开减载槽

图 7-13　减少轴上的过盈配合处应力集中的结构

5．各轴段的直径和长度的确定

在设计轴的结构时，根据轴上零件的拆装顺序、轴向定位和固定方式等确定轴上零件的布置及相关零件间的相互位置，从而确定各轴段的直径和长度。

1）直径的确定

通常先根据扭转强度估算出直径，再将其圆整成标准值，作为整根轴的最小直径，最后根据装配方案和结构要求，确定各轴肩高度，从而得到各轴段的直径。

与标准件配合处的直径必须取标准件的标准尺寸。

2）长度的确定

各轴段的长度与该轴段所装零件的宽度及相关零件的轴向间距有关。为使轴上零件可靠地轴向固定，应使配合轴段的长度小于轮毂宽度 2～3mm。

任务实施与训练

7.3.3　轴的结构的设计

在进行轴的结构的设计之前，要进行齿轮数据的准备及标准件的预选。

1）齿轮数据的准备

齿轮数据如表 7-4 所示。

表 7-4　齿轮数据　　　　　　　　　　　　　　　　　　　单位：mm

齿轮传动	中心距	齿顶圆直径	齿宽
高速级	$a=137.5$	$d_{a1}=62.5$，$d_{a2}=222.5$	$b_1=64$，$b_2=58$
低速级	$a=172.5$	$d_{a1}=99$，$d_{a2}=258$	$b_1=99$，$b_2=93$

2）标准件的预选

轴承的类型：深沟球轴承。
联轴器的类型：弹性柱销联轴器。
确定滚动轴承的润滑方式：脂润滑。
确定密封形式：轴承靠箱体内侧使用封油环，轴伸出端使用毛毡圈。
有关箱体的结构尺寸会在 12.1.4 节中展开介绍。

设计步骤如下：

设 计 项 目	计算及说明				备　　注
1. 确定轴的形状	根据轴上零件的轴向安装位置确定轴的形状，如图 B-2 所示。 取Δ_1=10mm，Δ_2=15mm，Δ_3=5mm，Δ_4=15mm。 轴承座的宽度 $L= \delta +C_1+ C_2+(3\sim8)=56$mm				
2. 确定轴的尺寸	直径 d		长度 l		
轴段①	该轴段安装联轴器，直径应大于或等于轴的最小直径，并取联轴器的标准内孔直径	d_1=45mm	小于联轴器的长度 2mm（联轴器的宽度 B=112mm）	l_1=110mm	联轴器的型号：LX3。 平键代号：键 14×100
轴段②	考虑联轴器的轴向定位	d_2=55mm	保证联轴器不与端盖相碰，l_2=端盖总厚+45mm	l_2=84mm	轴承端盖的尺寸（略）
轴段③	安装轴承，为便于拆装应取 $d_3>d_2$，并取轴承内径标准系列值	d_3=60mm	等于轴承的宽度 22mm	l_3=22mm	轴承代号：6212
轴段④	考虑左端轴承的定位，并在内圈上留有拆卸高度，根据轴承代号 6212 查安装尺寸	d_4=69mm	为保证轴承包含在箱体轴承孔中，并考虑轴承的润滑，取轴承端面距箱体内壁距离 5mm，$l_4+l_5=\Delta_4+b_2$（高速级）$+3+\Delta_2+\Delta_3$=15+58+3+15+5=96mm	l_4=84mm	
轴段⑤	轴环，考虑齿轮的轴向定位	d_5=75mm		l_5=12mm	
轴段⑥	安装齿轮，取 $d_6>d_7$，取标准系列值	d_6=65mm	安装齿轮的轴段长度应小于齿轮的宽度 2mm（b_2=58mm）	l_6=91mm	低速级大齿轮的孔径 d=65mm。 平键代号：键 18×80
轴段⑦	安装滚动轴承，$d_7=d_3$	d_7=60mm	l_3=22+Δ_3+Δ_2+3+2=22+5+15+3+2=47mm	l_7=47mm	
3. 画出轴的零件图	Ⅲ轴的零件图如图 B-3 所示				

该设计步骤以Ⅲ轴为例，Ⅰ轴、Ⅱ轴的设计步骤与Ⅲ轴相同，各轴的结构如图 B-2 所示。

7.4 任务4——校核轴的强度

任务描述与分析

在设计完轴的结构后，可以确定轴上零件的位置，相应地，可以确定外加载荷和支反力的作用点，此时可以画出轴的受力简图，校核轴的强度。

本任务主要依据弯扭合成强度进行轴的强度的校核，具体内容包括：

（1）弯扭合成强度的计算。
（2）校核轴的强度的步骤。
（3）轴的强度的校核。

相关知识与技能

7.4.1 弯扭合成强度的计算

对于常用的钢制轴，可按第三强度理论计算，其强度条件为

$$\sigma_e = \frac{M_e}{W} = \frac{\sqrt{M^2 + (\alpha T)^2}}{0.1 d^3} \leqslant [\sigma_{-1b}] \tag{7-2}$$

式中，σ_e——轴危险截面的当量应力（MPa）；

$[\sigma_{-1}]_b$——许用弯曲应力（MPa），对于一般转轴而言，许用弯曲应力对称变化（见表7-1）。

M_e——轴危险截面的当量弯矩（N·mm），$M_e = \sqrt{M^2 + (\alpha T^2)}$；

M——轴危险截面的合成弯矩（N·mm），$M = \sqrt{M_H^2 + M_V^2}$，其中，M_H为水平面上的弯矩，M_V为垂直面上的弯矩；

T——轴受扭部分的转矩（N·mm）；

W——轴危险截面的抗弯截面系数（mm³），对于圆截面轴，$W \approx 0.1 d^3$；

α——考虑到由转矩产生的扭转剪应力和由弯矩产生的弯曲应力循环特性不同，根据转矩性质而定的折算系数。对于不变的转矩，$\alpha=0.3$；对于脉动变化的转矩，$\alpha=0.6$；对于对称变化的转矩，$\alpha=1$。当转矩变化规律不明，或转矩大小不变时，考虑到启动、停车等因素，一般按脉动变化处理。

式（7-2）亦可写成设计公式，即

$$d \geqslant \sqrt[3]{\frac{M_e}{0.1[\sigma_{-1}]_b}} \tag{7-3}$$

7.4.2 校核轴的强度的步骤

按弯扭合成强度校核轴的强度的步骤如下。

（1）绘制轴的受力简图，按作用力所在空间位置标出作用力的大小、方向和作用点，并标出轴的支点的位置及距离。
（2）计算轴在水平面上的支反力和弯矩，绘制水平面上的弯矩图。
（3）计算轴在垂直面上的支反力和弯矩，绘制垂直面上的弯矩图。
（4）计算轴危险截面的合成弯矩，绘制合成弯矩图。
（5）计算轴受扭部分的转矩，绘制转矩图。
（6）确定轴危险截面，计算轴危险截面的当量弯矩。
（7）校核轴危险截面的强度。

任务实施与训练

7.4.3 轴的强度的校核

以Ⅲ轴为例，有关设计要求如下。

（1）低速级齿轮传动：$T_1 = T_{\mathrm{II}} = 1.89 \times 10^5 \mathrm{N \cdot mm}$，$d_1 = 93\mathrm{mm}$。

（2）Ⅲ轴的转矩：$T_{\mathrm{III}} = 4.88 \times 10^5 \mathrm{N \cdot mm}$。

（3）计算齿轮所受的力。

① 圆周力 $F_\mathrm{t} = 2T_1/d_1 = 2 \times 1.89 \times 10^5 \div 93 = 4.06 \times 10^3 \mathrm{N}$。

② 径向力 $F_\mathrm{r} = F_\mathrm{t} \tan\alpha = 4.06 \times 10^3 \times \tan 20° = 1.48 \times 10^3 \mathrm{N}$。

设计步骤如下：

设 计 项 目	计算及说明	受力图和弯转矩图
1. 绘制轴的受力简图，如图中的（a）段	$F_\mathrm{t} = 4.06 \times 10^3 \mathrm{N}$，$F_\mathrm{r} = 1.48 \times 10^3 \mathrm{N}$。$l_1 = 80.5\mathrm{mm}$，$l_2 = 153.5\mathrm{mm}$	
2. 计算轴在水平面上的支反力和弯矩，绘制水平面上的弯矩图，如图中的（b）段	1）支反力：$F_{\mathrm{H1}} = F_\mathrm{t} \times \dfrac{l_2}{l_1 + l_2} = 2.66 \times 10^3 \mathrm{N}$。 $F_{\mathrm{H2}} = F_\mathrm{t} \times \dfrac{l_1}{l_1 + l_2} = 1.40 \times 10^3 \mathrm{N}$。 2）截面 C 处的弯矩：$M_{\mathrm{HC}} = F_{\mathrm{H1}} \cdot l_1 = 2.14 \times 10^5 \mathrm{N \cdot mm}$	
3. 计算轴在垂直面上的支反力和弯矩，绘制垂直面上的弯矩图，如图中的（c）段	1）支反力：$F_{\mathrm{V1}} = F_\mathrm{r} \times \dfrac{l_2}{l_1 + l_2} = 9.71 \times 10^2 \mathrm{N}$。 $F_{\mathrm{V2}} = F_\mathrm{r} \times \dfrac{l_1}{l_1 + l_2} = 5.09 \times 10^2 \mathrm{N}$。 2）截面 C 处的弯矩：$M_{\mathrm{VC}} = F_{\mathrm{V1}} \cdot l_1 = 7.81 \times 10^4 \mathrm{N \cdot mm}$	
4. 计算轴危险截面的合成弯矩，绘制合成弯矩图，如图中的（d）段	$M_C = \sqrt{M_{\mathrm{HC}}^2 + M_{\mathrm{VC}}^2} = 2.27 \times 10^5 \mathrm{N \cdot mm}$	
5. 计算轴受扭部分的转矩 T，绘制转矩图，如图中的（e）段	T 为Ⅲ轴转矩，$T = T_{\mathrm{III}} = 4.88 \times 10^5 \mathrm{N \cdot mm}$	
6. 确定轴危险截面，计算轴危险截面的当量弯矩，绘制当量弯矩图，如图中的（f）段	截面 C 为轴危险截面，取 $\alpha = 0.6$。 $M_{\mathrm{e}C} = \sqrt{M_C^2 + (\alpha T)^2} = 3.71 \times 10^5 \mathrm{N \cdot mm}$	
7. 校核轴危险截面的强度	查表 7-1 可得，45#钢正火的 $[\sigma_{-1}]_\mathrm{b} = 55\mathrm{MPa}$。危险截面直径 $d = 65\mathrm{mm}$。 $\sigma_{\mathrm{e}C} = \dfrac{M_{\mathrm{e}C}}{W} = \dfrac{\sqrt{M_C^2 + (\alpha T)^2}}{0.1 d^3} = 13.51\mathrm{MPa}$。 $\sigma_{\mathrm{e}C} \leqslant [\sigma_{-1}]_\mathrm{b}$，该轴强度足够	

该设计步骤以Ⅲ轴为例,Ⅰ轴、Ⅱ轴的设计步骤与Ⅲ轴相同,经校核,Ⅰ轴、Ⅱ轴的强度也满足要求。

7.5 模块小结

本模块详细介绍了轴的设计方法与步骤,结合冲床的传动系统中轴的设计,重点阐述了轴设计的4个阶段,即选择轴的材料及热处理方法、估算轴的最小直径、设计轴的结构、校核轴的强度。本模块主要有以下几个知识点。

(1)根据轴上载荷的不同来区分转轴、心轴、传动轴。

(2)对轴的材料的基本要求、轴的常用材料和选用原则。

(3)轴的两种强度计算:①按扭转剪应力估算轴的最小直径;②按弯扭合成当量弯矩法校核轴的强度。

(4)轴的结构特点、轴上零件的定位和固定方式、轴的形状和尺寸。

第 8 模块　滚动轴承的设计

在减速器中，齿轮轴和低速轴可放置在箱座与箱盖的孔中间进行传动。但为了减少摩擦和磨损，保证轴的旋转精度，在它们之间往往要放入滚动轴承。

冲床的传动系统中的轴承是各类机器中大量使用的滚动轴承，如图 8-1 所示。滚动轴承由专门的厂家生产，常见的轴承在市场上都有供应。

图 8-1　滚动轴承

本模块主要对冲床的传动系统中的滚动轴承进行讨论，使读者能正确地选择滚动轴承的类型、型号，进行滚动轴承的组合设计，并掌握滚动轴承的拆装、润滑、密封等方法，为后续课程和以后的工作打下基础。

工作任务

- 任务 1——选择滚动轴承的类型
- 任务 2——计算滚动轴承的寿命
- 任务 3——设计滚动轴承的支承结构

学习目标

- 熟悉常见滚动轴承的特点与应用场合
- 掌握滚动轴承代号的一般标注方法
- 掌握根据滚动轴承的寿命选择轴承型号的方法
- 掌握滚动轴承支承结构的设计方法

8.0　预备知识

8.0.1　滚动轴承的功用

滚动轴承的功用是支承轴和轴上零件，使其回转并保持一定的旋转精度，减少相对回转零件间的摩擦和磨损。

8.0.2 滚动轴承的基本构造

滚动轴承的基本构造如图 8-2 所示，它由内圈、外圈、滚动体、保持架这四种基本元件组成。

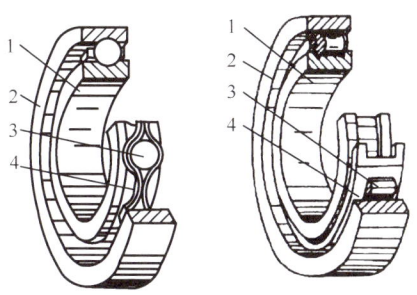

1—内圈；2—外圈；3—滚动体；4—保持架。

图 8-2 滚动轴承的基本构造

内圈装在轴颈上，外圈和轴承座孔配合。内、外圈的工作表面均有滚道，当内、外圈相对旋转时，滚动体沿滚道滚动。保持架使滚动体均匀分开，互不接触，以避免滚动体间的摩擦与磨损。一般情况下，当轴转动时，内圈与轴一起转动，而外圈不转动。

8.0.3 滚动轴承的材料

滚动轴承内、外圈及滚动体采用耐磨性能好、接触疲劳强度高的钢材料（如 GCr9、GCr15、GCr15SiMn 等）制造，经热处理后，硬度为 61~65HRC，其工作表面需要进行磨削、抛光。保持架一般用低碳钢冲压后经铆接或焊接而成，也可采用有色金属或塑料。

8.1 任务 1——选择滚动轴承的类型

任务描述与分析

滚动轴承的主要设计内容是根据轴的受力情况选择合适的类型。每一种类型的轴承都是符合国家标准的标准件，在对滚动轴承进行选型和设计时，必须先熟悉滚动轴承的代号组成及其含义，可查阅《机械设计手册》，利用相应型号轴承的参数进行计算。

本任务主要根据第 7 模块所设计的轴的结构选择合适的轴承类型。

相关知识与技能

8.1.1 滚动轴承的类型

根据滚动体形状的不同，滚动轴承可分为球轴承和滚子轴承。常用的滚动体如图 8-3 所示，滚子轴承的形状有圆柱、圆锥、球面和滚针等。

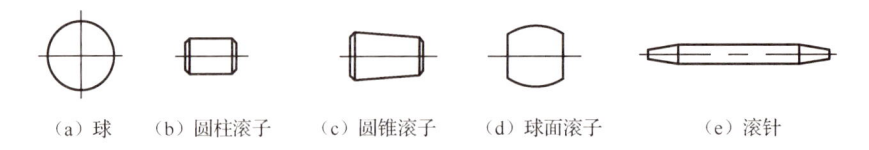

(a) 球　　(b) 圆柱滚子　　(c) 圆锥滚子　　(d) 球面滚子　　(e) 滚针

图 8-3　常用的滚动体

球轴承的滚动体与内、外圈滚道为点接触，滚子轴承的滚动体与内、外圈滚道为线接触，因此在结构和尺寸相同时，球轴承的转速高，滚子轴承的承载能力大。

根据承受的载荷方向或接触角的不同，轴承可分为向心轴承和推力轴承，如表 8-1 所示。

表 8-1　向心轴承和推力轴承

轴承类型	向心轴承		推力轴承	
	径向接触	角接触	角接触	轴向接触
接触角	$\alpha = 0°$	$0° < \alpha \leq 45°$	$45° < \alpha < 90°$	$\alpha = 90°$
图例				

滚动体与外圈滚道接触处的合力作用线（法线）方向与轴承径向平面之间所夹的锐角称为接触角，用 α 表示。α 越大，轴承能承受的轴向载荷也越大。

根据能否调心，轴承可分为调心轴承和非调心轴承。调心轴承的外圈滚道是球面形的，能适应两个滚道轴线间的角偏差。

不同类型的轴承用不同的数字或字母表示，表 8-2 所示为常用滚动轴承的类型、简图及特性，便于对轴承的选用。

表 8-2　常用滚动轴承的类型、简图及特性

类型代号	轴承类型	轴承类型简图	标准号	特性
1	调心球轴承		GB/T 281—2013	主要承受径向载荷，也可同时承受不大的双向轴向载荷。外圈滚道为球面，具有自动调心性能，允许角偏差≤2°～3°，适用于多支点传动轴、刚度较小的轴及难以对中的轴
2	调心滚子轴承		GB/T 288—2013	与 1 类基本相同，允许角偏差≤1°～2.5°，承载能力比 1 类大，常用于其他种类轴承不能胜任的重载情况，如轧钢机、大功率减速器、吊车车轮等

续表

类型代号	轴承类型	轴承类型简图	标准号	特性
3	圆锥滚子轴承		GB/T 297—2015	能同时承受径向载荷和单向轴向载荷,承载能力强;内、外圈可分离,安装调整方便;通常成对使用,对称安装;常用于斜齿轮轴、锥齿轮轴和蜗杆减速器及机床主轴的支承
5	推力球轴承		GB/T 301—2015	只能承受轴向载荷,不宜在高速下工作,常用于起重机吊钩、蜗杆轴和立式车床主轴的支承
6	深沟球轴承		GB/T 276—2013	主要承受径向载荷,同时也可承受一定的双向轴向载荷,摩擦阻力小,极限转速大,结构简单,价格便宜,应用较广泛
7	角接触球轴承		GB/T 292—2017	能同时承受径向载荷和单向轴向载荷,接触角有15°、25°、40°三种,通常成对使用,适用于刚度较大、转速较大、跨距较小的轴,如斜齿轮或蜗杆减速器的支承
N	圆柱滚子轴承		GB/T 283—2021	只能承受径向载荷;内、外圈可以分离;承受载荷能力比同尺寸的球轴承大,承受冲击载荷能力尤其大;适用于刚度较大、对中性良好的轴,常用于大功率电机、人字齿轮减速器等
NA	滚针轴承		GB/T 5801—2020	只能承受径向载荷;可以没有内圈;适用于径向尺寸小且转速不大的场合

8.1.2 滚动轴承的代号

GB/T 272—2017规定了滚动轴承的代号,以表示各类轴承的结构、尺寸、公差等级和技术性能等特征,代号打印在轴承端面上,以便于组织生产和设计时进行选用。

滚动轴承的代号由前置代号、基本代号和后置代号3个部分构成,如表8-3所示。

表8-3 滚动轴承的代号

前置代号	基本代号			后置代号
	类型代号	尺寸系列代号	内径代号	
		宽(高)度系列代号	直径系列代号		

其中,前置代号、后置代号是滚动轴承在结构、尺寸、公差、技术要求等方面有改变

时，在基本代号前、后添加的补充代号。所以，常用的滚动轴承用基本代号就能清楚地反映出其结构、尺寸、公差、技术要求等。

1. 基本代号

基本代号是核心部分，共5位，由内径代号、尺寸系列代号、类型代号组成。

（1）内径代号：右起第1、2位数字是内径代号，它表示轴承的内径尺寸。滚动轴承的内径代号如表8-4所示。

表8-4 滚动轴承的内径代号

内 径 代 号	00	01	02	03	04~99
轴承公称内径 d/mm	10	12	13	17	代号×5（20~480mm）

（2）尺寸系列代号：由直径系列代号和宽（高）度系列代号组成。滚动轴承的尺寸系列代号如表8-5所示。

表8-5 滚动轴承的尺寸系列代号

直径系列代号	向 心 轴 承							推 力 轴 承			
	宽度系列代号							高度系列代号			
	8	0	1	2	3	4	5	6	7	9	1	2
	宽度尺寸依次递增							高度尺寸依次递增			
	尺寸系列代号										
外径尺寸依次递增 7	—	—	17	—	37	—	—	—	—	—	—	—
8	—	08	18	28	38	48	58	68	—	—	—	—
9	—	09	19	29	39	49	59	69	—	—	—	—
0	—	00	10	20	30	40	50	60	70	90	10	—
1	—	01	11	21	31	41	51	61	71	91	11	—
2	82	02	12	22	32	42	52	62	72	92	12	22
3	83	03	13	23	33	—	—	—	73	93	13	23
4	—	04	—	24	—	—	—	—	74	94	14	24
5	—	—	—	—	—	—	—	—	—	95	—	—

右起第3位数字是直径系列代号，表示内径相同而外径不同的尺寸系列。

右起第4位数字是宽（高）度系列代号，表示内径和外径相同而宽（高）度不同的尺寸系列。当轴承的宽度系列代号为0时，往往可以省略不写。

（3）类型代号：右起第5位数字表示轴承的类型，如表8-2所示。

2. 前置代号

前置代号用于表示轴承的分部件，用字母表示。例如，用L表示可分离轴承的套圈；用K表示滚动体与保持架组件等；LN207中的L表示可分离轴承的内圈或外圈。

3. 后置代号

后置代号是当轴承在结构、尺寸、公差、技术要求等方面有改变时，在基本代号后面的补充代号，用字母和数字表示轴承的结构、尺寸、公差及材料的特殊要求等内容，常用的后置代号如下。

（1）内部结构代号：表示同一类型轴承的不同内部结构，字母紧跟基本代号。例如，对于角接触球轴承，用 C、AC 和 B 分别表示接触角为 15°、25°和 40°。

（2）公差等级代号：滚动轴承的公差共分为 6 个精度等级，即/P2、/P4、/P5、/P6X、/P6、/P0，精度依次由高到低，/P6X 级仅适用于圆锥滚子轴承，/P0 级为普通级，在轴承代号中可省略不写。

（3）游隙代号：轴承内、外圈之间的位移量称为游隙。游隙按大小分组，由小到大依次有/C1、/C2、/C0、/C3、/C4、/C5 共 6 个组别。/C0 是常用游隙组，在轴承代号中可省略不写。

当公差等级代号和游隙代号同时标注时，可省去后者字母，如/P6 和/C3 可标注为/P63。

例如，对于 7214C/P4，7 表示角接触球轴承；2 表示直径系列；14 表示内径为 70mm；C 表示公称接触角 $α=15°$；/P4 表示公差等级为 4 级。

8.1.3 选择滚动轴承的类型的依据

在选择滚动轴承时应先选择类型，再选择尺寸。在选择滚动轴承的类型时应考虑以下几个主要因素。

1. 载荷条件

轴承承受的载荷的方向、大小和性质是选择轴承类型的主要依据。

1）载荷的方向

当轴承承受纯径向载荷时，可选用深沟球轴承、圆柱滚子轴承或滚针轴承；当轴承承受纯轴向载荷时，可选用推力球轴承；当轴承同时承受径向和轴向载荷时，可选用角接触球轴承或圆锥滚子轴承。

特殊地，当轴承承受的轴向载荷不大时，也可选用深沟球轴承；当轴承所受径向载荷和轴向载荷都较大时，可选用向心轴承和推力轴承的组合。

2）载荷的大小

当轴承承受中、小载荷或载荷波动较小时，可选用球轴承；当轴承承受较大载荷时，可选用滚子轴承。

3）载荷的性质

当轴承承受冲击载荷时，宜选用滚子轴承。

2. 转速条件

当轴承转速较大时，宜选用球轴承；当轴承转速较小时，宜选用滚子轴承。

3. 调心性能

当轴的中心线与轴承座中心线不重合而引起角度误差，或轴因受力弯曲或倾斜时，轴承的内、外圈轴线会发生偏斜。这时，应选用具有一定调心性能的调心球轴承或调心滚子轴承。

对于支点跨距大、轴的弯曲变形大或多支点轴的情况，也可选用调心轴承。

4. 安装调试性能

当轴承座没有剖分面而必须沿轴向拆装轴承部件时，应优先选用内、外圈可分离的轴承（如圆柱滚子轴承、滚针轴承、圆锥滚子轴承等）。当轴承在长轴上安装时，为了便于拆装，可以选用内圈为圆锥孔的轴承。

5. 经济性要求

一般滚子轴承比球轴承价格高，深沟球轴承的价格最低，常被优先选用。轴承的精度越高，价格越高，若无特殊要求，一般选用 0 级。

任务实施与训练

8.1.4 滚动轴承的类型的选择

在冲床的传动系统中，齿轮减速箱承受的载荷平稳，轴上零件均为渐开线标准直齿圆柱齿轮，只承受径向载荷。

设计步骤如下：

设计项目	计算及说明		结 果
1. 选择滚动轴承的类型	齿轮减速箱中的Ⅰ、Ⅱ、Ⅲ轴只承受径向载荷，故采用深沟球轴承		
2. 确定滚动轴承的代号	结合 7.3 节中的轴的尺寸进行确定		
	Ⅰ轴：6208		C_r =29.5kN，C_{0r} =18kN
	Ⅱ轴：6208		C_r =29.5kN，C_{0r} =18kN
	Ⅲ轴：6212		C_r =47.8kN，C_{0r} =32.8kN

8.2 任务 2——计算滚动轴承的寿命

任务描述与分析

滚动轴承在工作时，内、外圈相对转动，绝大多数滚动轴承会因疲劳点蚀而失效；当轴承出现严重过载时，会发生过量的塑性变形；高速轴承会因发热而产生烧伤和磨损。因此，在设计过程中，在根据轴的工作情况选择了轴承的类型后，还需要对其寿命进行计算，校核轴承的寿命是否满足整个机构的运动和动力的传递要求。

任务 1 完成了滚动轴承的类型的选择，本任务主要对所选择的滚动轴承进行寿命计算，验证任务 1 所选择的滚动轴承是否符合设计要求。具体内容包括：
（1）计算滚动轴承的寿命的依据。
（2）滚动轴承的寿命中的基本概念。
（3）滚动轴承的寿命的计算公式。
（4）滚动轴承的寿命的计算。

相关知识与技能

8.2.1 计算滚动轴承的寿命的依据

1．滚动轴承的工作情况分析

滚动轴承在工作时，内、外圈相对转动，滚动体在自转的同时又围绕轴承中心公转。以径向接触向心轴承为例，滚动体的载荷分布如图 8-4 所示，当轴承受径向载荷 F_r 时，只有下半圈滚动体承受载荷，处于最低位置的滚动体所受的最大载荷为 F_{max}。在工作状态下，滚动体与旋转内圈承受变化的脉动接触应力，固定外圈上最下端一点承受最大脉动接触应力。

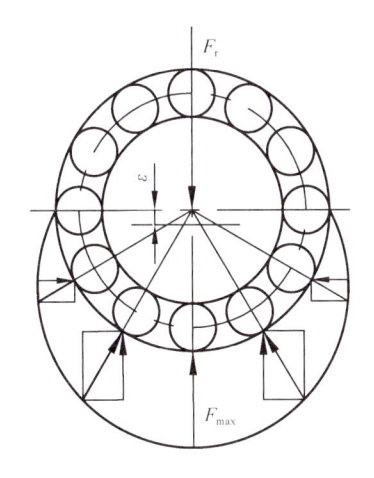

图 8-4 滚动体的载荷分布

2．滚动轴承的失效形式

滚动轴承的失效形式主要有以下几种。

1）疲劳点蚀

轴承在工作时，滚动体和内、外圈的接触处受循环变化的脉动接触应力。轴承在工作一段时间后，接触表面就会产生疲劳点蚀。点蚀使轴承产生振动、噪声，并使其运转精度降低。

2）塑性变形

低速轴承（$n<10r/min$）或做间歇摆动的轴承，在受到过大的冲击或静载荷作用下，滚道和滚动体出现永久的塑性变形，当变形量超过一定界限时轴承便不能正常工作。

3）磨损

当在密封、润滑不良条件下工作时，轴承会因过度磨损而失效。

3．滚动轴承的设计准则

在选择轴承时，应针对以下几种失效形式进行适当计算。

（1）一般工作条件的回转滚动轴承，其主要失效形式是疲劳点蚀，应进行轴承寿命的计算，即按基本额定动载荷进行计算。

（2）低速轴承（$n<10\text{r/min}$）或做间歇摆动的轴承，其主要失效形式是塑性变形，应进行静强度计算，即按基本额定静载荷进行计算。

（3）高速轴承的主要失效形式是磨损、烧伤等，除了需要进行轴承的寿命计算，还应验算极限转速。

8.2.2 滚动轴承的寿命中的基本概念

1）寿命

寿命是指轴承的任意元件首次出现疲劳点蚀前能运转的总转数或在一定转速下能运转的小时数。

2）基本额定寿命

基本额定寿命是指在相同条件下运转时，一批相同的轴承中90%的轴承在发生疲劳点蚀前能运转的总转数或在一定转速下能运转的总工作小时数（此时基本额定寿命用L_h表示）。

对于每个具体的轴承，可靠度为90%，失效率为10%。基本额定寿命是具有90%可靠度的轴承寿命。

3）基本额定动载荷

基本额定动载荷是指当轴承的基本额定寿命为10^6r时，轴承所能承受的最大载荷，用字母C_r表示。基本额定动载荷反映了轴承的承载能力，该值越大，轴承的承载能力越强。各种轴承的基本额定动载荷可查阅轴承的相关手册或《机械设计手册》。

4）当量动载荷

在实际应用中，轴承往往既承受轴向载荷又承受径向载荷。为了便于研究，将实际的轴向载荷、径向载荷等效为假想的当量动载荷P来处理，在此载荷作用下，轴承的工作寿命与在实际工作载荷下的寿命相等。当量动载荷P的计算方法如下。

当轴承承受纯径向载荷F_r时：

$$P = F_r \tag{8-1}$$

当轴承承受纯轴向载荷F_a时：

$$P = F_a \tag{8-2}$$

当轴承同时承受径向载荷和轴向载荷时：

$$P = XF_r + YF_a \tag{8-3}$$

式中，X、Y——径向载荷系数和轴向载荷系数，如表8-6所示。

表 8-6 径向载荷系数 X 和轴向载荷系数 Y

轴承类型		F_a/C_{0r}	判别值 e	单列轴承				双列轴承			
				$\dfrac{F_a}{F_r} \leq e$		$\dfrac{F_a}{F_r} > e$		$\dfrac{F_a}{F_r} \leq e$		$\dfrac{F_a}{F_r} > e$	
				X	Y	X	Y	X	Y	X	Y
深沟球轴承（60000）		0.014	0.19				2.30				2.30
		0.028	0.22				1.99				1.99
		0.056	0.26				1.71				1.71
		0.084	0.28				1.55				1.55
		0.11	0.30	1	0	0.56	1.45	1	0	0.56	1.45
		0.17	0.34				1.31				1.31
		0.28	0.38				1.15				1.15
		0.42	0.42				1.04				1.04
		0.56	0.44				1.00				1.00
调心球轴承（10000）		—	$1.5\tan\alpha$	—	—	—	—	1	$0.42\cot\alpha$	0.65	$0.65\cot\alpha$
调心滚子轴承（20000）		—	$1.5\tan\alpha$	—	—	—	—	1	$0.45\cot\alpha$	0.67	$0.67\cot\alpha$
角接触球轴承	70000C	0.015	0.38				1.47		1.65		2.39
		0.029	0.40				1.40		1.57		2.28
		0.058	0.43				1.30		1.46		2.11
		0.087	0.46				1.23		1.38		2.00
		0.12	0.47	1	0	0.44	1.19	1	1.34	0.72	1.93
		0.17	0.50				1.12		1.26		1.82
		0.29	0.55				1.02		1.14		1.66
		0.44	0.56				1.00		1.12		1.63
		0.58	0.56				1.00		1.12		1.63
	70000AC	—	0.68	1	0	0.41	0.87	1	0.92	0.67	1.41
圆锥滚子轴承（30000）		—	$1.5\tan\alpha$	1	0	0.40	$0.4\cot\alpha$	1	$0.45\cot\alpha$	0.67	$0.67\cot\alpha$

8.2.3 滚动轴承的寿命的计算公式

大量实验证明，滚动轴承的载荷与寿命的关系曲线如图 8-5 所示。

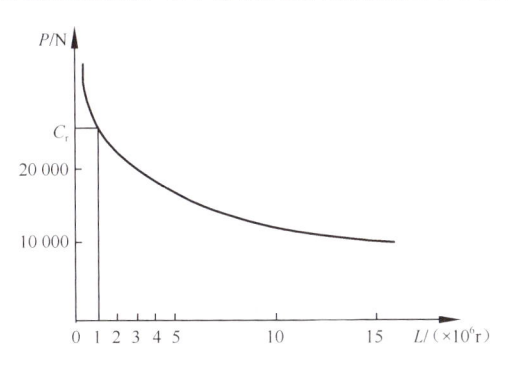

图 8-5 滚动轴承的载荷与寿命的关系曲线

该曲线的方程为

$$P^\varepsilon \cdot L = C^\varepsilon = 常数$$

式中，P——当量动载荷（N）；
L——基本额定寿命（$\times 10^6$r）；
ε——寿命指数，球轴承的 $\varepsilon=3$，滚子轴承的 $\varepsilon=10/3$。

当基本额定寿命 $L=10^6$r 时，当量动载荷 $P=C_r$，代入上式可得

$$L = 10^6 \left(\frac{C_r}{P}\right)^\varepsilon \tag{8-4}$$

若以工作小时数表示，则寿命为

$$L_h = \frac{10^6}{60n} \left(\frac{C_r}{P}\right)^\varepsilon \tag{8-5}$$

式中，n——轴承的工作转速（r/min）。

在实际应用中，影响轴承的寿命的因素很多，这里只考虑工作温度和载荷性质的影响，实际寿命公式为

$$L_h = \frac{10^6}{60n} \left(\frac{f_t C_r}{f_p P}\right)^\varepsilon \tag{8-6}$$

式中，f_t——温度系数，如表 8-7 所示；
f_p——载荷系数，如表 8-8 所示。

表 8-7 温度系数 f_t

轴承工作温度/℃	≤120	125	150	175	200	225	250	300
温度系数 f_t	1.00	0.95	0.90	0.85	0.80	0.75	0.70	0.6

表 8-8 载荷系数 f_p

载荷性质	f_p	举 例
无冲击或轻微冲击	1.0～1.2	电机、汽轮机、通风机、水泵等
中等冲击和振动	1.2～1.8	车辆、机床、起重机、内燃机、冶金机械、减速器等
强大冲击和振动	1.8～3.0	破碎机、轧钢机、钻探机、振动筛等

任务实施与训练

8.2.4 滚动轴承的寿命的计算

以Ⅲ轴的滚动轴承为例，Ⅲ轴的轴承型号为 6212，查表得 C_r=47.8kN；轴承的转速 $n = n_Ⅲ$=69.91r/min。

根据 7.4.3 节的介绍可知，Ⅲ轴上的轴承受力如下。
轴承 1：F_{H1}=2.66×10³N，F_{V1}=9.71×10²N。
轴承 2：F_{H2}=1.40×10³N，F_{V2}=5.09×10²N。

设计步骤如下：

设计项目	计算及说明	结果
1. 计算轴承的径向载荷	$F_{r1} = \sqrt{F_{H1}^2 + F_{V1}^2} = \sqrt{2650^2 + 961^2} \approx 2818.87\text{N}$。 $F_{r2} = \sqrt{F_{H2}^2 + F_{V2}^2} = \sqrt{1390^2 + 506^2} \approx 1479.23\text{N}$。 $F_{r1} > F_{r2}$，故 $F_r = F_{r1} = 2818.87\text{N}$	$F_r = 2818.87\text{N}$
2. 计算当量动载荷 P	该轴只承受径向载荷，故 $P = F_r = 2818.87\text{N}$	$P = 2818.87\text{N}$
3. 计算滚动轴承的寿命 1）计算公式	$L_h = \dfrac{10^6}{60n}\left(\dfrac{f_t C_r}{f_p P}\right)^\varepsilon$	
2）主要参数选择	轴承转速 $n = 69.91\text{r/min}$。 温度系数 f_t：查表 8-6，温度小于 100℃，可知 $f_t = 1$。 载荷系数 f_p：查表 8-7，无冲击，取 $f_p = 1.2$。 寿命系数 ε：球轴承的 $\varepsilon = 3$	
3）轴承的寿命的计算	$L_h = \dfrac{10^6}{60n}\left(\dfrac{f_t C_r}{f_p P}\right)^\varepsilon = \dfrac{10^6}{60 \times 69.91} \times \left(\dfrac{1 \times 47.8 \times 10^3}{1.2 \times 2818.87}\right)^3 \approx 672704\text{h}$ 对于本次设计的轴承，要求使用寿命为 10 年，即 87600h，轴承寿命满足设计要求	$L_h = 672704\text{h}$，轴承寿命满足设计要求

Ⅰ轴、Ⅱ轴的滚动轴承的寿命计算过程同上，经计算，所选轴承型号均满足设计要求。

8.3 任务 3——设计滚动轴承的支承结构

任务描述与分析

经过寿命计算后，所选择的滚动轴承还需要进行合理的组合支承结构设计，这样才能使轴承在设计寿命内正常工作。

滚动轴承的支承结构有 3 种基本类型。本任务主要根据整个齿轮传动系统在冲床的传动系统中的位置，选择合适的支承结构。具体内容包括：

（1）常用滚动轴承的支承结构。
（2）设计滚动轴承的支承结构时应考虑的因素。
（3）滚动轴承的支承结构的设计。

相关知识与技能

8.3.1 常用滚动轴承的支承结构

1. 滚动轴承内圈的定位和固定

图 8-6 所示为滚动轴承内圈轴向固定的常用方法。滚动轴承内圈的一端常用定位轴肩来固定，另一端的固定可根据轴向力的大小选用轴用弹性挡圈［见图 8-6（a）］、轴端挡圈［见图 8-6（b）］、圆螺母［见图 8-6（c）］等固定形式。

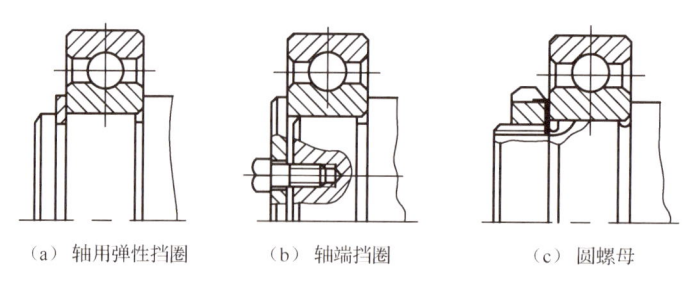

(a) 轴用弹性挡圈　　(b) 轴端挡圈　　(c) 圆螺母

图 8-6　滚动轴承内圈轴向固定的常用方法

2．滚动轴承外圈的定位和固定

滚动轴承外圈轴向位置的固定可以是单向固定，也可以是双向固定，常采用轴承端盖［见图 8-7（a）］、孔用弹性挡圈和座孔凸肩［见图 8-7（b）］、止动环［见图 8-7（c）］等固定形式。

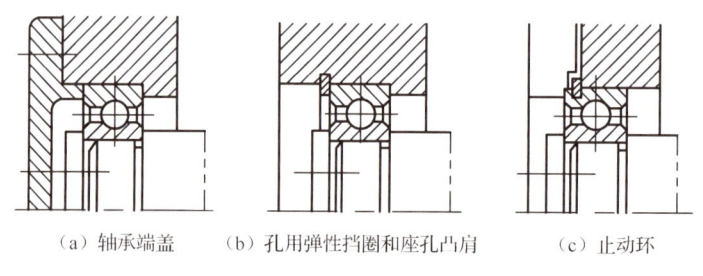

(a) 轴承端盖　　(b) 孔用弹性挡圈和座孔凸肩　　(c) 止动环

图 8-7　滚动轴承外圈的轴向固定

3．常用滚动轴承的支承结构形式及其选择

通常一根轴需要两个支点，每个支点由一个或两个轴承组成。滚动轴承的支承结构应考虑轴在机器中的正确位置，防止轴向窜动及轴受热伸长后将轴卡死等情况的发生。滚动轴承的支承结构主要分为以下两类。

1）两端固定

在两端固定的支承结构形式中，每个支点的轴承限制轴的单向移动，合起来就可以限制轴的双向移动，如图 8-8 所示。

这种支承结构简单、安装调整方便，适用于轴的工作温度变化不大的短轴（跨距 $L \leq 400mm$），考虑到轴因受热而伸长，在轴承端盖与外圈端面之间应留出 0.2～0.3mm 的补偿间隙。

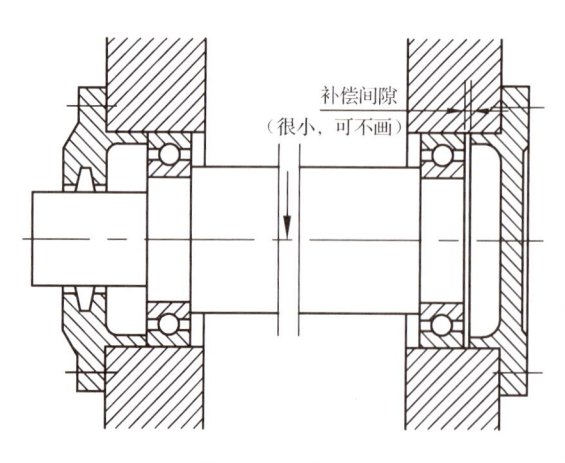

图 8-8　两端固定

2）一端固定、一端游动

在一端固定、一端游动的支承结构形式中，支点处的一个轴承双向固定，另一个轴承可以轴向游动，如图 8-9 所示。

这种支承结构适用于轴的工作温度变化较大和跨距较大（$L>350\text{mm}$）的场合。

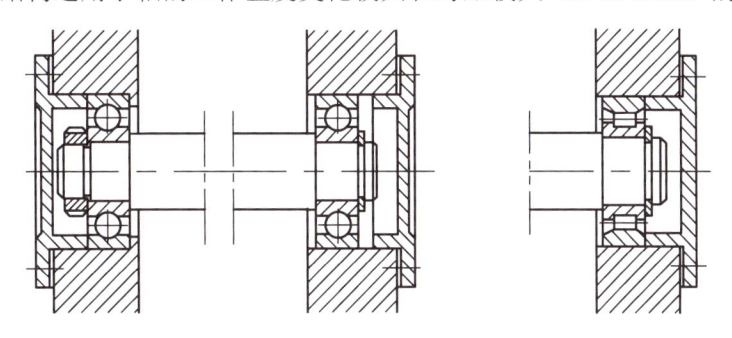

图 8-9　一端固定、一端游动

3）两端游动

对于两个支承都采用外圈无挡边的圆柱滚子轴承，轴承的内、外圈各边都要求固定，以保证轴能在轴承外圈的内表面做轴向游动，如图 8-10 所示。例如，支承人字齿轮的轴系部件就采用两端游动的支承结构形式。

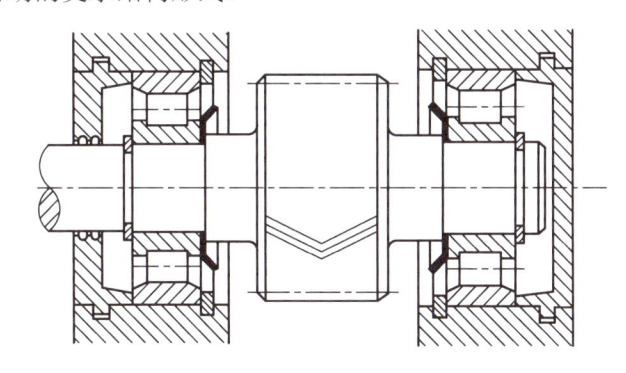

图 8-10　两端游动

8.3.2　设计滚动轴承的支承结构时应考虑的因素

1. 滚动轴承的支承调整

1）轴承的轴向间隙调整

轴承的轴向间隙通常采用调整垫片组调整，在装配时，在轴承端盖与机座之间安装调整垫片，通过增减垫片的厚度来调整轴承的轴向间隙，如图 8-9 所示。

2）轴系的轴向位置调整

某些传动零件在安装时要处于准确的轴向工作位置，才能保证正确啮合。

图 8-11 所示为小锥齿轮轴，由于两个齿轮的节锥重合才能保证其正确啮合，因此采用套杯结构进行滚动轴承的安装，通过套杯与机座之间的垫片 1 来调整小锥齿轮的轴向位置，而轴承盖与套杯之间的垫片 2 则用来调整轴承的游隙。若滚动轴承反装，则小锥齿轮轴向位置的调整方法与前述相同，轴承的游隙需要另外加装圆螺母进行调整，轴承盖与套杯之间的垫片 2 只起密封作用。

2. 滚动轴承的配合与拆装

1) 滚动轴承的配合

滚动轴承是标准件，其内圈与轴颈的配合采用基孔制，常选的公差代号为 n6、m6、k6、js6；轴承外圈与轴承座孔的配合采用基轴制，常选的公差代号为 G7、H7、J7、M7。在标注轴承配合时，只需要标注轴颈直径及轴承孔直径的公差符号，如图 8-12 所示。

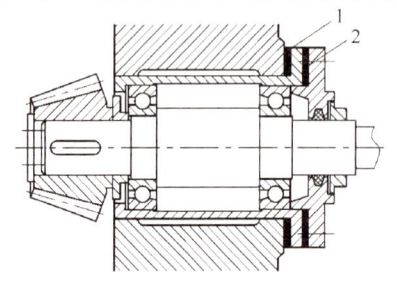

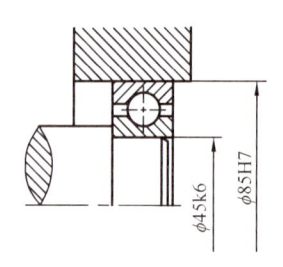

图 8-11　小锥齿轮轴　　　　　　　　图 8-12　滚动轴承的配合及标注

2) 滚动轴承的拆装

由于滚动轴承的配合通常较紧，为便于拆装，防止损坏轴承，应采取合理的拆装方法保证拆装质量，在组合设计时也应采取相应措施。

在安装轴承时，对于大型轴承，可采用压力机在内圈上施加压力将轴承压套在轴颈上，如图 8-13（a）所示；对于中、小型轴承，可使用手锤轻而均匀地敲击来配合套圈装入，如图 8-13（b）所示；对于尺寸大且配合紧的轴承，可将孔件加热膨胀后再进行装配。需要注意的是，力应施加在被装配的套圈上，否则会损伤轴承。

在拆卸轴承时，可采用专用的拆卸工具，如图 8-14 所示。

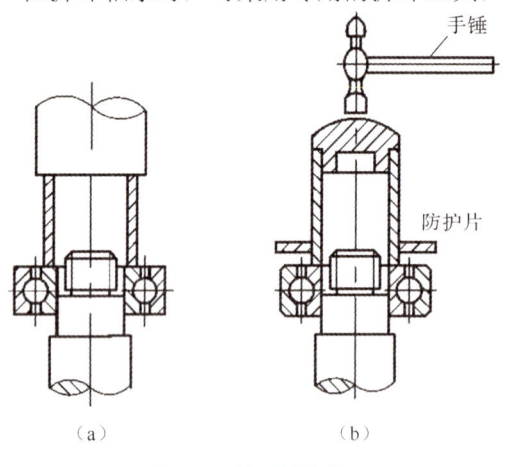

图 8-13　轴承的安装　　　　　　　　图 8-14　轴承的拆卸

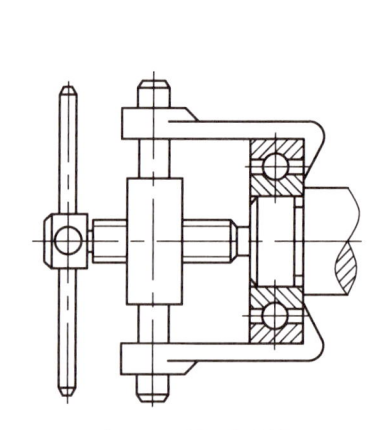

3. 滚动轴承的润滑

滚动轴承的润滑除了可以减少轴承的摩擦、磨损，还可以起到冷却、吸振、防锈、降噪的作用。常用的滚动轴承的润滑方式有脂润滑和油润滑两种，通常根据速度因数 dn（d 为轴承内径，单位为 mm；n 为轴承的工作转速，单位为 r/min）的值来选择，如表 8-9 所示。

表 8-9　滚动轴承润滑方式的选择

轴承类型	$dn/(\mathrm{mm \cdot r \cdot min^{-1}})$				
	脂润滑	浸油润滑、飞溅润滑	滴油润滑	喷油润滑	油雾润滑
深沟球轴承、角接触球轴承、圆柱滚子轴承	≤(2~3)×10⁵	2.5×10⁵	4×10⁵	6×10⁵	>6×10⁵
圆锥滚子轴承		1.6×10⁵	2.3×10⁵	3×10⁵	—
推力轴承		0.6×10⁵	1.2×10⁵	1.5×10⁵	—

1）脂润滑

脂润滑的特点是润滑脂不易流失，便于密封和维护，一次装填可润滑较长时间且油膜强度高、承载能力强；缺点是摩擦系数大，散热效果差。因此，在装填时，润滑脂一般不超过轴承空隙的 1/3~1/2，以免因润滑脂过多而引起轴承发热，影响轴承正常工作。

2）油润滑

对于在高速和温度较高的场合中工作的滚动轴承，应优先选用油润滑。油润滑的优点是摩擦系数小、润滑可靠，且具有冷却、散热和清洗的作用；缺点是对密封和供油的要求较高。

为防止轴承中的油泄漏和外部油的冲击或侵入轴承，在轴承的一侧往往装有挡油盘或挡油环，如图 8-15 所示。挡油盘或挡油环随轴一起转动，转速越大，密封效果越好。为了起到良好的挡油作用，挡油盘做成齿状，如图 8-15（a）所示。

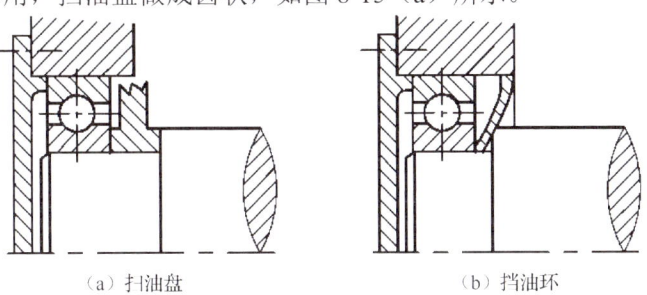

（a）挡油盘　　（b）挡油环

图 8-15　挡油盘与挡油环

常用的油润滑方式有浸油润滑和飞溅润滑。

浸油润滑是轴承局部浸入润滑油，油面不得高于最下方滚动体的中心。这种方法简单易行，适用于中、低速轴承的润滑。

当采用飞溅润滑时，应在箱体凸缘的上表面开设油沟。油沟较长，一直通到轴承端盖处，在箱盖内壁的下方相应地铸造出一个斜面，如图 8-16 所示。

4．滚动轴承的密封

密封的作用是保持良好的润滑效果及工作环境，阻止轴承内的润滑剂泄漏，防止灰尘、水分及其他杂物侵入轴承。

图 8-17 所示为毛毡圈密封，密封元件为毛毡圈，其内径略小于轴的直径。

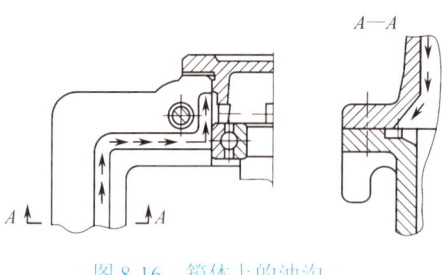

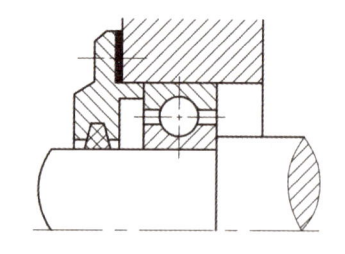

图 8-16　箱体上的油沟　　　　　　图 8-17　毛毡圈密封

图 8-18 所示为间隙密封，在轴与轴承端盖的通孔壁之间留有间隙 $\delta=0.1\sim0.3\mathrm{mm}$，间隙越小，间隙宽度越长，密封的效果就越好。

图 8-18（a）所示为缝隙式密封，它的结构简单，适用于脂润滑，要求环境清洁、干燥。

图 8-18（b）所示为油沟密封，为了提高密封效果，常在轴承端盖的通孔壁上加工出几个细小的环形沟槽，并在槽内填满润滑脂，多用于 $v \leqslant 5\sim6\mathrm{m/s}$ 的场合。

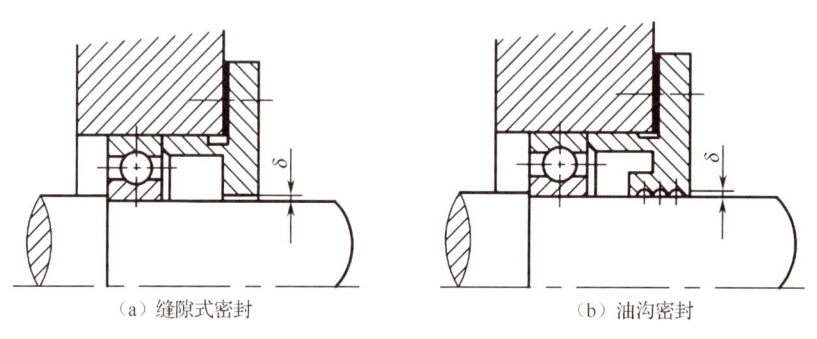

（a）缝隙式密封　　　　　　（b）油沟密封

图 8-18　间隙密封

任务实施与训练

8.3.3　滚动轴承的支承结构的设计

设计步骤如下：

设 计 项 目	计算及说明
1. 轴承的支承结构	对于本次设计的齿轮减速箱，选择两端固定的支承结构。内圈利用轴肩定位和固定，外圈利用轴承端盖固定，结构简单，紧固可靠，调整方便
2. 轴承的润滑与密封	轴承的润滑：采用飞溅润滑，在箱体凸缘的上表面开设油沟。 轴承的密封：采用毛毡圈密封，密封元件为毛毡圈

8.4　模块小结

本模块主要有以下几个知识点。
（1）滚动轴承的类型、代号、特点和应用。
（2）轴承的载荷分析、失效形式、额定动载荷和当量动载荷的计算。
（3）轴承类型的选择及支承结构设计。

滚动轴承属于标准件，要求能对其进行合理选择，并设计支承结构。

第 9 模块　键连接的设计

在冲床的传动系统中，要想使齿轮正常工作，传递转矩和运动，就必须通过键将齿轮连接在轴上，如图 9-1 所示。

键通常为自制的标准件，其截面尺寸及长度应符合国家标准。通常先根据键连接的结构特点和工作要求选择键的类型，然后根据轴径和轮毂宽度从表中选择键的尺寸，最后对其进行强度校核。

本模块的具体内容包括选择普通平键的类型、在标准中选择键的尺寸、校核普通平键的强度、确定普通平键连接的配合公差。

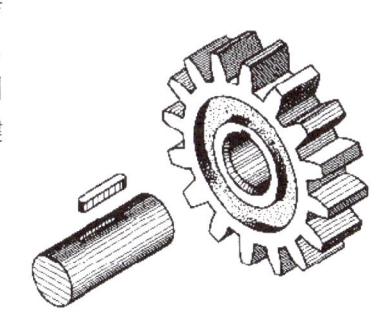

图 9-1　键连接

工作任务

- 任务 1——选择普通平键的类型
- 任务 2——在标准中选择键的尺寸
- 任务 3——校核普通平键的强度
- 任务 4——确定普通平键连接的配合公差方法

学习目标

- 掌握普通平键的类型
- 掌握在标准中选择键的尺寸的方法
- 掌握普通平键的强度校核的方法
- 掌握普通平键连接的配合公差的确定方法

9.0　预备知识

键连接主要用来实现轴和轴上零件之间的周向固定，以传递转矩和运动。有的键连接还能实现轴上零件的轴向固定和轴向滑动。

9.0.1　键连接的类型

根据工作原理的不同，键连接分为两类：松键连接和紧键连接。松键连接包括平键连接、半圆键连接、花键连接；紧键连接包括楔键连接和切向键连接。

这里先介绍平键连接，其他连接的类型及应用见 9.6 节。

9.0.2 平键连接

平键连接包括普通平键连接、导向平键连接和滑键连接。普通平键用于轴和轮毂之间没有轴向移动的静连接，导向平键和滑键用于轮毂需要在轴上进行轴向移动的动连接。

1. 普通平键连接

普通平键连接的工作原理如图 9-2 所示，在被连接的轴上和轮毂孔中加工出键槽，先将键嵌入轴上的键槽，再对准轮毂孔中的键槽（该键槽是穿通的），将齿轮装在轴上，将轴和齿轮装配在一起，达到连接的目的。当轴转动时，因为键的存在，齿轮就与轴同步转动，从而传递运动和动力。

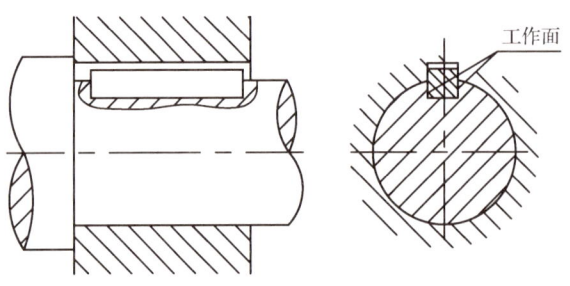

图 9-2 普通平键连接的工作原理

普通平键的两个侧面是工作面，上表面与轮毂键槽的底部之间留有间隙。在工作时，靠键与键槽侧面的挤压来传递转矩。

普通平键连接的优点是结构简单，对中性好，拆装、维护方便；缺点是不能承受轴向力。

2. 导向平键连接

导向平键连接如图 9-3 所示，导向平键是一种较长的键，这种键与轮毂上的键槽采用间隙配合，为防止导向平键因轮毂在轴上做轴向移动而脱落，需要用两个小螺钉将导向平键固定在轴的键槽中。为了便于拆卸，导向平键的中部常设有螺钉孔，用于起键。导向平键适用于轮毂沿轴向移动距离较小的场合。

3. 滑键连接

滑键连接如图 9-4 所示，滑键固定在轮毂上，随轮毂一起沿轴槽移动。滑键连接适用于轮毂沿轴向移动距离较大的场合。

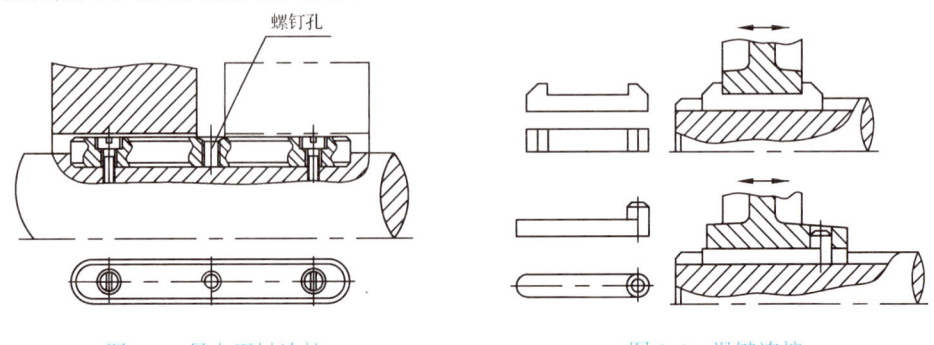

图 9-3 导向平键连接　　　　图 9-4 滑键连接

9.1 任务1——选择普通平键的类型

任务描述与分析

在冲床的传动系统中，轴与齿轮间采用普通平键连接，从而实现周向固定，传递运动和动力。齿轮都安装在轴的两个支点之间，无轴向移动，构成静连接。

普通平键的应用广泛，其类型有三种，如图9-5所示。

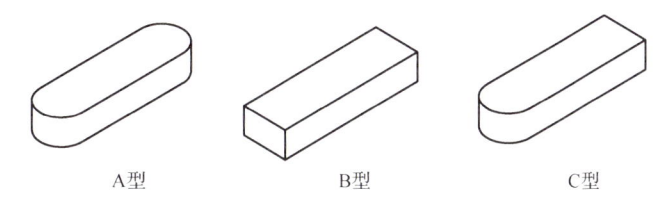

图9-5 普通平键

本任务根据键连接的位置和性质，选择普通平键的类型，具体内容包括：
(1) 普通平键的类型。
(2) 选择普通平键的类型的依据。
(3) 普通平键的类型的选择。

相关知识与技能

9.1.1 普通平键的类型

普通平键是标准件，根据其端部形状，可以分为圆头（A型）、方头（B型）和单圆头（C型）三种类型，如图9-6所示。

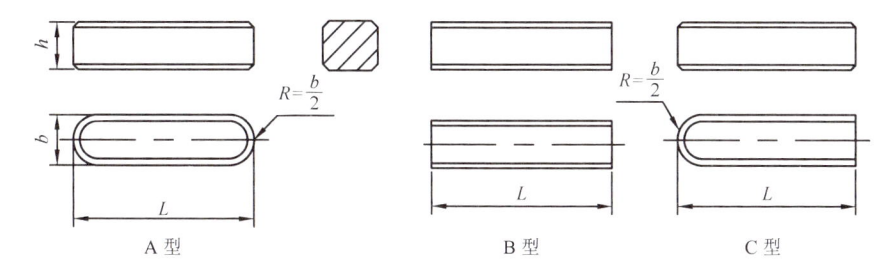

图9-6 普通平键的类型

A型：轴上的键槽用立铣刀加工，轮毂上的键槽用插削、拉削或线切割等方法加工。键在键槽中固定良好，但是键长无法充分利用，且键槽两端应力集中较严重。

B型：轴上的键槽用盘铣刀加工，克服了A型键槽的缺点，但不利于键的固定，尺寸大的键要用紧定螺钉压紧在键槽中。

C型：常用于轴端与轮毂的连接，装配简单、方便。

9.1.2 选择普通平键的类型的依据

根据普通平键的特点，选择普通平键类型有以下几个依据。
（1）需要考虑传递转矩的大小。
（2）轴上零件沿轴向是否有移动及移动距离的大小。
（3）对中性要求和键在轴上的位置等因素。

任务实施与训练

9.1.3 普通平键的类型的选择

设计步骤如下：

设 计 项 目	计算及说明	结　果
选择普通平键的类型	齿轮和轴之间的连接属于没有轴向移动的静连接，且连接位于轴的中部，对中性好	A 型

9.2 任务2——在标准中选择键的尺寸

任务描述与分析

在冲床的传动系统中，减速器内共有三根轴，减速器中的轴和齿轮如图 9-7 所示，轴及齿轮的结构尺寸都已确定，安装处轴的直径及轮毂宽度也就确定了。

本任务根据安装处轴的直径和轮毂宽度，选择普通平键的尺寸，具体内容包括：
（1）普通平键的尺寸及标记。
（2）选择普通平键的尺寸的依据。
（3）普通平键的尺寸的选择。

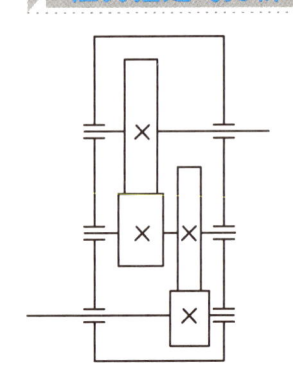

图 9-7　减速器中的轴和齿轮

相关知识与技能

9.2.1 普通平键的尺寸及标记

普通平键的尺寸包括键的截面尺寸（键宽 b 和键高 h）及键的长度 L，如图 9-6 所示，应取标准系列尺寸。标记示例如下。
（1）A 型：$b=16$、$h=10$、$L=100$ 的普通平键标记为键 16×100 GB/T 1096—2003。
（2）B 型：$b=16$、$h=10$、$L=100$ 的普通平键标记为键 B16×100 GB/T 1096—2003。
（3）C 型：$b=16$、$h=10$、$L=100$ 的普通平键标记为键 C16×100 GB/T 1096—2003。

9.2.2 选择普通平键的尺寸的依据

1. 键的截面尺寸（键宽 b 和键高 h）

根据键所在的轴径 d，在标准系列尺寸中选出键的截面尺寸（键宽 b 和键高 h）。

2. 键的长度 L

根据轮毂的宽度，键的长度略短于轮毂的宽度，可取 $L = B - (5\sim10)$mm，并取标准系列尺寸。

普通平键和键槽的尺寸如表 9-1 所示（摘自 GB/T 1096—2003）。

表 9-1 普通平键和键槽的尺寸　　　　　　　　　　　　　　　　　　　长度单位：mm

轴	键	键槽										
		宽度 $b_1=b$					深度				倒角	
		极限偏差					轴 t		轮毂 t_1			
d	$b \times h$	松连接		正常连接		紧密连接						
		轴 H9	轮毂 D10	轴 N9	轮毂 Js9	轴和轮毂 P9	基本尺寸	极限偏差	基本尺寸	极限偏差	最大	最小
6～8	2×2	+0.025 0	+0.060 +0.020	-0.001 -0.029	±0.0125	-0.006 -0.031	1.2	0 -0.1	1	+0.1 0	0.16	0.25
8～10	3×3						1.8		1.4			
10～12	4×4	+0.030 0	+0.078 +0.030	0 -0.030	±0.015	-0.012 -0.042	2.5		1.8		0.25	0.40
12～17	5×5						3.0		2.3			
17～22	6×6						3.5		2.8			
22～30	8×7	+0.036 0	+0.098 +0.040	0 -0.036	±0.018	-0.015 -0.051	4.0		3.3			
30～38	10×8						5.0		3.3			
38～44	12×8	+0.043 0	+0.120 +0.050	0 -0.043	±0.0215	-0.018 -0.061	5.0		3.3		0.40	0.60
44～50	14×9						5.5		3.8			
50～58	16×10						6.0	0 -0.2	4.3	+0.2 0		
58～65	18×11						7.0		4.4			
65～75	20×12	+0.052 0	+0.149 +0.065	0 -0.052	±0.026	-0.022 -0.074	7.5		4.9		0.60	0.80
75～85	22×14						9.0		5.4			
85～95	25×14						9.0		5.4			
95～110	28×16						10.0		6.4			
L 系列	6，8，10，12，14，18，20，22，25，28，32，36，40，45，50，56，63，70，80，90，100，110，125，140，160，180，200，250，280，320，360，400，450，500											

9.2.3 普通平键的尺寸的选择

冲床的传动系统中共需要 4 个普通平键。安装处轴的直径及轮毂宽度如表 9-2 所示。

表 9-2 安装处轴的直径及轮毂宽度

轴	轴的直径 d/mm	轮毂宽度 B/mm
Ⅰ轴	25	50
Ⅱ轴	45	58
Ⅲ轴	65	93
	45	60

根据安装处轴的直径及轮毂宽度，利用表 9-1 选择普通平键的尺寸。
设计步骤如下：

设 计 项 目	结果（普通平键的标记）
Ⅰ轴	键 C 8×45 GB/T 1096—2003
Ⅱ轴	键 14×50 GB/T 1096—2003
Ⅲ轴	键 18×90 GB/T 1096—2003
	键 C14×50 GB/T 1096—2003

9.3 任务 3——校核普通平键的强度

普通平键在传递转矩时，工作面受力的作用，齿轮与轴的材料均为 45#钢，齿轮传动精度为 8 级，各轴的转矩和各键的尺寸都已确定，载荷有冲击。

本任务根据上述条件，校核普通平键的强度，具体内容包括：
（1）普通平键的材料。
（2）普通平键连接的失效形式。
（3）普通平键连接的强度计算。
（4）普通平键的强度的校核。

9.3.1 普通平键的材料

国家标准规定，键的材料采用抗拉强度≥600MPa 的中碳钢制造，常用 45#钢。若轮毂材料为非金属材料或有色金属，则可用 20#钢或 Q235 钢。

9.3.2 普通平键连接的失效形式

采用普通平键连接传递转矩时的受力分析如图 9-8 所示。由于键和键槽的工作面相互挤压，因此普通平键连接的主要失效形式是键、轴和轮毂中强度较弱的工作表面发生挤压破坏。

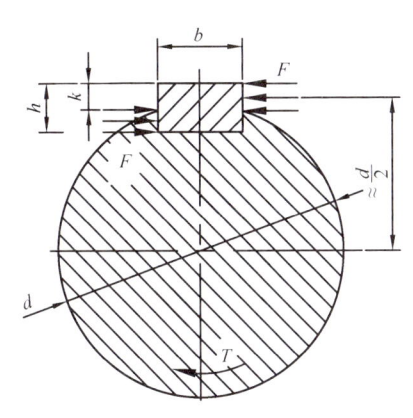

图 9-8 采用普通平键连接传递转矩时的受力分析

9.3.3 普通平键连接的强度计算

对于普通平键，只需要进行挤压强度计算，设载荷沿键的长度与高度方向均匀分布，不计摩擦，则普通平键的挤压强度为

$$\sigma_p = \frac{F}{kl} = \frac{T}{\frac{d}{2}kl} = \frac{2T}{dkl} \leqslant [\sigma_p] \qquad (9\text{-}1)$$

式中，$[\sigma_p]$ ——许用挤压应力（MPa），如表 9-3 所示；

T ——转矩（N·mm）；

d ——轴径（mm）；

k ——键与轮毂键槽的接触高度，取 $k \approx h/2$；

l ——键的工作长度。A 型键：$l = L - b$。B 型键：$l = L$。C 型键：$l = L - b/2$。

表 9-3 键连接的许用挤压应力 $[\sigma_p]$ 单位：MPa

许用挤压应力	零件材料	载荷性质		
		静载荷	轻微冲击载荷	冲击载荷
$[\sigma_p]$	钢	125～150	100～120	60～90
	铸铁	70～80	50～60	30～45

注：1. $[\sigma_p]$ 与零件材料的机械性能有关，σ_b 较大的材料可取偏上限值，反之可取偏下限值。

2. 与键有相对滑动的被连接件表面若经过淬火，则 $[\sigma_p]$ 可提高 2～3 倍。

若校核结果不能满足要求，则可采取下列措施。

（1）若允许适当加长轮毂，则可增加轮毂和相应键的长度，但键的长度一般不得超过(1.6～

1.8)d，否则许用挤压应力沿键的长度方向的分布将很不均匀。

（2）采用 2 个普通平键，周向相隔 180°布置，考虑到 2 个键上的载荷分布不均匀，可只按 1.5 个键进行计算。

若强度仍不满足，则应考虑设计花键连接。

任务实施与训练

9.3.4 普通平键的强度的校核

以Ⅲ轴上齿轮处的平键为例，采用 A 型的普通平键，标记为键 18×90 GB/T 1096—2003；Ⅲ轴上的转矩 $T=4.88\times10^5$ N·mm，轴径 $d=65$mm，键与轮毂键槽的接触高度 $k=h/2=5.5$mm，键的工作长度 $l=L-b=90-18=72$mm。

根据式（9-1），就能校核普通平键的强度。

设计步骤如下：

设 计 项 目	计算及说明	结　　果
1. 计算挤压应力 σ_p	$\sigma_p = \dfrac{2T}{dkl} = \dfrac{2\times 4.88\times 10^5}{65\times 5.5\times 72}\approx 37.92$MPa	$\sigma_p=37.92$MPa
2. 查询许用挤压应力 $[\sigma_p]$	零件材料为钢，载荷性质为冲击，查表 9-3 可知 $[\sigma_p]$	$[\sigma_p]=60\sim 90$MPa
3. 比较 σ_p 与 $[\sigma_p]$	$\sigma_p<[\sigma_p]$	强度足够

9.4　任务 4——确定普通平键连接的配合公差

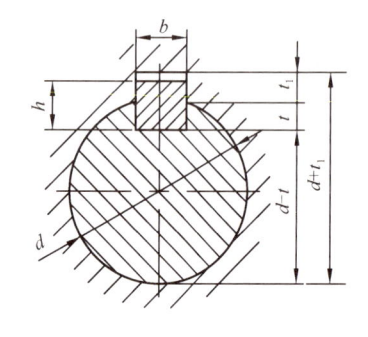

任务描述与分析

普通平键连接的装配关系如图 9-9 所示。

本任务根据普通平键连接的装配关系，确定普通平键连接的配合公差。具体内容包括：

（1）配合类型及应用。

（2）公差值的确定及标注。

（3）普通平键连接的配合公差的确定。

图 9-9　普通平键连接的装配关系

相关知识与技能

9.4.1 配合类型及应用

键连接是指将键、轴、轮毂 3 个零件相配合，平键的配合尺寸是指键的宽度和键槽宽度 b，具体配合分 3 种：松连接、正常连接和紧密连接。由于键是标准件，因此配合采用基轴制。

配合尺寸的公差带代号、配合性质及应用如表 9-4 所示。

表 9-4 配合尺寸的公差带代号、配合性质及应用

配合种类	尺寸 b 的公差带代号			配合性质及应用
	键	轴槽	轮毂槽	
松连接	h8	H9	D10	轮毂可在轴上移动，主要用于动连接
正常连接		N9	J$_S$9	键在轴上及轮毂中均固定，用于载荷不大的场合
紧密连接		P9	P9	键在轴上及轮毂中紧密地固定，用于传递重载荷、冲击载荷或双向传递转矩

在平键连接的非配合尺寸中，轴槽深度 t 和轮毂槽深度 t_1 的公差配置均采用单向制。具体要求如下。

（1）轴槽深度 t（或 $d-t$）的上偏差为零，下偏差为负值。

（2）轮毂槽深度 t_1（或 $d+t_1$）的下偏差为零，上偏差为正值。

键的宽度公差带为 h8，高度公差带有两种：矩形截面为 h11，方形截面为 h8。

由于键与键槽的形位误差会使装配困难，影响连接的松紧程度，造成工作面载荷不均匀，对中性不好，因此需要对其进行限制。国家标准对键与键槽的形位公差有以下规定。

（1）键槽（轴槽与轮毂槽）对轴和轮毂轴线的对称度公差一般按 7～9 级选取。

（2）键槽配合表面的粗糙度推荐值一般为 $Ra \leqslant 3.2\mu m$，非配合表面的粗糙度推荐值一般为 $Ra \leqslant 6.3\mu m$。

9.4.2 公差值的确定及标注

在平键连接中，键与键槽的公差值可直接查表 9-1。

轴槽尺寸标注及轮毂槽尺寸标注分别如图 9-10 和图 9-11 所示。

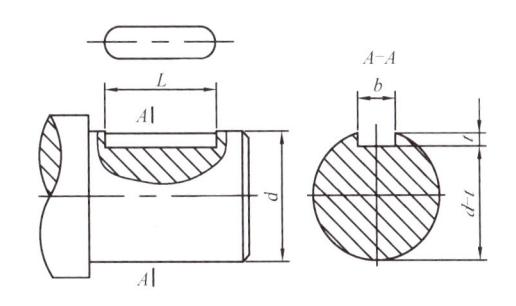

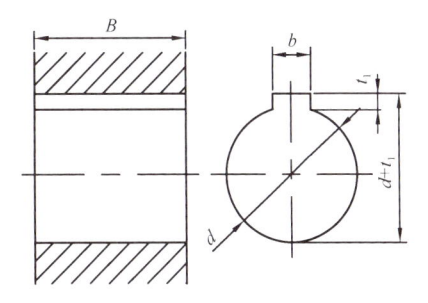

图 9-10 轴槽尺寸标注　　　　　图 9-11 轮毂槽尺寸标注

9.4.3 普通平键连接的配合公差的确定

配合种类为正常连接，查表 9-1 可知键槽的极限偏差。以Ⅲ轴上安装齿轮处的普通平键为例，设计步骤如下：

设 计 项 目	计算及说明	结　果
1. 轴槽	轴槽深度：$d - t = 65 - 7 = 58_{-0.2}^{0}$ mm 轴槽宽度：$b = 18_{-0.043}^{0}$ mm	$d - t = 58_{-0.2}^{0}$。 $b = 18_{-0.043}^{0}$
2. 轮毂	轮毂槽深度：$d + t_1 = 65 + 4.4 = 69.4_{0}^{+0.2}$ mm。 轮毂槽宽度：$b = (18 \pm 0.0215)$ mm	$d + t_1 = 69.4_{0}^{+0.2}$。 $b = (18 \pm 0.0215)$ mm
3. 标注键槽的极限偏差		

9.5　模块小结

本模块详细介绍了键连接的设计方法与步骤，结合冲床的传动系统中键连接的设计，重点阐述了键连接设计的 4 个阶段，即选择普通平键的类型、在标准中选择键的尺寸、校核普通平键的强度、确定普通平键连接的配合公差。本模块主要有以下几个知识点。

（1）普通平键的类型及其选择。
（2）在标准中选择键的尺寸。
（3）普通平键的强度校核的方法。
（4）查表确定普通平键连接的配合公差，并在图中标出。

9.6　知识拓展

9.6.1　松键连接的类型及应用

松键连接除了平键连接，还有半圆键连接和花键连接。

1. 半圆键连接

如图 9-12 所示，半圆键的工作面是两个侧面，适用于静连接。轴上键槽用与半圆键半径相同的盘铣刀铣出，因此半圆键在槽中可绕其几何中心摆动以适应轮毂中键槽的位置。半圆键连接的优点是结构简单，制造和拆装方便，但由于轴上键槽较深，对轴的强度削弱较大，故一般用于轻载场合，尤其是锥形轴端与轮毂的连接。

2. 花键连接

花键连接是由多个键齿与键槽在轴和轮毂孔的周向均布而成的，如图9-13所示。花键齿的侧面为工作面，适用于动连接和静连接。

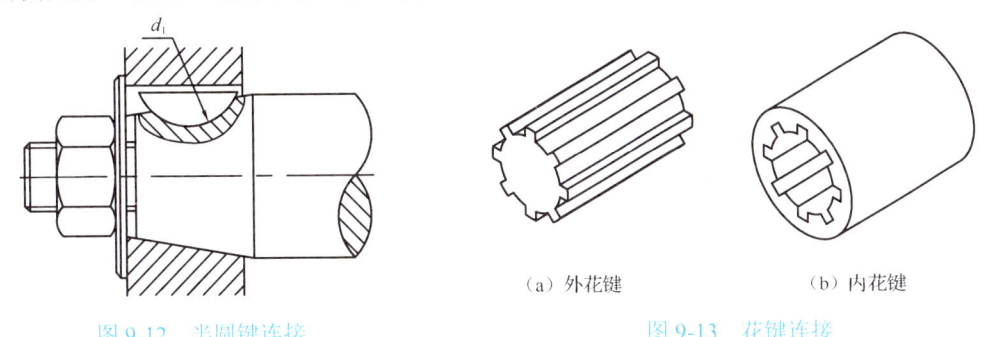

图9-12　半圆键连接

(a) 外花键　　(b) 内花键

图9-13　花键连接

1）花键连接的特点

花键连接的花键齿较多、工作面积大、承载能力较强；花键齿均匀分布，各齿受力较均匀；齿轴一体且齿槽浅、齿根应力集中少、强度高、对轴的强度削弱较少；轴上零件对中性好，导向性较好；可采用滚齿技术加工花键。但是花键的加工需要专用设备，制造成本高。花键连接主要用于定心精度高、载荷大或经常滑移的连接。花键连接的齿数、尺寸、配合等均应按标准选取。

2）花键连接的类型

花键连接按齿形不同分为矩形花键连接（见图9-14）和渐开线花键连接（见图9-15）。

（1）矩形花键连接。

矩形花键按齿高不同分成两个系列，即轻系列矩形花键和中系列矩形花键。轻系列矩形花键的承载能力较低，多用于静连接，而中系列矩形花键多用于中等载荷的连接。

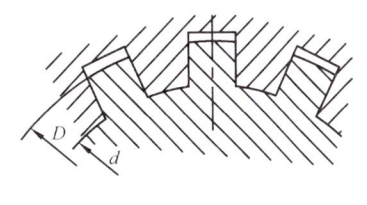

图9-14　矩形花键连接

国家标准规定，矩形花键采用小径定心方式，即外花键和内花键的小径作为配合表面。矩形花键的特点是定心精度高，定心的稳定性好，可以利用磨削的方法消除由热处理产生的变形。矩形花键连接广泛应用于飞机、汽车、拖拉机、机床等。

（2）渐开线花键连接。

渐开线花键的齿廓是渐开线，分度圆压力角有30°及45°两种，齿高分别为$0.5m$和$0.4m$，m为模数，图9-15中的d为渐开线花键的分度圆直径。

渐开线花键的特点是渐开线花键的制造工艺与齿轮完全相同，加工工艺成熟，制造精度高，花键齿根强度高，应力集中少，易于定心，可用于载荷较大、轴径较大且定心精度高的连接。与压力角为30°的渐开线花键相比，压力角为45°的渐开线花键多用于轻载、小直径和薄壁零件的静连接。

国家标准规定，渐开线花键采用齿形定心方式。当传递载荷时，花键齿上的径向力能够起到自动定心作用，有利于各齿的均匀受力。

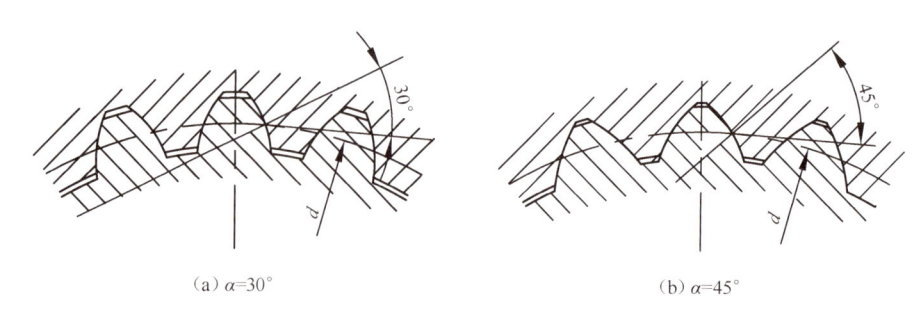

(a) $\alpha=30°$
(b) $\alpha=45°$

图 9-15　渐开线花键连接

9.6.2　紧键连接的类型及应用

1. 楔键连接

楔键连接如图 9-16 所示，分为普通楔键连接和钩头楔键连接两种。普通楔键容易制造，钩头楔键拆装方便。楔键的工作面是上、下表面，楔键的上表面和轮毂键槽底面制成 1∶100 的斜面，键楔入键槽靠摩擦传递转矩，并可承受较小的轴向力。楔键连接的对中性差，在高速、变载荷作用下易松动，仅适用于对旋转精度要求不高、载荷平稳和低速转动的场合。为了安全起见，楔键连接应加防护罩。

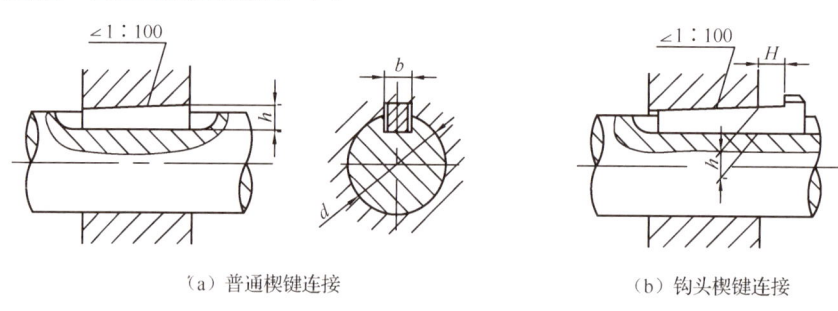

(a) 普通楔键连接
(b) 钩头楔键连接

图 9-16　楔键连接

2. 切向键连接

切向键连接由两个斜度为 1∶100 的普通楔键组成，如图 9-17 所示。其工作原理与楔键连接相同，依靠键与轴和轮毂的摩擦传递转矩。一个切向键只能传递单向转矩，若要传递双向转矩，必须用两个切向键，并互成 120°～135° 反向安装。由于切向键对轴的强度削弱较大，对中性较差，故主要用于对对中性和运动精度要求不高、低速、重载、轴径大于 100mm 的场合。

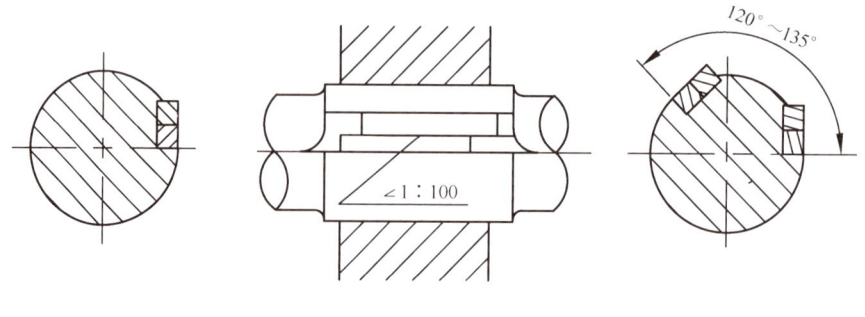

图 9-17　切向键连接

第 10 模块　联轴器的设计

在冲床的传动系统中，传动路线为电动机—传动带—齿轮减速器—执行机构，齿轮减速器的输出轴Ⅲ与曲柄轴 w 用联轴器相连，并传递运动和转矩，如图 10-1 所示。

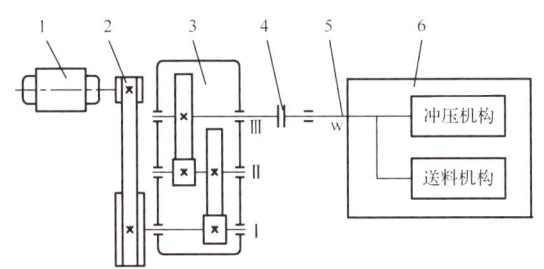

1—电动机；2—传动带；3—齿轮减速器；4—联轴器；5—曲柄轴；6—执行机构。

图 10-1　齿轮减速器与曲柄轴用联轴器相连

常用的联轴器大多已标准化和系列化，在设计时一般不需要对其重新进行设计，只需要在标准中直接选用即可。

本模块的具体内容包括选择联轴器的类型、选择联轴器的型号。

工作任务

- 任务 1——选择联轴器的类型
- 任务 2——选择联轴器的型号

学习目标

- 掌握联轴器的类型及选择的方法
- 掌握常用的联轴器的结构及使用特点
- 掌握联轴器的型号及选择的方法
- 掌握联轴器的标记

将两个轴直接连接起来以传递运动和动力的连接形式称为轴间连接，通常采用联轴器和离合器来实现轴间连接。联轴器是一种固定连接装置，在机器运转过程中两个轴不能分离，而离合器则是一种能随时将两个轴接合或分离的可动连接装置。

10.1　任务 1——选择联轴器的类型

任务描述与分析

联轴器是用来连接齿轮减速器的输出轴与曲柄轴的，如图 10-1 所示，齿轮减速器输出

轴的转矩 $T_{III}=4.88\times10^5$ N·mm，转速 $n_{III}=69.91$ r/min。根据冲床的工作情况可知联轴器的工作条件：

（1）使用时间为 10 年（每年工作 250 天），两班制，连续单向运转。
（2）空载启动，有冲击载荷，经常满载。

本任务根据冲床的工作条件和使用要求，选择联轴器的类型，具体内容包括：
（1）联轴器的类型。
（2）选择联轴器的类型时应考虑的因素。
（3）联轴器的类型的选择。

相关知识与技能

联轴器是用来连接两个轴，使其一同回转并传递运动和转矩的一种机械装置，在用联轴器连接轴时，只有在机器停止运转并经过拆卸后才能使两个轴分离。

由于制造及安装误差、受载后的变形和温度变化等因素，使用联轴器连接的两个轴往往不能保证严格的对中，两个轴间会产生一定程度的相对位移，如图 10-2 所示。

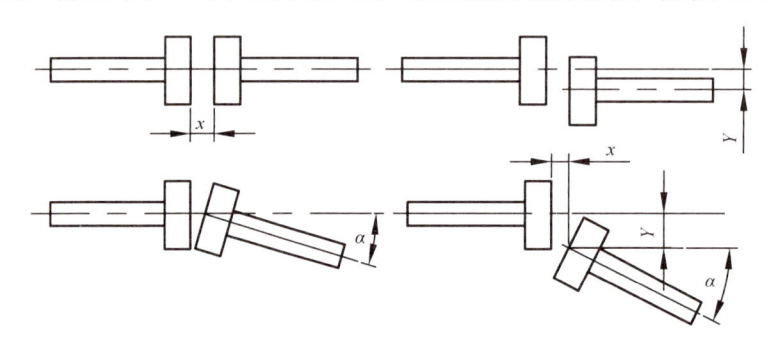

图 10-2　两个轴间产生相对位移

因此，联轴器除了能传递所需的转矩，还应在一定程度上具有补偿两个轴间位移的能力，以避免轴、轴承和联轴器在工作中引起附加动载荷及强烈的振动而破坏机器的正常工作。

为了减小机械传动系统的振动，联轴器还应具有一定的缓冲、减振能力，有时还可作为一种安全装置用来防止被连接件承受过大的载荷，起到过载保护作用。

10.1.1　联轴器的类型

根据联轴器有无弹性元件、对各种相对位移有无补偿能力及联轴器的用途等，可以将联轴器分为三类：刚性联轴器、挠性联轴器和安全联轴器。

刚性联轴器不具有补偿两个轴间位移的能力，使用时要求被连接的两个轴的中心线严格对中。挠性联轴器对两个轴间的位移具有一定的补偿能力。在超过安全联轴器允许传递的转矩极限值时，安全联轴器中的特定元件会发生折断，自动停止传动，可保护机器中的重要零件不被损坏。

联轴器的种类很多，在此只介绍常用并具有代表性的几种联轴器。

1. 刚性联轴器

刚性联轴器由刚性元件组成，不具有缓冲、减振能力。刚性联轴器主要有凸缘联轴器、套筒联轴器、夹壳联轴器等几种形式，其中凸缘联轴器的应用最为广泛。

1）凸缘联轴器

凸缘联轴器由两个带凸缘的半联轴器和连接螺栓组成，凸缘联轴器有两种对中方式。

（1）如图 10-3（a）所示，采用凸肩和凹槽对中，利用两个半联轴器接合端面上的凸肩和凹槽相配合来对中，用普通螺栓连接两个半联轴器，靠接合面的摩擦力来传递转矩，对中精度高，但在拆装时轴必须做轴向移动，多用于不常拆装的场合。

（2）如图 10-3（b）所示，采用铰制孔用螺栓对中，靠螺栓杆承受挤压与剪切来传递转矩。采用这种对中方式的凸缘联轴器传递转矩的能力较大，在拆装时轴不必做轴向移动，只需要拆卸螺栓即可，可用于经常拆装的场合。

（a）凸肩和凹槽对中　　　　（b）铰制孔用螺栓对中

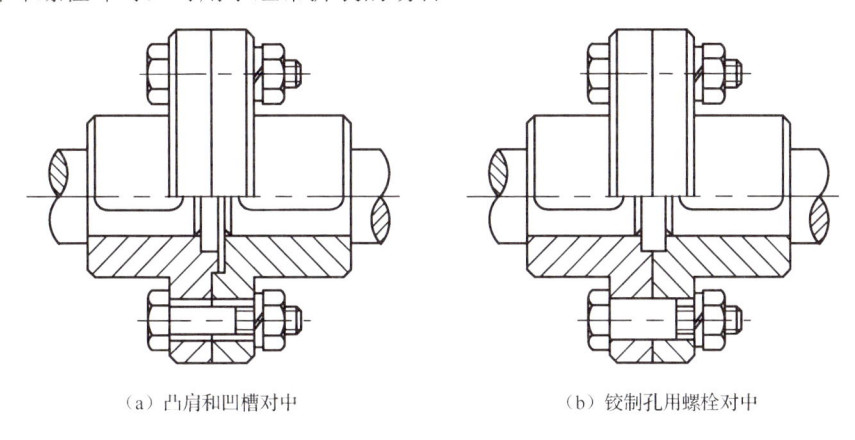

图 10-3　凸缘联轴器

凸缘联轴器的结构简单、成本低、工作可靠，适用于连接转矩大、速度低、刚性好的轴，是应用较广的一种联轴器。

2）套筒联轴器

如图 10-4 所示，套筒联轴器通过一个套筒并采用键、销或花键等连接零件使两个轴连接，套筒联轴器的结构简单、径向尺寸小、传递的转矩较小，在拆装时轴需要做轴向移动，常用于两个轴间对中性良好、径向尺寸受限制、传递转矩不大、转速较小（≤250r/min）的场合。

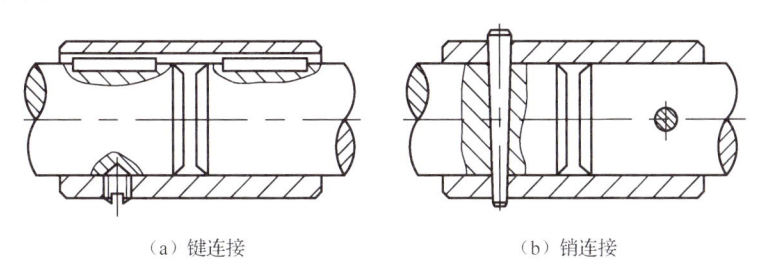

（a）键连接　　　　（b）销连接

图 10-4　套筒联轴器

2. 挠性联轴器

挠性联轴器可分为无弹性元件的挠性联轴器和带有弹性元件的挠性联轴器两种，前一种只具有补偿两个轴间的相对位移的能力，后一种还具有缓冲、减振的能力。

1）无弹性元件的挠性联轴器

无弹性元件的挠性联轴器的组成元件间具有相对可移性，可以补偿两个轴间的相对位移，但因无弹性元件，故不能缓冲、减振。常见的无弹性元件的挠性联轴器有以下几种。

（1）十字滑块联轴器。

十字滑块联轴器如图10-5所示，由两个端面上开有凹槽的半联轴器1、3和一个两面带有凸牙的中间圆盘2组成。凸牙相互垂直布置，在安装时，凸牙分别嵌入两个半联轴器的凹槽，靠凹槽和凸牙的相互嵌合传递转矩，在工作时，凸牙可以在凹槽中滑动，补偿安装及运转中两个轴间的相对位移。

十字滑块联轴器的结构简单，径向尺寸小，一般用于转速较小（≤250r/min）、轴的刚度较大、无剧烈冲击的场合。

（2）齿式联轴器。

齿式联轴器利用内、外齿的相互啮合实现两个轴间的连接，它具有良好的对两个轴间的相对位移的补偿能力，其中鼓形齿联轴器应用最广。

齿轮联轴器如图10-6所示，由两个带有外齿的内套筒1、4，两个带有内齿及凸缘的外套筒2、3和密封圈5组成，两个内套筒分别用键与两个轴连接，两个外套筒用螺栓连成一体。内、外套筒上的齿数相等，在工作时依靠内、外齿相啮合传递转矩。内、外套筒上齿轮的轮廓曲线均为渐开线，啮合角常为20°。外齿的齿顶制成球面，其球心位于联轴器轴线，齿厚制成鼓形，在与内齿啮合后具有一定的顶隙，在传动时可补偿两个轴间的径向位移、偏角位移及综合位移等相对位移。为了减小齿面磨损，在外套筒内储有润滑油，并在联轴器左右两侧装有密封圈，以防止润滑油泄漏。

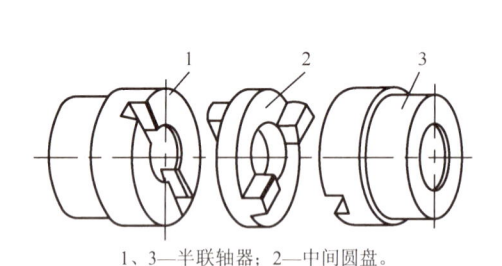

1、3—半联轴器；2—中间圆盘。

图10-5 十字滑块联轴器

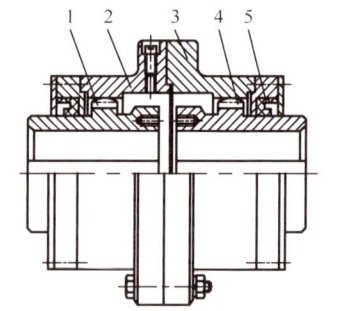

1、4—内套筒；2、3—外套筒；5—密封圈。

图10-6 齿轮联轴器

齿式联轴器能传递很大的转矩，使用范围广，工作可靠，对安装精度要求不高，但结构复杂、质量大、制造成本高，不适用于垂直轴间的连接，主要用于重型机器和起重设备。

（3）万向联轴器。

万向联轴器的种类很多，其中十字轴万向联轴器最为常用，如图10-7所示。十字轴万向联轴器由两个叉形半联轴器1和2、一个十字轴3及销钉、套筒、柱销等组成。销钉与柱销互相垂直布置，分别将两个叉形半联轴器与十字轴连接起来，形成一个可动的连接。这种联轴器允许两个轴间具有较大的偏角位移，最大夹角为35°～45°，并且允许两个轴间的夹角在工作中发生变化。

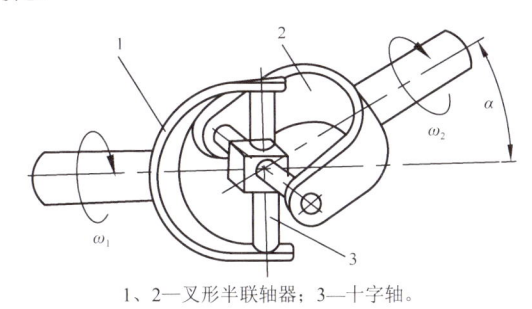

1、2—叉形半联轴器；3—十字轴。

图10-7　十字轴万向联轴器

由于万向联轴器可适应两个轴间较大的综合位移，结构紧凑且维护方便，因此其在汽车、多轴钻床中得到广泛的应用。

2）带有弹性元件的挠性联轴器

带有弹性元件的挠性联轴器因装有弹性元件，故不但可以补偿两个轴间的相对位移，而且具有缓冲、减振能力。下面介绍两种常用的带有弹性元件的挠性联轴器。

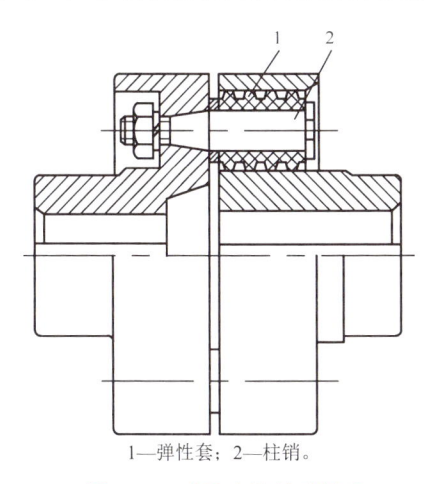

（1）弹性套柱销联轴器。

弹性套柱销联轴器如图10-8所示，它的结构与凸缘联轴器相似，只是用套有弹性套1的柱销2代替了连接螺栓。半联轴器与轴配合的孔可做成圆柱形或圆锥形。

弹性套柱销联轴器制造容易、拆装方便、成本较低。但弹性套易磨损、寿命较短。弹性套柱销联轴器主要适用于启动频繁和需要正反转的中、小功率传动及转速较大的场合，工作环境温度为-20～+70℃。

（2）弹性柱销联轴器。

弹性柱销联轴器如图10-9所示，它的结构更简单，柱销1由尼龙制成。为了防止柱销滑出，在半联轴器的外侧设置有固定挡板2。

1—弹性套；2—柱销。

图10-8　弹性套柱销联轴器

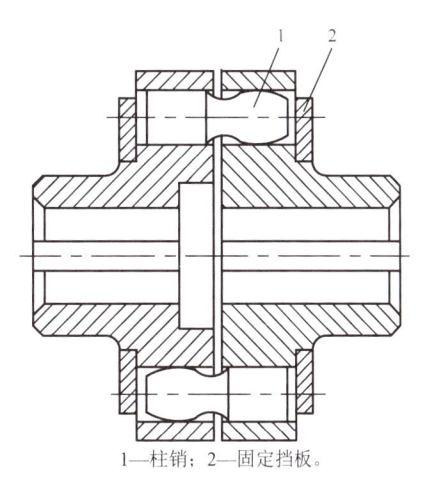

1—柱销；2—固定挡板。

图10-9　弹性柱销联轴器

弹性柱销联轴器适用于轴向窜动较大、启动频繁、经常正反转、转速较大的场合，工作环境温度为-20～+70℃。

3. 安全联轴器

当安全联轴器所传递的转矩超过规定值时，其中的连接元件便会折断、分离或打滑，使传动中断，从而保护其他重要元件不被损坏。

安全联轴器的种类很多，在此仅介绍其中的剪切销安全联轴器。

剪切销安全联轴器如图10-10所示，它的结构类似于凸缘联轴器，但不使用螺栓，而使用钢制销钉连接两个半联轴器。销钉装入经过淬火的两段硬质钢套，在过载时即被剪断。销钉的直径可按抗剪强度计算。销钉材料可采用45#钢或工具钢，准备剪断处应预先进行切槽，这样可使剪断处的塑性变形最小，以免毛刺过大，给更换销钉带来不便。

由于销钉的材料力学性能的不稳定和制造误差等影响，剪切销安全联轴器的工作准确性不高。同时，销钉在剪断后必须进行停车更换。但因为剪切销安全联轴器的结构简单，所以常用于过载可能性不大的机器。

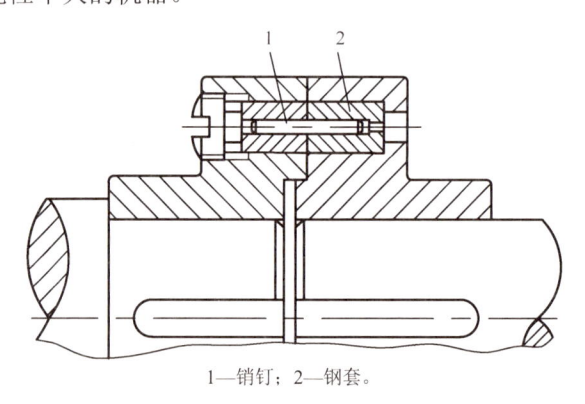

1—销钉；2—钢套。

图10-10　剪切销安全联轴器

10.1.2　选择联轴器的类型时应考虑的因素

联轴器的类型应根据使用要求和工作条件来确定，在进行选择时应考虑以下几个方面的因素。

（1）传递转矩的大小和性质及对缓冲、减振的要求。

（2）工作转速的大小（一般不得超过相应联轴器的许用转速）。

（3）被连接的两个轴间的相对位移程度。

（4）联轴器的制造、安装、维护及成本、工作环境、使用寿命等。

此外，应结合各种联轴器的特性，并参照同类机器的使用经验来选择。

（1）若两个轴的刚度较好、安装精度高、严格对中、无冲击载荷，则应选用刚性联轴器。

（2）若两个轴的对中性较差或轴的刚度较小，则应选用对轴的相对位移具有补偿能力的挠性联轴器。

（3）若联轴器所传递的转矩较大，则应选用凸缘联轴器和齿轮联轴器。

（4）若轴的转速较大且有振动，则应选用带有弹性元件的挠性联轴器。

(5) 若两个轴相交，则应选用万向联轴器。

任务实施与训练

10.1.3 联轴器的类型的选择

减速器输出轴的转矩为 T_{III} =4.88×10^{5}N·mm，转速为 n_{III} =69.91r/min，因为有较大冲击，经常满载，空载启动，载荷有变化，使用时间为 10 年（每年工作 250 天），两班制，连续单向运转，所以应选用可补偿两个轴间的相对位移且具有缓冲、减振能力的挠性联轴器。

设计步骤如下：

设 计 项 目	计算及说明
选择联轴器的类型	弹性柱销联轴器
	（1）该联轴器结构简单、制造容易、安装方便、有补偿功能。
	（2）该联轴器具有缓冲、减振能力

10.2 任务 2——选择联轴器的型号

任务描述与分析

减速器的输出轴为Ⅲ轴，其转矩为 T_{III} =4.88×10^{5}N·mm，转速为 n_{III} =69.91r/min，输出轴的轴端直径 d_{III} =45 mm，两个轴之间采用弹性柱销联轴器连接。

本任务要选择联轴器的型号，具体内容包括：
（1）选择联轴器的型号时应满足的条件。
（2）联轴器的标记方法。

相关知识与技能

10.2.1 选择联轴器的型号时应满足的条件

联轴器的型号是根据所传递的转矩、轴的直径和转速，从联轴器标准中选择的。在选择联轴器的型号时，应满足以下条件。

（1）计算转矩 T_c 应小于或等于所选型号的公称转矩 T_n，即

$$T_c \leq T_n$$

考虑到机器启动和制动时的惯性和工作中可能出现的过载，联轴器的计算转矩可按下式计算：

$$T_c = K_A \cdot T$$

式中，T ——联轴器的名义转矩（N·mm）；

T_c ——联轴器的计算转矩（N·mm）；

K_A ——工作情况系数，如表 10-1 所示。

表 10-1 工作情况系数 K_A

分类	工作情况及举例	电动机、汽轮机	四缸及以上内燃机	双缸内燃机	单缸内燃机
Ⅰ	转矩变化很小，如发电机、小型通风机、小型离心泵	1.3	1.5	1.8	2.2
Ⅱ	转矩变化小，如透平压缩机、木工机床、运输机	1.5	1.7	2.0	2.4
Ⅲ	转矩变化中等，如搅拌机、增压泵、有飞轮的压缩机、冲床	1.7	1.9	2.2	2.6
Ⅳ	转矩变化和冲击载荷中等，如织布机、水泥搅拌机、拖拉机	1.9	2.1	2.4	2.8
Ⅴ	转矩变化和冲击载荷大，如造纸机、挖掘机、起重机、碎石机	2.3	2.5	2.8	3.2
Ⅵ	转矩变化大并有极强冲击载荷，如压延机、无飞轮的活塞泵、重型初轧机	3.1	3.3	3.6	4.0

（2）转速 n 应小于或等于所选型号的许用转速 $[n]$，即
$$n \leqslant [n]$$
（3）轴的直径 d 应在所选型号的直径范围之内，即
$$d_{min} \leqslant d \leqslant d_{max}$$

在多数情况下，每个型号的联轴器所适用的轴的直径均有一个范围。标准中已给出了轴的直径的最大与最小值，或给出了适用直径的尺寸系列，被连接的两个轴的直径应在此范围之内。在一般情况下，被连接的两个轴的直径不同，两个轴端的形状也可能不同。

10.2.2 联轴器的标记方法

联轴器的标记方法按 GB/T 5014—2017 的规定：

（1）联轴器的轴孔形式如图 10-11 所示。

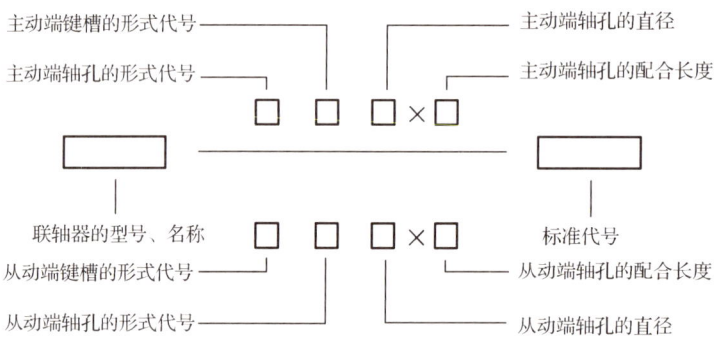

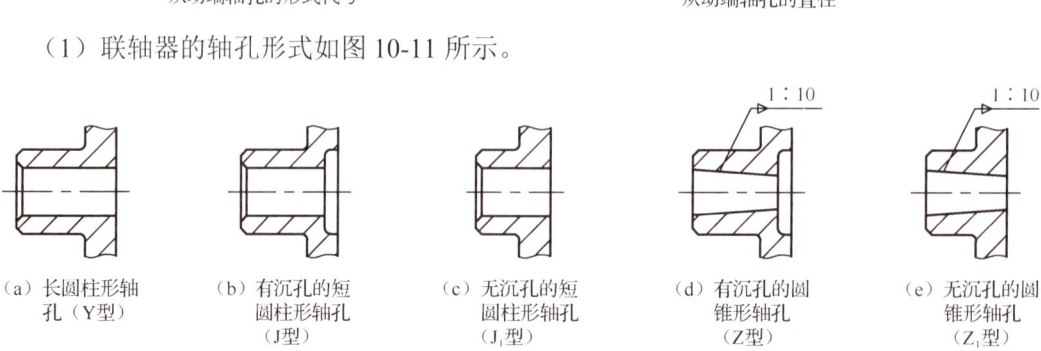

(a) 长圆柱形轴孔（Y型）　(b) 有沉孔的短圆柱形轴孔（J型）　(c) 无沉孔的短圆柱形轴孔（J_1型）　(d) 有沉孔的圆锥形轴孔（Z型）　(e) 无沉孔的圆锥形轴孔（Z_1型）

图 10-11 联轴器的轴孔形式

（2）键槽的形式代号如下。

圆柱形轴孔：平键单键槽（A 型）、120°布置平键双键槽（B 型）、180°平键双键槽（B_1 型）。

圆锥形轴孔：平键单键槽（C 型）。

若联轴器两端的轴孔和键槽的形式、尺寸相同，则只标记一端，另一端省略。Y 型孔和 A 型键槽的代号在标记中可省略。

例如，凸缘联轴器的型号为 GY3，主动端：J 型轴孔，A 型键槽，d_1=30mm，L=60mm；从动端：J_1 型轴孔，B 型键槽，d_2=28mm，L=44mm，则其标记为

$$\text{GY3 联轴器} \frac{J30 \times 60}{J_1 B28 \times 44} \text{ GB/T 5014—2017}$$

任务实施与训练

10.2.3 联轴器的型号的选择

已知原动机为电动机，工作机为冲床，有冲击载荷，转矩 $T = T_{\text{III}} = 4.88 \times 10^5$ N·mm，$n = n_{\text{III}} = 69.91$r/min，根据所传递的转矩、轴的直径和转速，在《机械设计手册》中就能选择联轴器的型号。

设计步骤如下：

设 计 项 目	计算及说明
1. 计算转矩	$T_c = K_A \cdot T$。 原动机为电动机，工作机为冲床，查表 10-1 得 K_A=1.7。 $T_c = K_A \cdot T = 1.7 \times 4.88 \times 10^5 = 8.30 \times 10^5$ N·mm=830N·m
2. 选择联轴器的型号	查阅《机械设计手册》，选择 LX3 型弹性柱销联轴器。 公称转矩 T_n =1250N·m> T_c。 许用转速 $[n]$=4700r/min> n。 轴孔直径为 30～48mm，符合要求（d=45mm）
3. 标记	主动端安装在III轴上，取 J 型轴孔，A 型键槽，d=45mm，L=84mm。 从动端安装在 w 轴上，取 J_1 型轴孔，B 型键槽，d=48mm，L=84mm。 其标记为 LX3 联轴器 $\frac{J45 \times 84}{J_1 B48 \times 84}$ GB/T 5014—2017

10.3 模块小结

本模块详细介绍了联轴器的设计方法与步骤，结合冲床的传动系统中的联轴器的设计，重点阐述了联轴器设计的 2 个阶段，即选择联轴器的类型、选择联轴器的型号。本模块主要有以下几个知识点。

（1）联轴器的分类。

（2）常用的联轴器的结构及使用特点。

（3）选择联轴器的类型的方法。

（4）选择联轴器的型号的方法。

（5）联轴器的标记方法。

10.4 知识拓展

10.4.1 离合器

离合器主要用于轴与轴之间的接合，使它们一起回转并传递转矩。在机器的运转中，离合器可以根据需要随时将主、从动轴接合或分离。离合器应满足以下几点要求：

（1）接合平稳、分离彻底、动作准确可靠。
（2）结构简单、质量小、外形尺寸小、从动部分惯性小。
（3）操纵省力、方便，容易调节和维护。
（4）接合元件耐磨损、使用寿命长。

离合器按工作原理不同，可分为两大类。

1）嵌合式离合器

嵌合式离合器利用牙齿的啮合来传递转矩，能保证两个轴同步运转，但接合的功能只能在停车或低速时进行，否则牙齿可能会因受到撞击而折断。

嵌合式离合器根据接合元件的结构形状可分为牙嵌式离合器、齿形离合器、销式离合器、键式离合器、棘轮离合器等。

2）摩擦式离合器

摩擦式离合器利用工作表面的摩擦力来传递转矩，能在任何转速下接合，并能防止过载（过载时打滑），但不能保证两个轴完全同步运转，适于转速较大的场合。

摩擦式离合器根据结构不同可分为片式离合器、圆锥离合器、单盘摩擦离合器、鼓式离合器等。

下面以牙嵌式离合器和单盘摩擦式离合器为例，说明离合器的工作过程及特点，如表10-2所示。

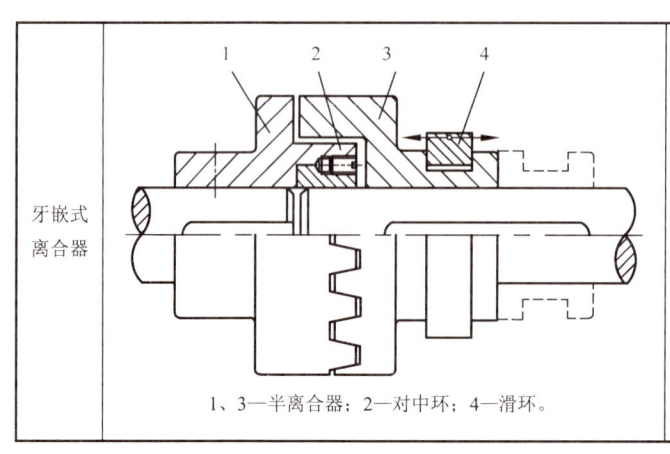

表10-2 离合器的工作过程及特点

牙嵌式离合器	牙嵌式离合器由两个端面带牙的半离合器1和3组成，用键或螺钉将1固定在主动轴上，用导键或花键将3与从动轴连接，并利用操纵机构使滑环4沿轴向移动，实现轴之间的接合或分离。对中环2与主动轴相连，从动轴可以在对中环内自由转动，以保证两个轴的对中。牙嵌式离合器的常用牙型有梯形、锯齿形和矩形等。牙嵌式离合器的结构简单，外形尺寸小，传动比固定不变，但接合时有冲击，应在低速或停车时进行接合

1、3—半离合器；2—对中环；4—滑环。

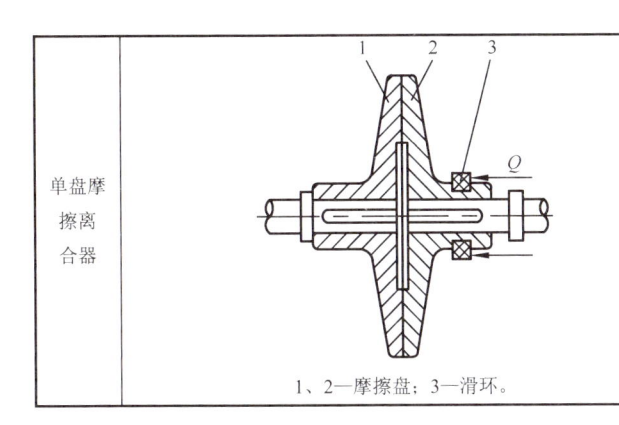

续表

单盘摩擦离合器	(图：1、2—摩擦盘；3—滑环)	摩擦式离合器利用主、从动半离合器摩擦片接触面间的摩擦力传递转矩，主要由摩擦盘1、2和滑环3组成，摩擦盘1固定在轴上，摩擦盘2可以沿导键在轴上做轴向移动。 摩擦式离合器的接合或分离不受主、从动轴转速的限制，接合过程平稳，冲击、振动较小，在过载时可发生打滑以保护其他重要元件不被损坏，但在接合或分离过程中会发生滑动摩擦，发热量较大，磨损较大，外形尺寸较大

10.4.2 制动器

制动器是用来降低机器的运转速度或迫使机器停止运转，保证机器正常安全工作的主要部件，在提升机构中还可以用于支持重物。在车辆、起重机等机械中，有各种形式的制动器的应用。

为了减小制动转矩，减小制动器的外形尺寸，常将制动器安装在机械的高速轴上。制动器应满足以下要求：

（1）结构简单、调整和维修方便。
（2）有足够大的制动转矩、耐磨性和散热性好。
（3）松闸和抱闸动作迅速、制动平稳、工作可靠。

制动器按摩擦副元件的结构形状可分为块式、带式、蹄式和盘式四种；按制动系统的驱动方式可分为手动式、电磁铁式、液压式、液压—电磁式等几种；按工作状态可分为常闭式和常开式，常闭式制动器经常处于紧闸状态，在机械设备工作时才松闸，多用于提升机构；常开式制动器经常处于松闸状态，在有需要时才紧闸，大多数车辆中的制动器为常开式制动器。

下面以块式制动器和带式制动器为例，说明制动器的工作过程及特点，如表10-3所示。

表10-3 制动器的工作过程及特点

块式制动器	(图：1—线圈；2—衔铁；3—制动臂；4—弹簧；5—制动块；6—制动轮)	块式制动器借助瓦块与制动轮间的摩擦力来制动。在通电时，线圈1吸住衔铁2，通过杠杆，制动块5松开，机器便能自由运转。当需要制动时，切断电流，线圈1释放衔铁2，依靠弹簧力，通过杠杆，制动块5抱紧制动轮6。 块式制动器也可以安排为通电时制动，但为了安全，一般应安排为断电时制动。 块式制动器的结构简单可靠，散热性好，调整制动块与制动轮的退距方便；但在使用中冲击大、噪声大、启动电流大、寿命较短。其主要用于制动转矩不大、工作频繁及空间较大的场合

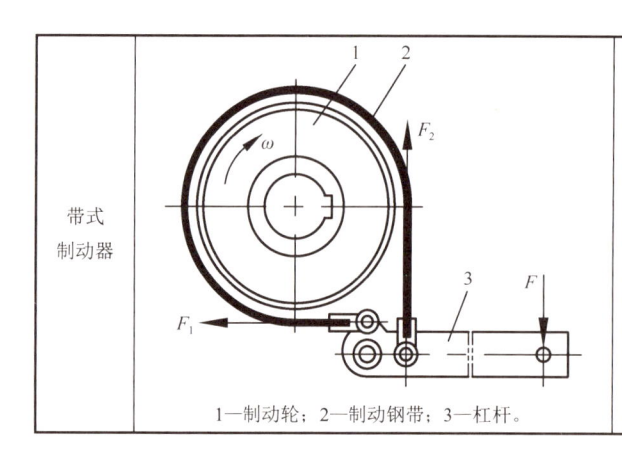

续表

带式制动器	（图：1—制动轮；2—制动钢带；3—杠杆。）	当杠杆受到外力 F 的作用后，闸带收紧且抱住制动轮 1，靠制动钢带与制动轮间的摩擦力达到制动目的。为了增加摩擦力，在制动钢带的内表面铆有制动衬片（石棉带或木块）。带式制动器的结构简单、尺寸紧凑、制动转矩大，但制动钢带磨损不均匀，散热性差，对制动轮轴有较大压力。带式制动器常用于起重机械

第 11 模块　螺纹连接的设计

螺纹连接是由螺纹连接件（紧固件）与被连接件构成的，是一种应用广泛的可拆连接。

螺纹连接具有结构简单、拆装方便、连接可靠等特点。大部分螺纹连接件已经标准化，可根据国家标准选用。

本模块要设计冲床的传动系统中的螺纹连接（减速器箱体用螺纹连接），如图 11-1 所示。

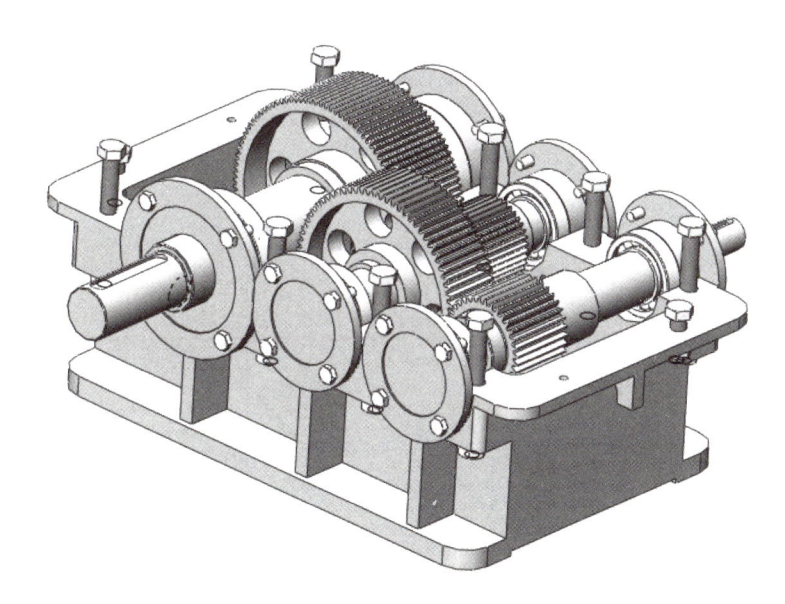

图 11-1　减速器箱体用螺纹连接

螺纹连接设计的内容包括选择螺纹连接的类型、设计螺栓组连接的结构。

工作任务

- 任务 1——选择螺纹连接的类型
- 任务 2——设计螺栓组连接的结构

学习目标

- 了解常用螺纹连接的类型和应用特点
- 了解常用螺纹连接件及其选择方法
- 了解螺纹连接结构的设计要点
- 了解螺纹连接的防松措施

11.0 预备知识

螺纹零件常用于螺纹连接和螺旋传动。螺纹连接要求连接可靠，具有足够的连接强度、刚度和自锁性。螺旋传动除了应满足强度要求，还应具有较高的传动精度和传动效率，同时耐磨性好、寿命长。

11.0.1 螺纹的形成及类型

在圆柱外表面或内表面切出的牙型部分称为螺纹。前者称为外螺纹，后者称为内螺纹。内、外螺纹共同组成螺纹副。

1. 螺纹的形成

螺纹的形成如图 11-2 所示，将一个直角三角形（底边长为 πd_2）绕在一个圆柱体（直径为 d_2）上，使直角三角形的底边与圆柱体的底面圆周重合，该直角三角形的斜边在圆柱体表面形成的空间曲线称为螺旋线。若取某个平面使其沿螺旋线运动，且运动时平面保持通过圆柱轴线，则可以得到螺纹。

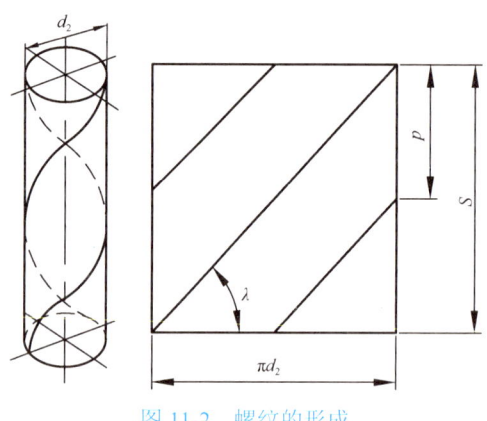

图 11-2 螺纹的形成

2. 螺纹的类型

根据螺纹的牙型，可将螺纹分为三角螺纹、矩形螺纹、梯形螺纹、锯齿形螺纹，三角螺纹用于连接，矩形螺纹、梯形螺纹、锯齿形螺纹用于传动，其特点和应用如表 11-1 所示。

表 11-1 常用螺纹类型的特点和应用

螺纹类型		牙型图	特点和应用
三角螺纹	普通螺纹		普通螺纹的牙型为等边三角形，牙型角 $\alpha=60°$，当量摩擦因数较大，自锁性能好，广泛用于连接。同一公称直径按螺距大小分为粗牙和细牙。粗牙的螺距较大，螺纹强度较高，经济性好，其应用最为广泛；细牙的螺距较小，自锁性能比粗牙好，多用于薄壁零件或受变载、冲击和振动的连接及微调机构

续表

螺纹类型		牙型图	特点和应用
三角螺纹	管螺纹		管螺纹的牙型为等腰三角形，牙型角 $\alpha=55°$，分为圆柱管螺纹和圆锥管螺纹。圆柱管螺纹广泛用于低压的水和煤气管道、润滑系统管道、电线管道的连接；圆锥管螺纹分布在 1:16 的圆锥管壁上，其密封性良好，适用于对密封要求较高的场合，如用于高温、高压系统中的管道、阀门等的连接
矩形螺纹			矩形螺纹的牙型为正方形，牙型角 $\alpha=0°$，传动效率高于其他类型的螺纹，但精确制造存在困难，螺纹副磨损后的间隙难以补偿或修复，对中精度低，牙根强度低，应用不多
梯形螺纹			梯形螺纹的牙型为等腰梯形，牙型角 $\alpha=30°$，牙根强度高，工艺性好，对中精度高，采用剖分螺母时可以调整螺纹副间隙，广泛应用于传动
锯齿形螺纹			锯齿形螺纹的牙型为不等腰梯形，工作面的牙侧角 $\alpha=3°$，非工作面的牙侧角 $\alpha=30°$，兼具矩形螺纹传动效率高和梯形螺纹牙根强度高的特点，主要用于单向受力的传力螺旋

11.0.2　螺纹的主要几何参数

螺纹副由外螺纹和内螺纹相互旋合组成。现以圆柱普通螺纹为例介绍螺纹的主要几何参数，如图 11-3 所示。

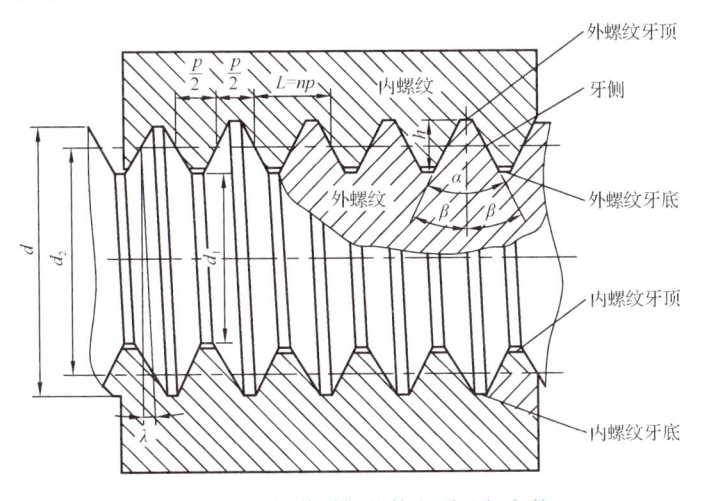

图 11-3　圆柱普通螺纹的主要几何参数

（1）大径 d：与外螺纹牙顶或内螺纹牙底相切的假想圆柱面的直径，在标准中定义为螺纹的公称直径。

（2）小径 d_1：与外螺纹牙底或内螺纹牙顶相切的假想圆柱面的直径，在强度计算中常作为螺杆危险截面的计算直径。

（3）中径 d_2：一个假想圆柱面的直径，该圆柱面的母线通过牙型上沟槽和凸起宽度相等的地方。中径近似于螺纹的平均直径，$d_2≈(d+d_1)/2$，是确定螺纹几何参数和配合性质的直径。

（4）线数 n：螺纹的螺旋线数目。沿一根螺旋线形成的螺纹称为单线螺纹；沿两根及以上的等距螺旋线形成的螺纹称为多线螺纹。常用的连接螺纹要求自锁性，故多用单线螺纹；传动螺纹要求传动效率高，故多用双线或单线螺纹。为了便于制造，一般线数 $n≤4$。

（5）螺距 P：螺纹相邻两个牙型上对应的点间的轴向距离。

（6）导程 L：同一条螺旋线上相邻两个牙型在中径线上对应的点间的轴向距离。单线螺纹的 $L=P$；多线螺纹的 $S=nP$。

（7）螺纹升角 $λ$：在中径的假想圆柱面上，螺旋线的切线与垂直于螺纹轴线的平面间的夹角。对于螺纹升角 $λ$，有

$$\tan\lambda=\frac{L}{\pi d_2}=\frac{np}{\pi d_2}$$

（8）牙型角 $α$：螺纹轴向截面内螺纹牙型两侧边的夹角。

（9）牙侧角 $β$：牙侧与螺纹轴线的垂直平面的夹角。对称牙型的牙侧角 $β=α/2$。

（10）接触高度 h：在两个相互配合的螺纹的牙型上，牙侧重合部分在垂直于螺纹轴线方向上的距离，常用作螺纹工作高度。

此外，根据螺旋线的旋向不同，螺纹分为右旋螺纹和左旋螺纹，一般采用右旋螺纹，左旋螺纹只用于有特殊要求的场合。

11.1 任务1——选择螺纹连接的类型

任务描述与分析

在图 11-1 中，减速器箱体由箱盖和箱座两个部分组成，并采用螺纹连接。连接处在减速器箱体的凸缘处，厚度不大。

本任务要选择螺纹连接的类型，具体内容包括：

（1）螺纹连接的基本类型及应用特点。

（2）螺纹连接件及其选用原则。

（3）螺纹连接的类型的选择。

相关知识与技能

11.1.1 螺纹连接的基本类型及应用特点

螺纹连接的基本类型包括螺栓连接、双头螺柱连接、螺钉连接、紧定螺钉连接。螺纹连接的基本类型及应用特点如表 11-2 所示。

表 11-2　螺纹连接的基本类型及应用特点

名　称	示　意　图	应　用　特　点
螺栓连接		因为这种连接的被连接件的螺纹孔不需要切割螺纹，所以该连接不受被连接件材料的限制。 对于螺栓连接，因被连接件上的螺纹孔和螺栓杆之间有间隙，故螺纹孔的加工精度可以较低。其结构简单，拆装方便，应用广泛，通常用于被连接件不太厚且有足够装配空间的场合
		这种连接的铰制螺纹孔用螺栓连接。螺纹孔和螺栓杆之间常采用基孔制过渡配合，要求螺纹孔的加工精度较高。该连接一般用于需要螺栓承受横向载荷或需要靠螺栓杆精确固定被连接件相对位置的场合
双头螺柱连接		这种连接用于被连接件太厚且需要经常拆装或结构上受到限制而不能采用螺栓连接的场合
螺钉连接		这种连接不使用螺母，直接将螺栓（或螺钉）旋入被连接件之一的螺纹孔内而实现连接。该连接也用于被连接件较厚的场合，但由于经常拆装容易使螺纹孔损坏，因此不宜用于需要经常拆装的场合
紧定螺钉连接		这种连接利用紧定螺钉旋入并穿过一个零件，将其末端压紧或嵌入另一个零件，用以固定两个零件之间的相对位置，并可传递不大的力或转矩，多用于轴上零件的连接

11.1.2 螺纹连接件及其选用原则

1. 常用的螺纹连接件

螺纹连接件的类型有很多，大都已标准化，根据使用要求合理选择其规格、型号后即可进行购买。在机械制造中，常用的螺纹连接件有很多，除了螺栓、螺柱、螺钉，还有螺母和垫圈等。常用的螺纹连接件如表 11-3 所示。

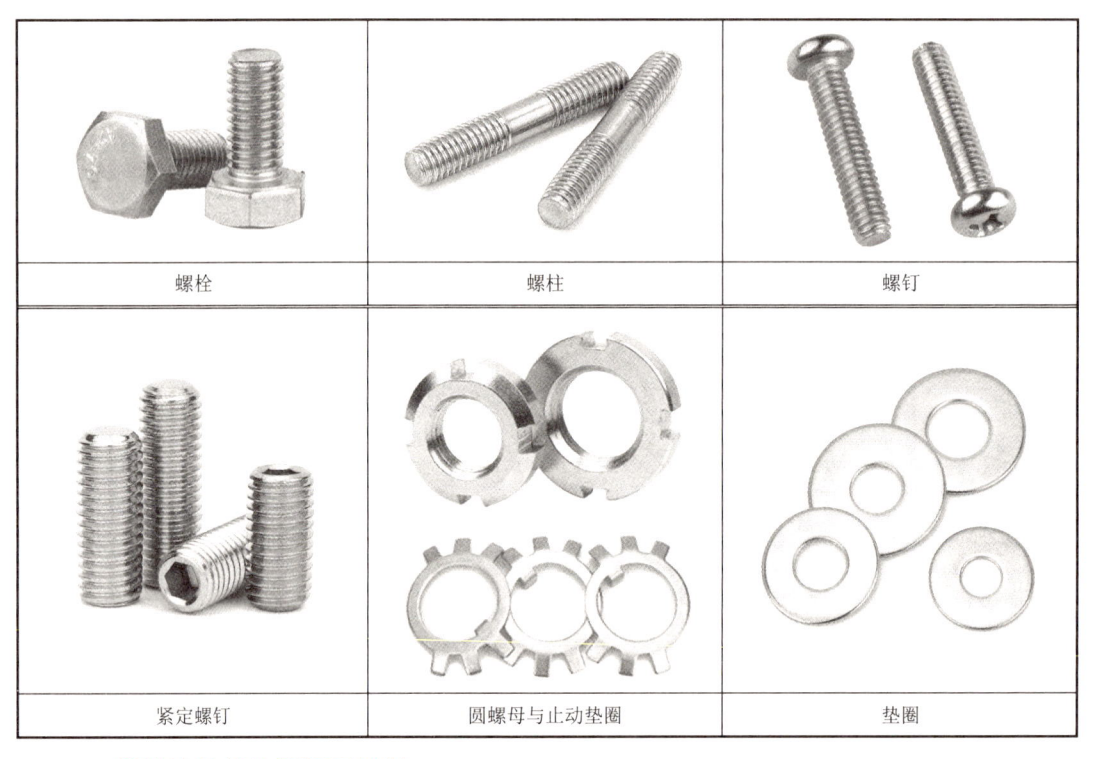

表 11-3 常用的螺纹连接件

螺栓	螺柱	螺钉
紧定螺钉	圆螺母与止动垫圈	垫圈

2. 螺纹连接件的等级及材料

螺纹连接件有两种等级，一种是产品等级，另一种是机械性能等级。

1）产品等级

根据国家标准，螺纹连接件分为 3 个精度等级，其代号为 A、B、C。A 级的精度最高，用于要求配合精确、防止振动等重要零件的连接；B 级多用于受载较大且经常拆装或受变载荷的连接；C 级多用于一般的螺纹连接。

2）机械性能等级及材料

螺纹连接件的常用材料为 Q215、Q235、10、35 和 45#钢。对于重要的螺纹连接件，可采用 15Cr、40Cr 等；对于特殊用途（如要求防锈蚀、防磁、导电或耐高温等）的螺纹连接件，可采用特种钢或铜合金、铝合金等；弹簧垫圈采用 65Mn，并进行热处理和表面处理。

根据国家标准，螺栓、螺柱、螺钉的机械性能等级标记代号由 2 个数字表示，中间用小数点隔开，小数点前的数字为 σ_b 的 1/100（σ_b 为抗拉强度）；小数点后的数字为 $10\times\sigma_s/\sigma_b$ 或 $10\times\sigma_{02}/\sigma_b$（$\sigma_s$ 为屈服点，σ_{02} 为屈服强度）。

紧定螺钉依靠末端表面起紧定作用，垫圈也依靠表面起作用，所以国家标准规定它们的机械性能用表面硬度表示。紧定螺钉的机械性能等级代号由字母和数字 2 个部分组成：数字代表最小维氏硬度（HVmin）的 1/10；字母用 H 表示。

3．螺纹连接件的选用原则

（1）考虑连接部分的结构，以及受载情况、拆装要求、外观等。
（2）注意所用螺母的精度等级不能低于与其相配螺栓的精度等级。

任务实施与训练

11.1.3　螺纹连接的类型的选择

1．设计要求分析

连接处在减速器箱体的凸缘处，厚度不大，且应便于拆装。

2．设计步骤

设计步骤如下：

设 计 项 目	计算及说明	结　　果
1．选择螺纹连接的类型	连接处在减速器箱体的凸缘处，厚度不大	采用普通螺栓连接
2．选择螺纹连接件的类型	减速器箱体属于一般的通用机械	采用 C 级六角头螺栓

11.2　任务 2——设计螺栓组连接的结构

任务描述与分析

减速器箱体的箱盖与箱座采用螺栓组连接，需要确定结合面的几何形状、螺栓的布置形式、螺栓的数目，选用防松装置。

本任务要设计螺栓组连接的结构，具体内容包括：
（1）设计螺栓组连接时应考虑的因素。
（2）螺纹连接的预紧和防松。
（3）螺栓组连接的结构的设计。

相关知识与技能

11.2.1　设计螺栓组连接时应考虑的因素

（1）接合面应尽量设计成轴对称的简单几何形状，其常见形状如图 11-4 所示。在设计时，尽量对称布置螺栓组，使螺栓组的几何中心与接合面的形心重合，这样便于加工和装配，接合面受力也比较均匀。

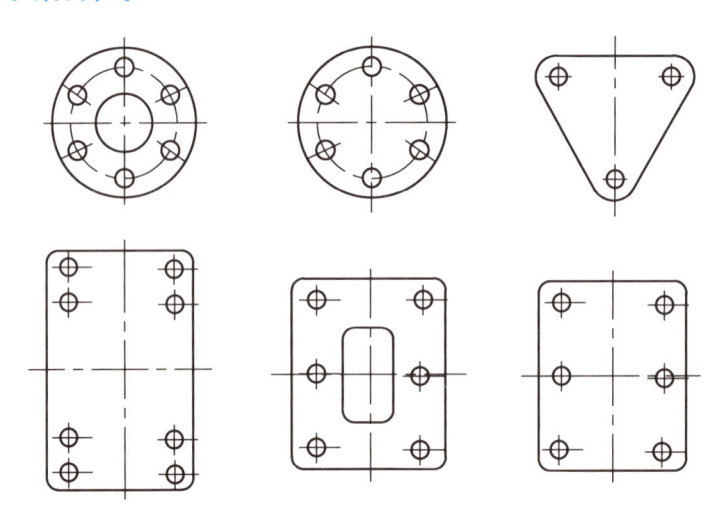

图 11-4　接合面的常见形状

（2）为便于钳工划线、钻孔，螺栓应布置在同一圆周上，螺栓数目取易等分的数字，如 3、4、6、8、12 等，同一组螺栓的材料、直径和长度应尽量相同，以简化结构和便于装配。

（3）应有合理的钉距、边距和扳手空间，如图 11-5 所示。

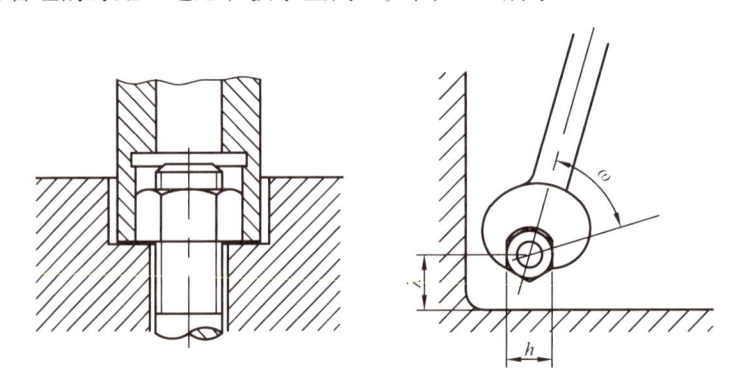

图 11-5　钉距、边距和扳手空间

（4）被连接件上的支承面应做成凸台或沉头座，以免引起偏置载荷而削弱螺栓的强度，如图 11-6 所示。

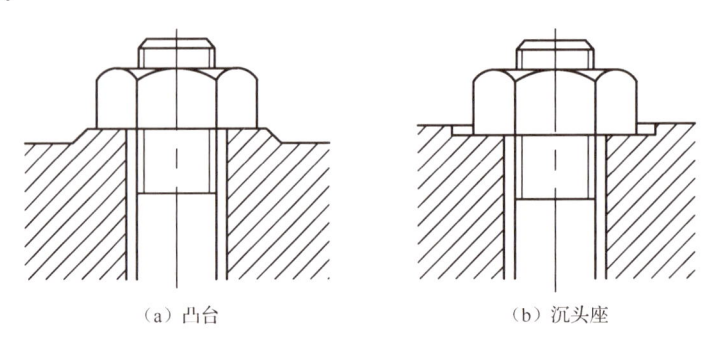

（a）凸台　　　　　　　　　　（b）沉头座

图 11-6　被连接件上的支承面

11.2.2 螺纹连接的预紧和防松

1. 螺纹连接的预紧

在实际工程中,绝大多数螺纹连接在装配时都必须拧紧,使连接在承受工作载荷前就预先受到预紧力的作用,这个过程称为预紧。需要预紧的螺纹连接称为紧连接,少数不需要预紧的螺纹连接称为松连接。

预紧的目的是增强连接的可靠性、紧密性和刚性,提高防松能力,防止受载后被连接件间出现间隙或发生相对位移,对于受变载荷的螺纹连接,还可提高其疲劳强度。但过大的预紧力可能会使螺栓在装配时或在工作中偶然过载时被拉断。因此,对于重要的螺纹连接,为了保证所需的预紧力,又不使连接螺栓过载,在装配时应控制预紧力,通常利用控制拧紧螺母时的拧紧力矩来控制预紧力的大小。

在实际工程中,常用指针式扭力扳手或预置式扭力扳手来控制拧紧力矩。指针式扭力扳手如图 11-7(a)所示,可由指针直接读出拧紧力矩的数值。预置式扭力扳手如图 11-7(b)所示,可利用螺钉调整弹簧的压紧力,预先设置拧紧力矩的大小,当扳手力矩过大时,弹簧被压缩,扳手卡盘与圆柱销之间打滑,从而控制预紧力矩不超过规定值。

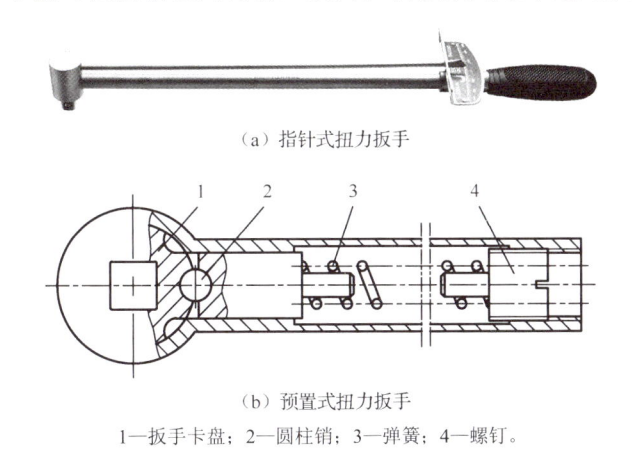

(a)指针式扭力扳手

(b)预置式扭力扳手

1—扳手卡盘;2—圆柱销;3—弹簧;4—螺钉。

图 11-7 指针式扭力扳手或预置式扭力扳手

2. 螺纹连接的防松

常用的螺纹连接件为单线螺纹,自锁性好,在静载荷、工作温度变化不大时,螺纹连接件不会松脱,但在冲击、振动和变载荷作用下,或在温度变化较大时,螺纹连接有可能逐渐松脱,引起连接失效,影响机器的正常运转,甚至导致严重的事故。因此,在设计螺栓组时,必须采取有效的防松措施。

防松的目的是在螺纹拧紧后防止螺旋副间再出现相对运动。根据防松装置的工作原理,可以将防松分为摩擦防松、机械防松、永久防松。

摩擦防松是指在螺纹副中始终产生摩擦力矩来防止其发生相对转动。该方法简单方便,但只能用于不重要的连接和平稳载荷、低速的场合。

机械防松利用金属元件直接约束螺纹连接件来防止其发生相对转动,防松效果比较可靠,适用于重要的连接和受冲击、振动的场合。

永久防松常用于装配后不再拆卸的场合。

防松的结构形式和特点及应用如表 11-4 所示。

表 11-4　防松的结构形式和特点及应用

类　　型		结 构 形 式	特点及应用
摩擦防松	对顶螺母	上螺母 下螺母	在两个螺母拧紧后，螺栓旋合段受拉力而使螺母受压，螺纹副纵向压紧。 该形式结构简单，适用于平稳、低速和重载的固定装置上的连接，但轴向尺寸较大
	弹簧垫圈		在拧紧螺母时，垫圈被压平后所产生的弹性力使螺纹副纵向压紧。 该形式结构简单，使用方便，可用于不重要的连接
	自锁螺母		自锁螺母的一端制成非圆形收口。锁紧锥面螺母拧紧后收口胀开，利用收口的弹力压紧旋合螺纹。 该形式结构简单，防松可靠，可多次拆装而不降低其防松性能
机械防松	开口销与槽形螺母		该形式利用开口销使螺栓、螺母相互约束，适用于有较大冲击、振动的高速机械
	止动垫圈		该形式利用垫片约束螺母，而垫片又被约束在被连接件上。 该形式结构简单，使用方便，防松可靠
	串联金属丝		该形式利用金属丝使一组螺栓的头部相互约束，当有松动趋势时，金属丝更加拉紧。 该形式适用于螺钉组连接，防松可靠，但拆装不方便
永久防松	黏结剂防松		该形式仅适用于低强度连接件借助黏结剂固定内外螺纹的相互位置，黏接旋合螺纹。 该形式防松效果好，并具有密封作用

第11模块 螺纹连接的设计

续表

类型		结构形式	特点及应用
永久防松	冲点防松		该形式利用焊接、冲点的办法破坏螺纹副，排除了螺母相对螺栓转动的可能。该形式简单，防松可靠

任务实施与训练

11.2.3 螺栓组连接的结构的设计

1. 设计要求分析

减速器箱体的箱盖和箱座用螺栓连接成一体。轴承座的连接螺栓应尽量靠近轴承座孔，而轴承座旁的凸台应具有足够的安装面，以便放置连接螺栓，并保证旋紧螺栓时所需要的扳手空间。

2. 设计步骤

设计步骤如下：

设计项目	计算及说明	结　　果
1. 螺栓组连接的结构	采用两组螺栓连接： （1）凸缘处的连接螺栓。 （2）轴承旁的连接螺栓，使轴承孔有足够的刚度	凸缘处的连接螺栓共4个，两边各2个。轴承旁的连接螺栓两边对称，共6个
2. 防松措施	连接中无冲击、振动	采用摩擦防松中的弹簧垫圈

11.3 模块小结

本模块详细介绍了螺纹连接的设计方法与步骤，结合冲床的传动系统中的螺纹连接的设计，重点阐述了螺纹连接设计的2个阶段，即选择螺纹连接的类型、设计螺栓组连接的结构。本模块主要有以下几个知识点。

（1）螺纹连接的基本类型及应用特点。

（2）螺纹连接件及其选择。

（3）螺纹连接结构的设计要点。

（4）螺纹连接的防松措施。

11.4 知识拓展

螺旋传动是用螺杆和螺母传递运动和动力的机械传动，主要用于把旋转运动转换成直线运动和把转矩转换成推力的场合。螺旋传动按螺旋副摩擦的性质不同，可分为滑动螺旋传动和滚动螺旋传动，滑动螺旋传动又可分为普通滑动螺旋传动和静压螺旋传动。

（1）按运动形式分类，螺旋传动可分为4种，如表11-5所示。

表11-5　螺旋传动按运动形式分类

种　类	运　动　简　图	说　　明
螺母固定不动，螺杆回转并做直线运动	台虎钳	在台虎钳中，与活动钳口2组成转动副的螺杆1以右旋单线螺纹与螺母4啮合组成螺旋副。螺母4与固定钳口3连接。当螺杆1按图示方向相对螺母4做回转运动时，其连同活动钳口2向右做直线运动（简称右移），与固定钳口3实现对工件的夹紧；当螺杆1反向回转时，活动钳口2随螺杆1左移，松开工件。通过螺旋传动，完成工件的夹紧与松开
螺杆固定不动，螺母回转并做直线运动	螺旋千斤顶	在螺旋千斤顶中，螺杆4连接于底座固定不动，转动手柄3使螺母2回转并做上升或下降的直线运动，从而举起或放下托盘1
螺杆回转，螺母做直线运动	机床的工作台移动机构	螺杆回转，螺母做直线运动的形式应用较广，如机床的工作台移动机构等，螺杆1与机架3组成转动副，螺母2与螺杆1以左旋螺纹啮合并与工作台4连接。当转动手轮使螺杆1按图示方向回转时，螺母2带动工作台4沿机架的导轨向右做直线运动
螺母回转，螺杆做直线运动	观察镜螺旋调整装置	在观察镜螺旋调整装置中，螺杆2、螺母3为左旋螺旋副。当螺母3按图示方向回转时，螺杆2带动观察镜1向上移动；当螺母3反向回转时，螺杆2连同观察镜向下移动

（2）按用途分类，螺旋传动可分为传力螺旋、传导螺旋和调整螺旋 3 种，如表 11-6 所示。

表 11-6　螺旋传动按用途分类

种　类	运　动　简　图	说　　明
传力螺旋	螺旋千斤顶	传力螺旋以传递动力为主，要求用较小的转矩产生较大的轴向推力。其一般间歇工作，工作速度不大，而且通常要求自锁，如螺旋千斤顶，若搬动手柄，对螺杆加一个转矩，则螺杆旋转并产生很大轴向推力以举起重物
传导螺旋	机床刀架的进给机构	传导螺旋以传递运动为主，常要求具有高的运动精度。其一般在较长时间内连续工作，工作速度也较大，常用作机床刀架或工作台的进给机构
调整螺旋	机床的调整螺旋	调整螺旋用以调整并固定零件或部件之间的相对位置。其一般不在工作载荷作用下转动，要求能自锁，有时也要求有很高的运动精度，可用于机床的调整螺旋。在调整带的张紧力时，先松开螺栓，旋转调整螺旋，把滑轨上的电动机推到所需位置，再将螺栓拧紧

第 12 模块　减速器箱体及其附件的结构设计

展开式圆柱齿轮减速器在机械设备中应用相当广泛，是原动机与工作机之间的独立的具有固定传动比的闭式传动装置，它的作用是降低转速和增大转矩。

展开式圆柱齿轮减速器的典型结构如图 12-1 所示，它由传动件（齿轮）、轴、轴承、连接零件（螺钉、销、键）、箱体和附件（窥视孔、窥视孔盖、放油螺塞、油标、通气器、环首螺钉或吊环、吊钩）、润滑和密封装置等部分组成。减速器箱体及其附件的设计是确保减速器正常工作的关键。

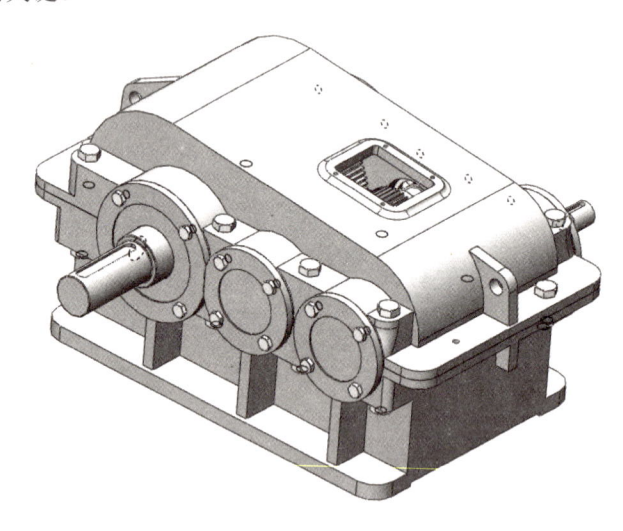

图 12-1　展开式圆柱齿轮减速器的典型结构

本模块以冲床的传动系统中的减速器为例，完成减速器箱体及其附件的结构设计。主要内容包括设计减速器箱体的结构、设计减速器箱体附件的结构、设计减速器的润滑和密封装置。

工作任务

- 任务 1——设计减速器箱体的结构
- 任务 2——设计减速器箱体附件的结构
- 任务 3——设计减速器的润滑和密封装置

学习目标

- 掌握减速器箱体的结构及尺寸计算方法
- 掌握减速器箱体附件的结构

- 掌握减速器的润滑和密封装置的类型及选择方法

12.1 任务1——设计减速器箱体的结构

任务描述与分析

在冲床的传动系统中，齿轮传动是闭式传动，采用展开式圆柱齿轮减速器的结构。减速器箱体是用以支持和固定轴系零件，保证传动零件的啮合精度、良好润滑及密封的重要零件。其质量约占减速器总质量的30%～50%。

本任务根据减速器的工作性能、加工工艺、材料消耗、质量及成本等因素设计减速器箱体的结构。具体内容包括：

(1) 减速器箱体的结构。
(2) 减速器箱体的材料及主要结构尺寸。
(3) 设计减速器箱体的结构时应考虑的因素。
(4) 减速器箱体的结构和主要结构尺寸的计算。

相关知识与技能

12.1.1 减速器箱体的结构

减速器箱体有两种结构：剖分式箱体和整体式箱体。

1. 剖分式箱体

为了便于安装，减速器箱体可做成剖分式，图12-1所示的减速器箱体就是剖分式箱体。箱盖和箱座的剖分面应与齿轮轴线平面相重合，一般只有一个水平剖分面。在装配时，剖分面上不允许用垫片，否则会破坏轴承孔的圆度，剖分面应保证良好的密封性，以防止润滑油泄漏。

剖分式箱体增加了连接螺栓，这会使箱体的质量增大。

2. 整体式箱体

整体式箱体的加工量少、质量小、零件少，但装配比较麻烦。

12.1.2 减速器箱体的材料及主要结构尺寸

减速器箱体多用灰铸铁（HT150或HT200）制造。灰铸铁价格低廉，铸造性能好，易切削，并具有良好的抗振性能和抗压性能。在重型减速器中，为了提高箱体强度，也有用铸钢（ZG15或ZG25）铸造箱体的。铸造箱体质量较大，适用于成批生产，应用广泛。

减速器箱体也可用钢板（Q235）焊成。焊接箱体比铸造箱体轻1/4～1/2，生产周期短，但在焊接时容易产生热变形，故对技术要求较高，并需要在焊后进行退火处理。

减速器箱体的主要结构尺寸可查阅《机械设计手册》。

12.1.3 设计减速器箱体的结构时应考虑的因素

在设计减速器箱体的结构时，应考虑以下因素。

1．减速器箱体要具有足够的刚度

若减速器箱体的刚度不够，则会在加工和工作过程中产生不允许的变形，引起轴承座中心线歪斜，在传动中产生偏载，影响齿轮的啮合质量。

（1）在设计减速器箱体时，首先应保证轴承座的刚度。较有效的办法是增加轴承座的壁厚及在轴承座处设加强肋。

加强肋结构如图 12-2 所示，减速器箱体的加强肋有外肋式和内肋式两种结构形式，分别如图 12-2（a）和图 12-2（b）所示。内肋式结构的刚度大，外表光滑美观，虽然内壁会阻碍润滑油的流动，工艺也比较复杂，但目前采用内肋式结构的加强肋较多。当轴承座伸到减速器箱体内部时，常用内肋式结构。图 12-2（c）所示为箱体加强肋的另一种结构形式，称为凸壁式，其刚度较大。

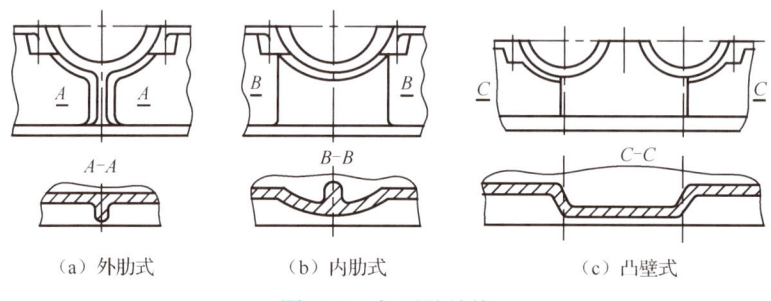

图 12-2 加强肋结构

（2）当轴承座是剖分式结构时，还要保证它的连接刚度。为了提高轴承座处的连接刚度，座孔两侧的连接螺栓应尽量靠近（以不与端盖螺钉孔干涉为原则），为此，轴承座孔旁应做出凸台，如图 12-3 所示。

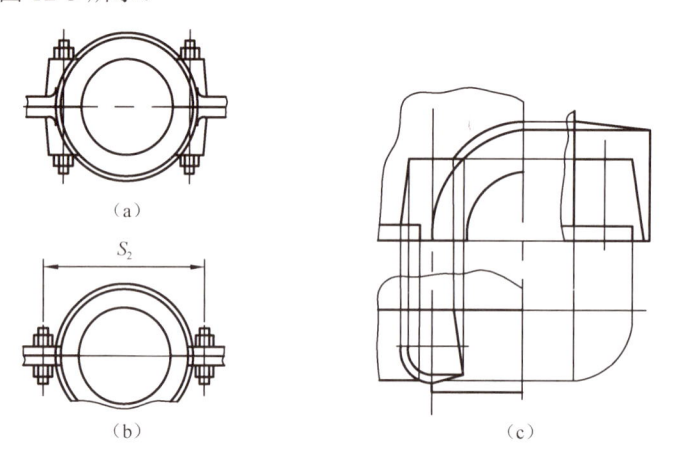

图 12-3 轴承座孔旁的凸台

凸台的高度设计要保证其在安装时有足够的扳手空间，扳手空间位置根据 c_1、c_2 来确定，如图 12-4 所示。

第 12 模块　减速器箱体及其附件的结构设计

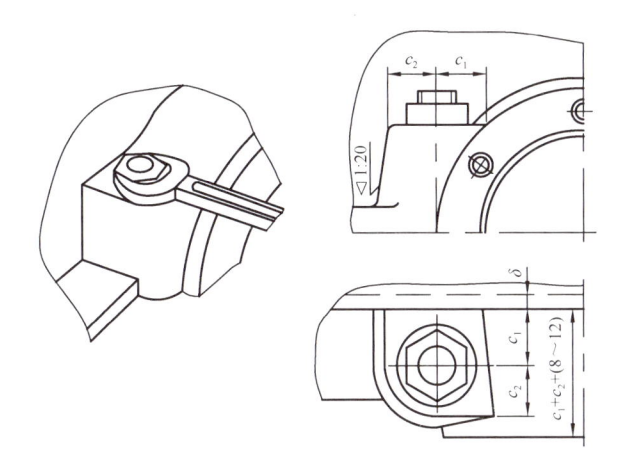

图 12-4　扳手空间位置（长度单位：mm）

图 12-3（b）所示的加强肋没有凸台，连接螺栓的距离 S_2 较大，刚度小。在画凸台结构时，应在三个基本视图上同时进行，其投影关系如图 12-3（c）所示。当凸台位置在箱壁外侧时，凸台可做成图 12-5 所示的结构。

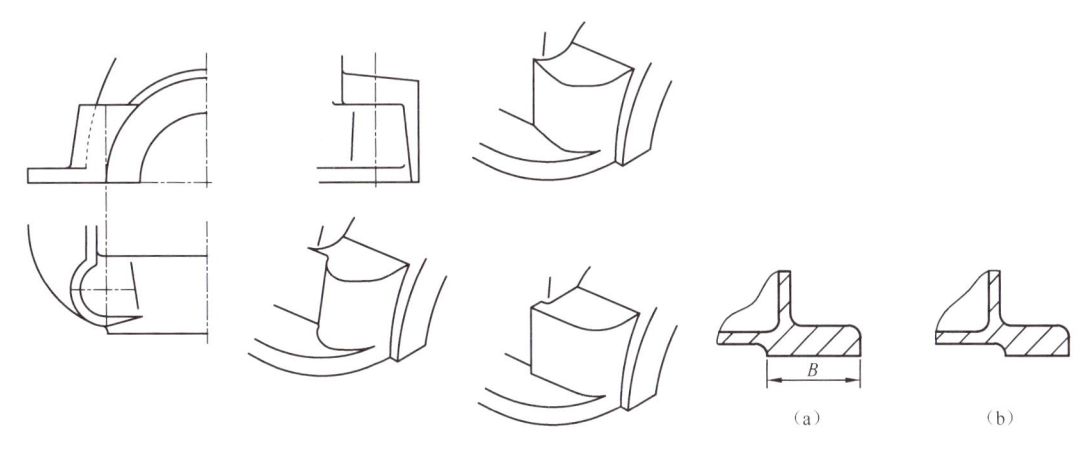

（3）为了保证箱体的刚度，箱盖和箱座的连接凸缘应取厚一些。箱座底凸缘的宽度 B ［见图 12-6（a）］应超过箱体内壁。图 12-6（b）所示为不好的结构。

图 12-5　凸台的结构　　　　图 12-6　箱体底部的结构

2. 应考虑箱体内零件的润滑、密封及散热

具体内容见 12.3.1 节。

3. 箱体结构要具有良好的工艺性

箱体结构具有良好的工艺性对于提高加工精度和装配质量、提高劳动生产率及便于检修维护等方面有着直接影响，故应对其特别注意。

1）铸造工艺性

在设计铸造箱体时，应考虑到铸造工艺的特点，力求形状简单、壁厚均匀、过渡平缓、金属无局部积聚。

考虑到液态金属流动的畅通性，铸件壁厚不可太薄，其最小值可查阅《机械设计手册》，砂型铸造圆角半径可取 $r \geq 5$mm。

为了避免因冷却不均而造成的内应力裂纹或缩孔，箱体各部分的壁厚应均匀。当由较厚部分过渡到较薄部分时，应采用平缓的过渡结构，具体尺寸可查阅《机械设计手册》。《机械设计手册》中的数值适用于 $h=(2\sim3)\delta$ 的情况，当 $h>3\delta$ 时，应增大该数值；当 $h<2\delta$ 时，无须进行过渡。

为了避免金属的局部积聚，不宜采用形成锐角的倾斜肋，如图 12-7（a）所示，图 12-7（b）所示为正确结构。

2）机械加工工艺性

在设计减速器箱体结构时，应尽可能减少机械加工面积，以提高劳动生产率，并减少刀具磨损，在图 12-8 所示的箱座底面结构中，图 12-8（d）所示为较好的结构，小型箱体则多采用图 12-8（b）所示的结构。

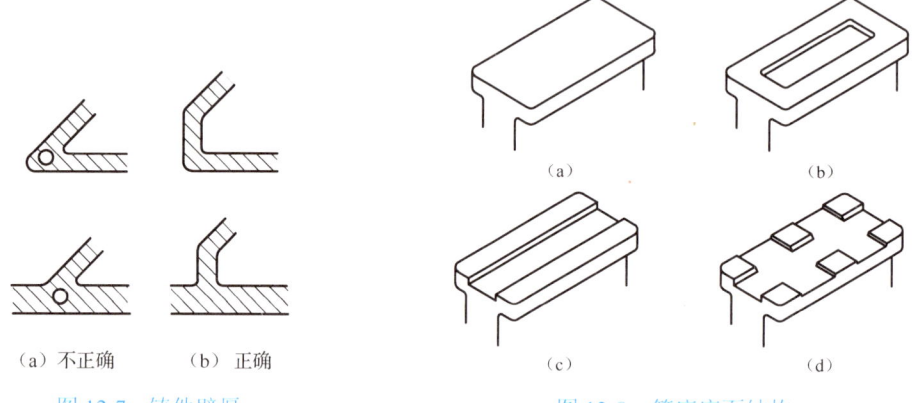

图 12-7　铸件壁厚

图 12-8　箱座底面结构

为了保证加工精度并缩短加工工时，应尽量减少机械加工时的工件和刀具的调整次数。例如，同一轴心线的两个轴承座孔直径应尽量一致，以便于镗孔及保证镗孔精度；同一方向的平面应尽量一次调整加工。各轴承座端面都应在同一平面上，如图 12-9 所示。

箱体的任何一处加工面与非加工面都必须严格分开。例如，箱盖的轴承座端面需要加工，因此应当凸出，如图 12-10（a）所示，图 12-10（b）所示为不合理的结构。

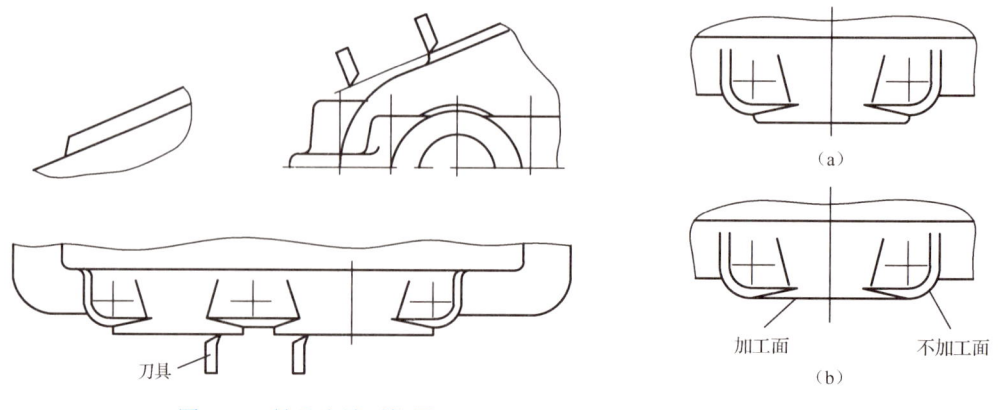

图 12-9　轴承座端面位置

图 12-10　轴承座端面结构

与螺栓头部或螺母接触的支承面应进行机械加工，可采用图 12-11 所示的结构。

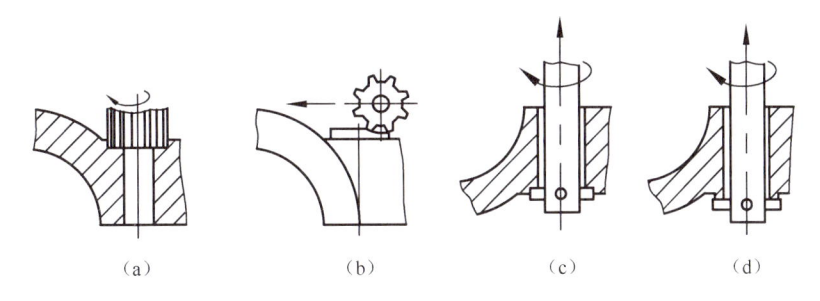

图 12-11 支承面的结构

以上内容简单介绍了减速器箱体主要部分的结构及其尺寸，在进行设计时，对具体情况应进行具体分析，不能生搬硬套。一般来说，应尽量采用标准零件和标准尺寸，经验公式和数据可作为参考。减速器箱体各部分的结构尺寸不仅应满足工作条件和结构工艺性等方面的要求，还应注意结构的匀称和尺寸的协调。

任务实施与训练

12.1.4 减速器箱体的结构和主要结构尺寸的计算

1. 设计要求分析

在冲床的传动系统中，齿轮传动是闭式传动，采用展开式圆柱齿轮减速器的结构。减速器箱体的结构的设计应综合考虑工作性能、加工工艺、材料消耗、质量及成本等因素。

2. 设计步骤

设计步骤如下：

设 计 项 目	计 算 及 说 明	设 计 结 果
1. 选择减速器箱体的结构	考虑装配工艺性	剖分式箱体
2. 选择减速器箱体的材料	减速器箱体材料多用灰铸铁	HT150
3. 减速器箱体结构尺寸的计算	查阅《机械设计手册》	
1）箱座壁的厚度 δ	$\delta=0.025a+3=0.025\times154+3=6.85$mm	$\delta=8$mm
2）箱盖壁的厚度 δ_1	$\delta_1=0.02a+3=6.08$mm	$\delta_1=8$mm
3）箱座凸缘的厚度 b	$b=1.5\delta=1.5\times8=12$mm	$b=12$mm
4）箱盖凸缘的厚度 b_1	$b_1=1.5\delta_1=12$mm	$b_1=12$mm
5）箱座底凸缘的厚度 b_2	$b_2=2.5\delta=20$mm	$b_2=20$mm
6）地脚螺钉的直径 d_f	$d_f=0.036a+12$mm	$d_f=20$mm
7）地脚螺钉的数目 n	$n=4$	$n=4$
8）轴承旁连接螺栓的直径 d_1	$d_1=0.75d_f$	$d_1=15$mm
9）盖与座连接螺栓的直径 d_2	$d_2=(0.5\sim0.6)d_f$	$d_2=12$mm
10）连接螺栓的间距 l	$l=150\sim200$mm	$l=180$mm

续表

设 计 项 目	计算及说明	设 计 结 果
11）轴承端盖螺钉的直径 d_3	$d_3=(0.4\sim0.5)d_f$	$d_3=10$mm
12）视孔盖螺钉的直径 d_4	$d_4=(0.3\sim0.4)d_f$	$d_4=8$mm
13）定位销的直径 d	$d=(0.7\sim0.8)d_2$	$d=9$mm
14）d_f、d_1、d_2至外箱壁的距离 c_1	查表	$c_1=18$mm
15）d_f、d_2至凸缘边缘的距离 c_2	查表	$c_2=16$mm
16）轴承旁凸台的半径 R_1	$R_1=c_2$	$c_2=16$mm
17）凸台的高度 h	根据低速级轴承座的外径确定，以便于扳手操作为准	$h=18$mm
18）外箱壁至轴承座端面的距离 l_1	$l_1=c_1+c_2+(5\sim10)$	$l_1=42$mm
19）大齿轮顶圆与内箱壁的距离 Δ_1	$\Delta_1>1.2\delta$	$\Delta_1=10$mm
20）齿轮端面与内箱壁的距离 Δ_2	$\Delta_2>\delta$	$\Delta_2=10$mm
21）箱座肋的厚度 m	$m\approx0.85\delta$	$m=7$mm
22）箱盖肋的厚度 m_1	$m_1\approx0.85\delta_1$	$m_1=7$mm

12.2 任务2——设计减速器箱体附件的结构

任务描述与分析

为了使减速器能正常工作，在设计时，减速器箱体上必须设置一些附件，以便于减速器润滑油池的注油、排油、检查油面高度，以及箱体的连接、定位和吊装等。

本任务根据减速器的工作性能、加工工艺、材料消耗、质量及成本等因素设计减速器箱体的结构。具体内容包括：

（1）轴承盖和套杯的结构设计。
（2）其他附件的结构设计。
（3）减速器箱体附件的结构设计。

相关知识与技能

12.2.1 轴承盖和套杯的结构设计

为了固定轴系部件的轴向位置并承受轴向载荷，轴承座孔两端用轴承端盖封闭，并通过调整垫片调整轴承间隙，如图12-12（a）所示。

轴承盖的结构有嵌入式和凸缘式两种，每种结构又有闷盖和透盖之分，具体结构尺寸可查阅《机械设计手册》。

嵌入式轴承盖结构简单、紧凑，无须固定螺钉，外径小、质量轻、外伸轴尺寸短。但其拆装端盖困难，密封性能较差，调整轴承间隙比较麻烦，需要打开机盖才能放置调整垫片，只适用于向心球轴承（不调间隙），如图12-12（b）所示。例如，用嵌入式轴承盖固定角接触轴承时，应在端盖上增加调整螺钉，以便于调整，如图12-12（c）所示。嵌入式轴承端盖多用于质量轻、结构紧凑的场合，有关尺寸可查阅《机械设计手册》。

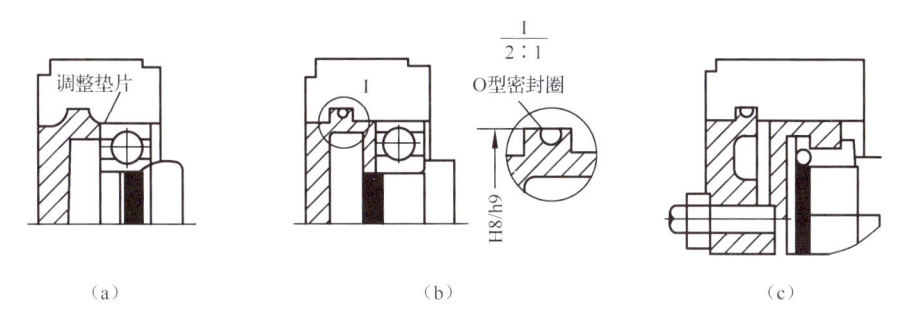

(a)　　　　　　　(b)　　　　　　　(c)

图 12-12　嵌入式轴承盖

凸缘式轴承盖的安装、拆卸和轴承间隙的调整都比较方便，密封性能较好，所以应用较多。其缺点是外廓尺寸大，需要用一组螺钉来连接。其尺寸可查阅《机械设计手册》。

当端盖与孔的配合处宽度 L 较长时，为了减少接触面，可在端部铸出或车出一段较小的直径 D'，如图 12-13（a）所示，但必须保留足够的长度 l，否则拧紧螺钉时容易使端盖倾斜，轴承受力不均，可取 $l = 0.15D$，D 为轴承外径，在图 12-13（b）中，端面凹入 δ 的距离，这也是为了减少加工面。

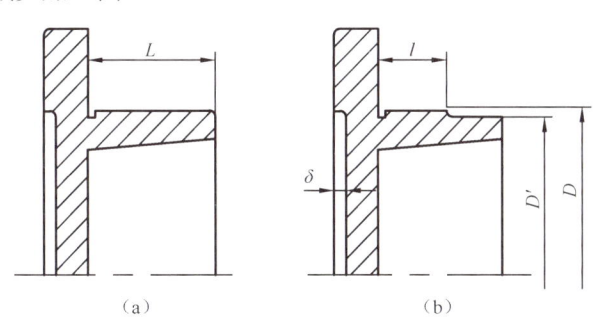

(a)　　　　　　　(b)

图 12-13　凸缘式轴承盖

由于端盖多用铸铁铸造，因此要注意考虑铸造工艺。例如，在设计穿通式轴承端盖时，装置密封件需要较大的端盖厚度，如图 12-14（a）所示，这时应考虑铸造工艺，尽量使整个端盖厚度均匀，如图 12-14（b）和图 12-14（c）所示，这些是较好的结构。

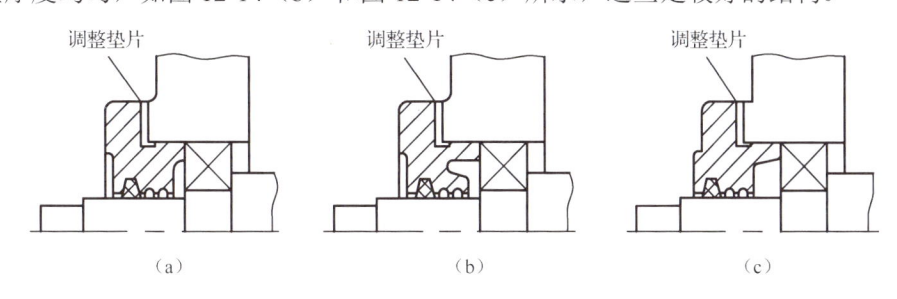

(a)　　　　　　　(b)　　　　　　　(c)

图 12-14　穿通式轴承端盖

调整垫片可用来调整轴承间隙、游隙及轴的轴向位置。在端盖与机体之间放置由若干个薄片组成的调整垫片组，如图 12-14 所示。调整垫片组是由厚度不同的垫片组成的，调整垫片组的参数如表 12-1 所示。在实际应用中，可以根据需要自行设计调整垫片，垫片多为软钢片或薄铜片。

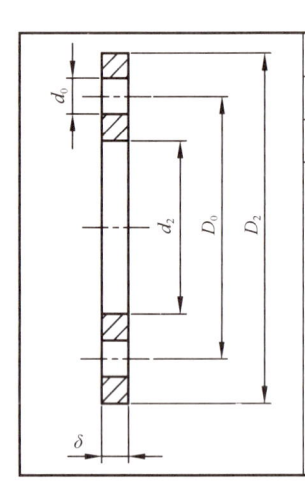

表 12-1　调整垫片组的参数

组别	A 组			B 组			C 组		
厚度 δ	0.50	0.20	0.10	0.50	0.15	0.10	0.50	0.15	0.12
片数 z	3	4	2	1	4	4	1	3	3

（1）材料：软钢片或薄铜片。
（2）凸缘式轴承端盖用的调整垫片：$d_2=D+(2\sim4)$mm，D 为轴承外径；D_0、D_2 和 d_0 由轴承端盖结构确定。
（3）嵌入式轴承端盖用的调整环：$D_2=D-1$mm，d_2 由轴承外圈的安装尺寸确定。
（4）建议准备若干个厚度为 0.05mm 的垫片，以备调整微量间隙用

12.2.2　其他附件的结构设计

1．观察孔盖板

为了检查传动零件的啮合情况并向箱体内注入润滑油，应在箱体的适当位置设置观察孔。为了减少润滑油中的杂质，可在观察孔的孔口装滤油网。

为了便于观察及注油，观察孔应开在啮合齿轮上方的箱盖顶部，确保能看到传动零件啮合区的位置，并有足够大的孔径使手能伸入观察孔进行操作。

平时用盖板盖住观察孔，用螺钉将盖板固定在箱盖上。盖板底部垫有纸质封油垫片以防止漏油，盖板常用钢板或铸铁制成。

为了减少加工面，与盖板配合处的箱盖上制有凸台，在刨削凸台面时不应与其他面相撞。观察孔凸台结构如图 12-15 所示。

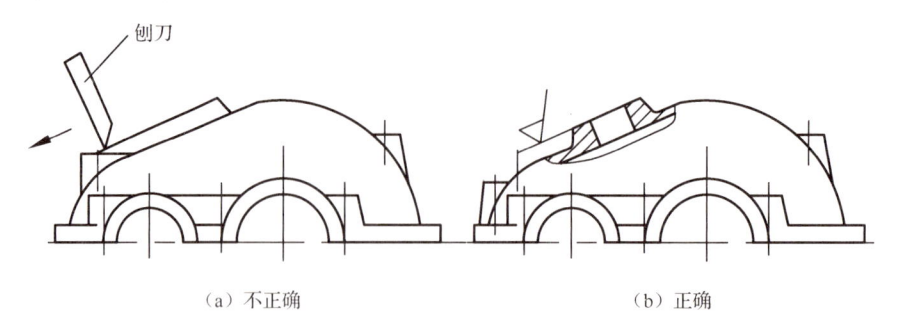

（a）不正确　　　　　　　（b）正确

图 12-15　观察孔凸台结构

观察孔盖的结构和尺寸如表 12-2 所示。

表 12-2 观察孔盖的结构和尺寸　　　　　　　　　　　　　　　　　　长度单位：mm

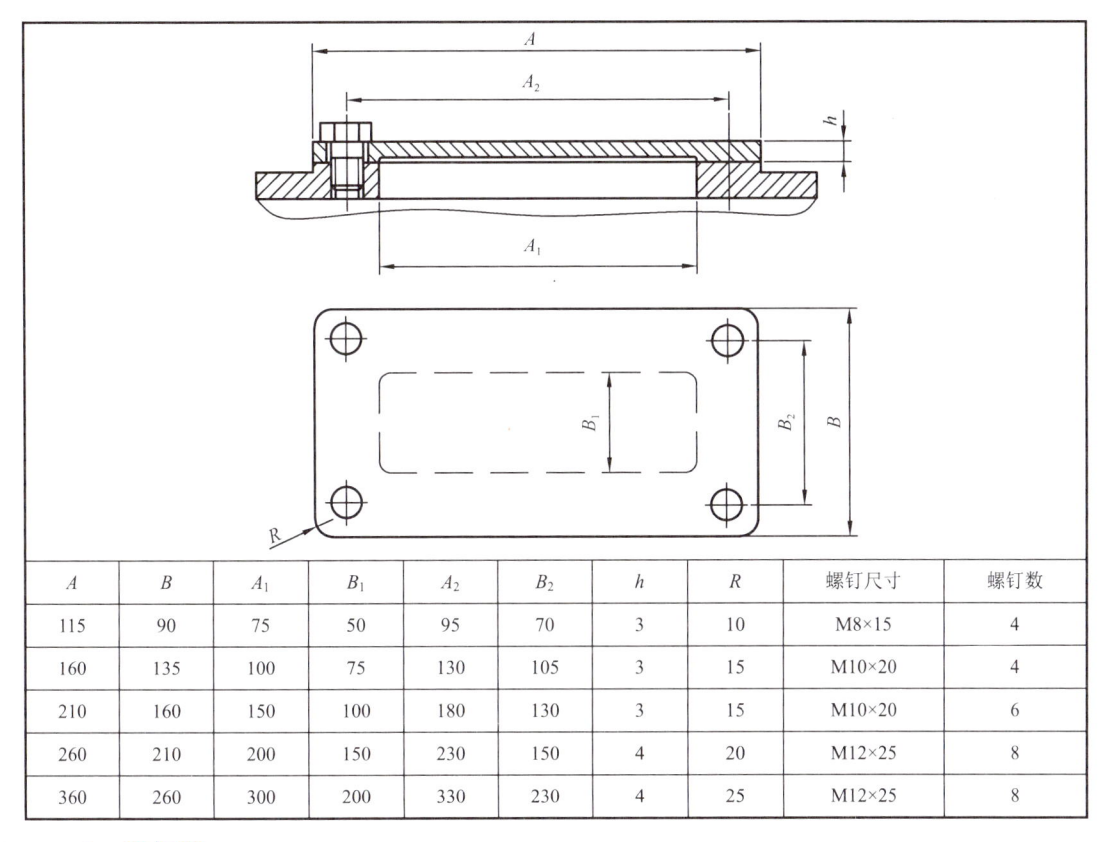

A	B	A_1	B_1	A_2	B_2	h	R	螺钉尺寸	螺钉数
115	90	75	50	95	70	3	10	M8×15	4
160	135	100	75	130	105	3	15	M10×20	4
210	160	150	100	180	130	3	15	M10×20	6
260	210	200	150	230	150	4	20	M12×25	8
360	260	300	200	330	230	4	25	M12×25	8

2．通气器

减速器在工作时，减速器箱体内温度升高，气体膨胀，压力增大，这对减速器的密封极为不利。使用通气器可以使减速器箱体内的热胀空气自由排出，以保持箱内、外压力的平衡而不使润滑油沿分合面、轴伸密封处或其他缝隙泄漏，从而提高减速器箱体的密封性能。

通气器多装在箱盖顶部或观察孔盖上，以便箱内的热胀空气自由排出。

简易的通气器常由带孔螺钉制成，但通气孔不能直通顶端，以免灰尘进入，如图 12-16（a）所示，这种通气器可用于比较清洁的场合。

较完善的通气器内部有各种曲路，并有金属网，可以减少停车后灰尘随空气吸入箱体的情况，如图 12-16（b）所示。

常用的通气器结构和尺寸可查阅《机械设计手册》。

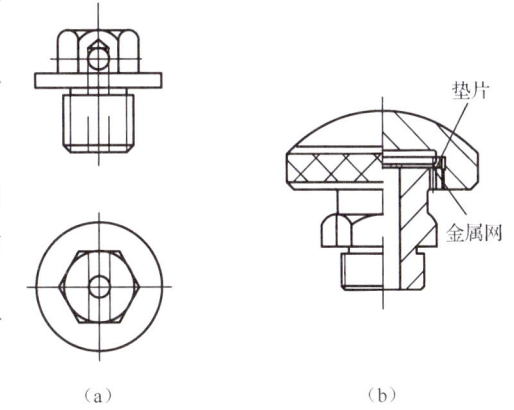

图 12-16 通气器

3．油标

油标的作用是观察箱内油面高度，它应安置在油面稳定且便于观察油面高度之处，如低速级传动件附近。

油面有最低油面和最高油面之分。最低油面为传动件正常运转时的油面，其高度由传动件浸油润滑的要求来确定。

常用的油标有油标尺、圆形油标、长方形油标等。

带有螺纹的油标尺应用得较多，其结构和安装方式如图 12-17（a）所示。该油标尺结构简单，标尺上刻有最高、最低油面标线，可以从箱座侧面或箱盖上插入，其只能在减速器停车时检查油面，根据标尺上的油痕判断油面高度是否合适。为了避免油的搅动影响检查效果，可在油标尺外装隔离套，如图 12-17（b）所示。

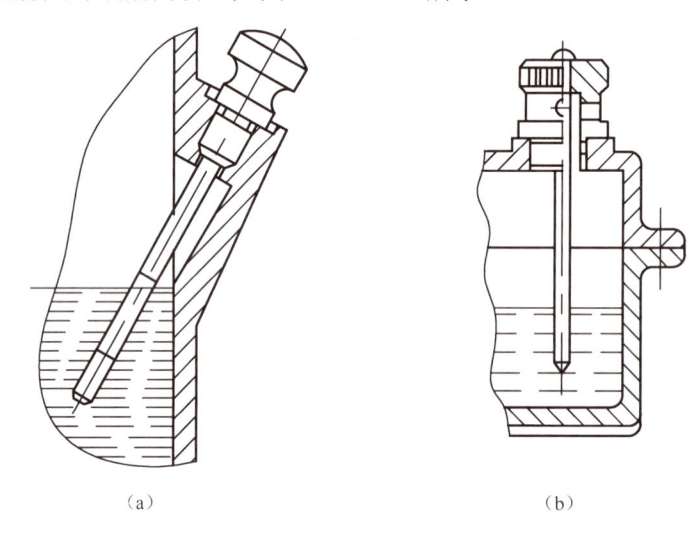

（a）　　　　　　　　　（b）

图 12-17　带有螺纹的油标尺

在使用油标尺时，应使机座油标尺座孔的倾斜位置便于加工和使用，若其座孔太低或倾斜度太小，则箱内的润滑油易溢出；若其座孔太高或倾斜度太大，则油标难以拔插，插孔也难以加工。油标尺座孔的倾斜位置如图 12-18 所示，其视图如图 12-19 所示。

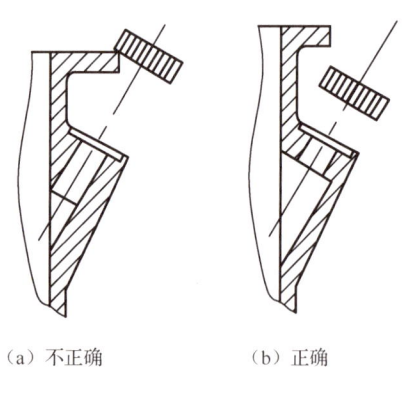

（a）不正确　　　（b）正确

图 12-18　油标尺座孔的倾斜位置　　　　图 12-19　油标尺座孔的视图

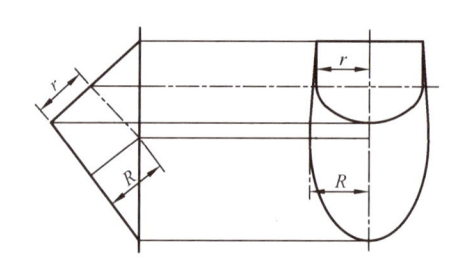

油标尺的结构尺寸可查阅《机械设计手册》。

4．油塞

油塞用于换油时排出箱内的污油。

第12模块 减速器箱体及其附件的结构设计

排油孔的位置应在箱座最底部,安装油塞的箱外一侧应避免与其他机件靠近,以便于放油(见图12-20)。

图12-20(a)中的排油孔位置和结构较好;图12-20(b)中的螺孔在加工时有半边攻丝现象;图12-20(c)的排油孔位置太高,油污不能排尽。

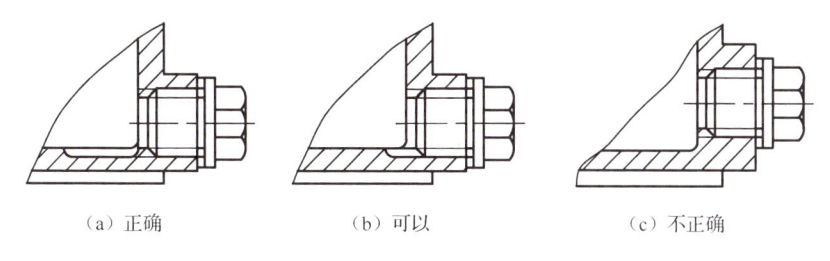

(a) 正确　　　　　(b) 可以　　　　　(c) 不正确

图12-20　油塞

平时用油塞堵住排油孔,油塞的直径为箱座壁厚的2～3倍,油孔处的箱体外壁应有凸台,并加封油圈以增强密封效果。

油塞和封油圈的结构尺寸如表12-3所示。

表12-3　油塞和封油圈的结构尺寸　　　　　　长度单位:mm

d	d_1	D	e	S	L	h	b	b_1	C
M12×1.25	10.2	22	15	13	24	12	3	2	1.0
M14×1.5	11.8	23	20.8	18	25	12	3		1.0
M18×1.5	15.8	28	24.2	21	27	15	3	3	1.0
M20×1.5	17.8	30	24.2	21	30	15	3	3	1.0
M22×1.5	19.8	32	27.7	24	30	15	3	3	1.0
M24×2	21	34	31.2	27	32	16	4		1.5
M27×2	24	38	34.6	30	35	17	4	4	1.5
M30×2	27	42	39.3	34	38	18	4	4	1.5
M33×2	30	45	41.6	36	42	20	5		1.5
M42×2	39	56	53.1	46	50	25	5		1.5

5. 吊环螺钉、吊耳和吊钩

当减速器的质量超过 25kg 时，为了拆卸和搬运减速器，在减速器箱体上应设置起吊装置。可采用吊环螺钉或直接在箱体上铸出吊耳和吊钩。

1）吊环螺钉

吊环螺钉一般安装在箱盖上，用以起吊小型减速器。为使吊环螺钉的支承面紧压在箱体凸缘面上，螺孔口应局部扩大。

吊环螺钉的螺孔尾部结构如图 12-21 所示，旋入吊环螺钉的螺孔的螺尾部分不应太短，以保证足够的承载能力。在加工螺孔时，钻头半边钻的行程不宜过长，以免在加工时钻头折断。

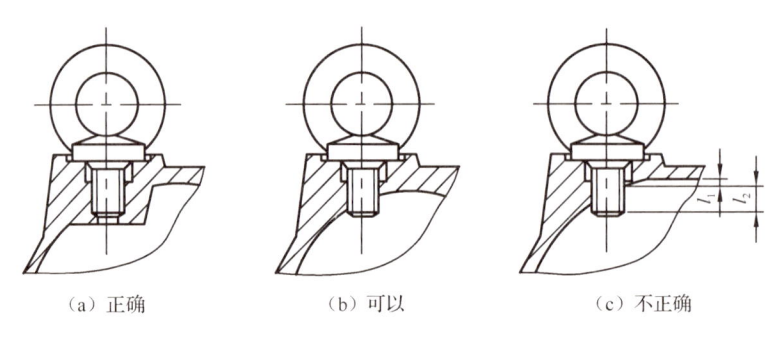

（a）正确　　　　（b）可以　　　　（c）不正确

图 12-21　吊环螺钉的螺孔尾部结构

吊环螺钉为标准件，可按起吊质量选择，具体尺寸可查阅《机械设计手册》。

2）吊耳和吊钩

为了减少螺孔和支承面的机加工，常在箱盖上直接铸出吊耳，用来吊运箱盖。

吊钩铸在箱座接合面的凸缘下部，用来吊运整台减速器。

吊耳和吊钩的尺寸可查阅《机械设计手册》。

6. 定位销

为保证每次拆装箱盖时仍保持轴承座孔制造加工时的精度，应在精加工轴承座孔前，在箱盖与箱座的连接凸缘上装配圆锥定位销。

在采用多销定位时，在箱体连接的凸缘面上，两个圆锥定位销应尽量相距远一些，以提高定位精度，且不宜对称布置，以免配错位。

定位销孔是在上、下箱体用螺栓连接紧固后，镗制轴承孔之前，进行钻、铰加工的，其位置应便于机加工和拆装，不应与邻近箱壁和螺栓等相碰。

定位销直径一般取 $d = (0.7 \sim 0.8)d_2$（d_2 为凸缘连接螺栓的直径），直径应取标准值，圆锥销的结构尺寸可查阅《机械设计手册》。定位销的长度应稍大于凸缘的总厚度，以利于拆装，如图 12-22（a）所示。图 12-22（b）和图 12-22（c）所示为不能从小端拆卸时的圆锥销结构及其拆卸方法。

7. 起盖螺钉

为了加强密封效果，在装配时通常在箱体剖分面上涂水玻璃或密封胶，而在拆卸时往往因胶结紧密难于开盖。为此，常在箱盖连接凸缘的适当位置加工出 1～2 个螺孔，旋入启盖螺钉，将上箱盖顶起，如图 12-23 所示。

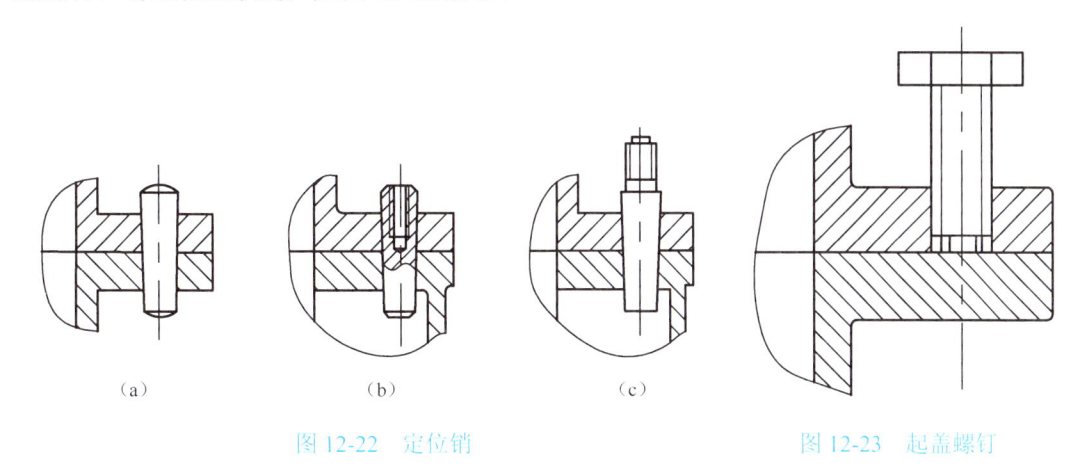

图 12-22　定位销　　　　　　　　　　　图 12-23　起盖螺钉

螺钉的螺纹长度应大于箱盖凸缘厚度，螺钉端部制成圆柱形或半圆柱形。起盖螺钉的直径与凸缘连接螺栓的直径相同。

任务实施与训练

12.2.3　减速器箱体附件的结构设计

1. 设计要求分析

减速器箱体附件按其典型结构及经验公式设计即可。

2. 设计步骤

设计步骤如下：

设 计 项 目	计算及说明
1. 轴承盖	轴承盖可以轴向固定轴及轴上零件，调整轴承间隙。整理使用凸缘式轴承盖，其密封性能好，易于调节轴向间隙
2. 观察孔和观察孔盖	可以在传动啮合区上方的箱盖上开设观察孔，用于观察传动件的啮合情况和润滑情况等，还可以由该孔向箱内注入润滑油
3. 通气器	通气器安装在观察孔盖上，用于保证箱内、外气压的平衡，以免润滑油沿箱体结合面、轴伸密封处及其他缝隙泄漏
4. 油标	在箱座高速级端靠上的位置设置油标，用于观察润滑油的高度是否符合要求
5. 油塞	油塞用于更换润滑油，设在与油标同一个面上，位于最低处
6. 起吊装置	在箱盖的两头分别设置一个吊耳，用于箱盖的起吊，而减速器的整体起吊则使用箱座上的吊钩，在箱座的两头分别设置两个吊钩
7. 定位销	为了保证箱体轴承孔的镗削精度和装配精度，在减速器的两端分别设置一个定位销
8. 起盖螺钉	起盖螺钉设置在箱盖的凸缘上，数量为 2 个，一边 1 个，用于开启箱盖

12.3 任务3——设计减速器的润滑和密封装置

任务描述与分析

减速器的润滑和密封直接影响它的寿命、效率及工作性能。本任务根据减速器的使用要求，设计减速器的润滑和密封装置。具体内容包括：

（1）设计减速器的润滑装置。
（2）设计减速器的密封装置。
（3）减速器的润滑和密封装置的设计。

相关知识与技能

绝大多数中、小型减速器采用滚动轴承，滚动轴承是标准件，在对其进行设计时只需要选择轴承的类型和型号并进行组合设计即可。

滚动轴承部件的结构设计主要考虑轴承的支承结构形式、支承刚度，以及轴承的固定、调整、拆装、密封及润滑等。下面从轴承端盖结构、调整垫片、轴承的润滑与密封等方面进行介绍。

12.3.1 设计减速器的润滑装置

1. 传动件的润滑

根据轴颈的速度，轴承可以用润滑脂或润滑油润滑。

当浸油齿轮的圆周速度 $v<2\mathrm{m/s}$ 时，宜用润滑脂润滑；对于大多数减速器，由于其传动件的圆周速度为 $2\mathrm{m/s} \leqslant v \leqslant 12\mathrm{m/s}$，故常用浸油润滑。因此，箱体内需要有足够的润滑油，用以润滑和散热。同时，为了避免油搅动时沉渣泛起，齿顶到油池底面的距离 H 应为 30～50mm。浸油润滑如图 12-24 所示，由此即可确定箱座的高度。

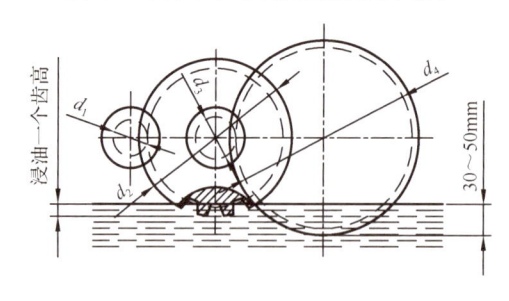

图 12-24 浸油润滑

在浸油深度确定后，即可确定所需油量，并可按传递功率大小进行验算，以保证散热。对于单级传动，每传递 1kW 功率，需要的油量 $V_0=0.35$～$0.7\mathrm{dm}^3$；对于多级传动，此油量按级数成比例增加。若不满足工作要求，则应适当增加箱座高度，以保证足够大的油池容积。

2. 轴承的润滑

当轴承利用箱体内的润滑油进行润滑时，可在剖分面连接凸缘上做油沟，使飞溅的润滑油沿箱盖经油沟通过端盖的缺口进入轴承。油沟及其尺寸如图 12-25 所示。采用不同加工方法的油沟如图 12-26 所示。

图 12-25　油沟及其尺寸

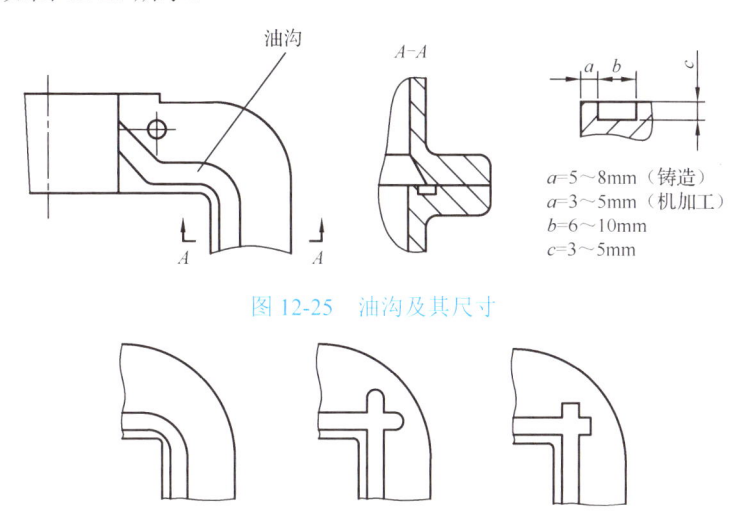

$a=5\sim 8$mm（铸造）
$a=3\sim 5$mm（机加工）
$b=6\sim 10$mm
$c=3\sim 5$mm

图 12-26　采用不同加工方法的油沟

对于采用浸油润滑的多级传动，若低速级大齿轮的浸油深度超过 1/3 的分度圆半径，则搅油损失过大，这时可减少低速级大齿轮的浸油深度，而高速级齿轮则利用溅油装置润滑。

为了保证箱盖与箱座连接处的密封，连接凸缘应有足够的宽度，连接表面应精刨，表面粗糙度 Ra 应不大于 6.3。对密封要求较高的表面要经过刮研。此外，凸缘连接螺栓之间的距离不宜太大，一般为 150～200mm，并应尽量匀称布置，以保证剖分面处的密封性。

为防止装配时端盖上的槽没有对准油沟而将油路堵塞，可将端盖的端部直径取小一些，使端盖在任何位置时油都可以流入轴承，如图 12-27 所示。

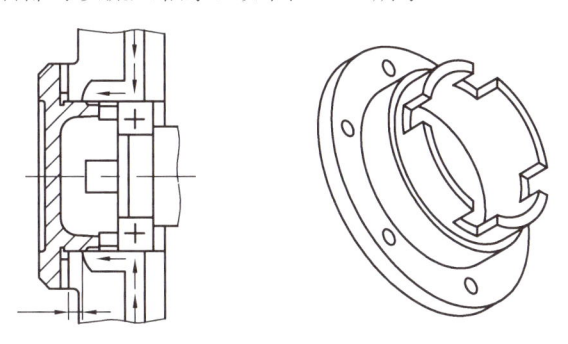

图 12-27　油润滑端盖

12.3.2　设计减速器的密封装置

1. 轴伸出端的密封

轴伸出端的密封是为了防止轴承处的润滑油流出及箱外的污物、灰尘和水汽进入轴承腔。

常见的密封种类有接触式密封和非接触式密封两大类，接触式密封有橡胶油封、毡圈油封，非接触式密封有油沟密封、迷宫密封，如图12-28所示。

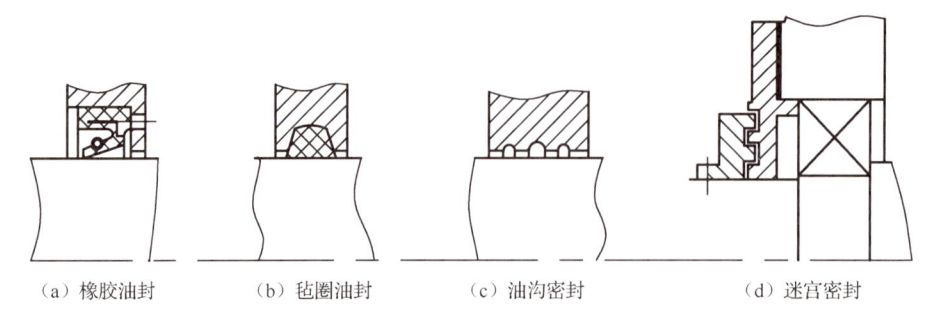

（a）橡胶油封　　（b）毡圈油封　　（c）油沟密封　　（d）迷宫密封

图12-28　常见的密封种类

1）橡胶油封

橡胶油封如图12-28（a）所示，其效果较好，应用广泛。橡胶油封的密封件的装配方向不同，密封效果也不同，图12-28（a）中的装配方法对左边结构的密封效果较好。若采用两套橡胶油封相对放置，则密封效果更好。

橡胶油封有两种结构，一种是油封内带有金属骨架的，如图12-28（a）所示，其与孔配合安装，不需要有另外的轴向固定装置；另一种是没有金属骨架的，这时需要有另外的轴向固定装置。

橡胶油封的尺寸可查阅《机械设计手册》。

2）毡圈油封

毡圈油封如图12-28（b）所示，将矩形毡圈压入梯形槽，使之产生对轴的压紧作用而实现密封。它的结构简单，价格低廉，安装方便，但接触面的摩擦磨损大，毡圈寿命短，功耗大，一般用在轴颈的圆周速度 v<5m/s、工作温度 t<90℃、使用脂润滑的轴承中。在安装前，毡圈需要用热矿物油（80～90℃）浸渍。

毡圈油封装置如图12-29所示。

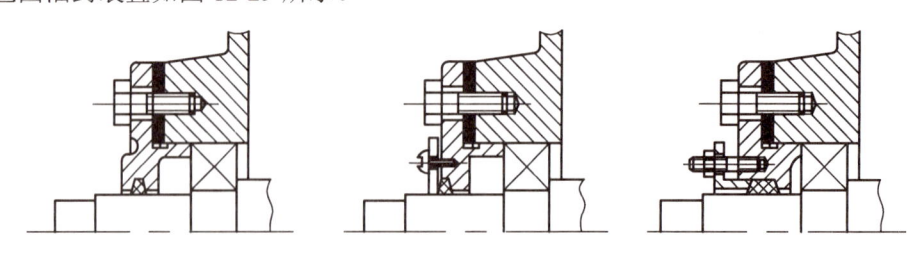

图12-29　毡圈油封装置

毡圈油封的尺寸可查阅《机械设计手册》。

3）油沟密封

油沟密封如图12-28（c）所示，轴和轴承盖间有0.1～0.3mm的间隙，轴承盖上开有环槽，其内部填充润滑脂，以增强密封效果。

油沟密封常用于污染和潮湿不严重的环境，轴承使用脂润滑。油沟密封的结构简单，但密封效果较差。

油沟密封和槽的尺寸可查阅《机械设计手册》。

4）迷宫密封

迷宫密封如图 12-28（d）所示，利用轴承盖和轴间的曲折狭缝密封，用于多尘、潮湿环境，轴承可使用脂或油润滑。迷宫密封的密封效果好，但加工复杂。

迷宫密封和槽的尺寸可查阅《机械设计手册》。

2. 轴承靠箱体内侧的密封

在确定润滑方式后，要考虑轴承靠箱体内侧的密封，其按密封作用可分为封油环和挡油环两种。

1）封油环

封油环用于脂润滑的轴承，可防止润滑油进入轴承后将油脂稀释而减弱润滑效果，图 12-30（a）～（c）所示为固定式封油环，其结构尺寸可参考轴伸出处的密封装置。图 12-30（d）和图 12-30（e）所示为旋转式封油环，利用离心力可以甩掉从箱壁上流下来的润滑油及飞溅起来的润滑油和杂质，密封效果比固定式好。图 12-30（e）中的旋转式封油环的尺寸可参考图 12-30（f）。

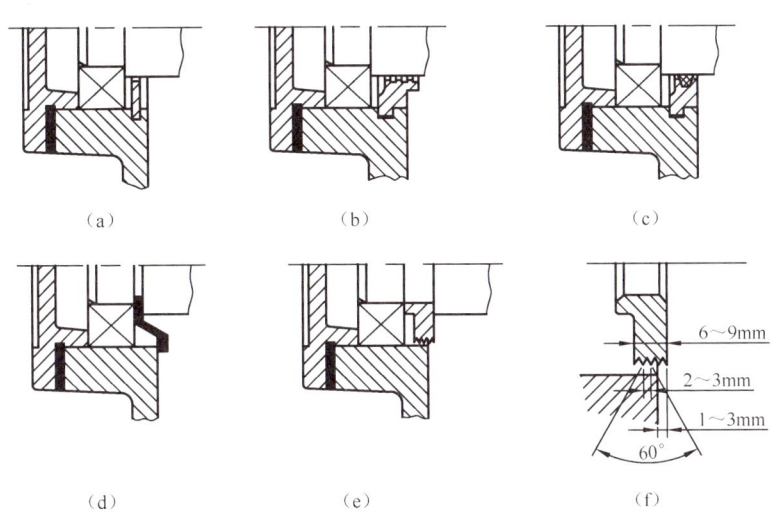

图 12-30 封油环密封装置

2）挡油环

当轴承旁边为斜齿轮，而且斜齿轮的直径小于轴承的外径时，由于斜齿轮有沿齿轮轴向排油的作用，过多的润滑油冲向轴承，在高速时尤其严重，会增加轴承阻力，因此应在轴承旁放置挡油环，如图 12-31 所示。

挡油环与座孔间留有较大的间隙，允许一定量的润滑油仍能溅入轴承腔内进行润滑。

挡油环可用薄钢板冲压或用圆钢车制，也可以铸造成型。

（a） （b） （c）

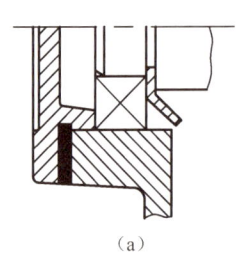

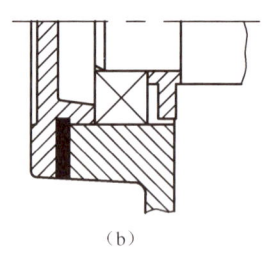

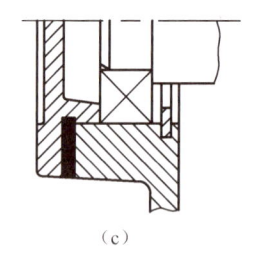

图 12-31 挡油环

任务实施与训练

12.3.3　减速器的润滑和密封装置的设计

1．设计要求分析

减速器的润滑和密封必须考虑齿轮的润滑形式、轴承的润滑形式、轴伸出端的密封、轴承靠箱体内侧的密封、箱盖与箱座的密封。

2．设计步骤

设计步骤如下：

设 计 项 目	计 算 及 说 明	结　　果
1．齿轮的润滑形式	$v=\dfrac{\pi dn}{60\times 1000}$ =2.5m/s≤12m/s	采用浸油润滑，并采用 SHO357-92 中的 50 号油
2．轴承的润滑形式	高速轴： dn=60×69.91=4194.6mm·r/min<1.5×10^5 mm·r/min	采用脂润滑
3．轴伸出端的密封	要求密封结构简单，价格低廉，安装方便	采用毡圈密封
4．轴承靠箱体内侧的密封	用于脂润滑的轴承	封油环
5．箱盖与箱座的密封	涂水玻璃密封能有效地减振	采用涂水玻璃密封

12.4　模块小结

本模块详细介绍了减速器箱体及附件的结构设计，结合冲床的传动系统中减速器的设计，重点阐述了减速器箱体的结构设计、减速器箱体附件的结构设计、减速器的润滑和密封装置的设计。

本模块有以下几个知识点。

（1）减速器箱体的结构及尺寸计算。

（2）减速器箱体附件的结构。

（3）减速器的润滑和密封装置的类型及选择。

12.5 知识拓展

其他常用减速器箱体的结构及应用特点如表 12-4 所示。

表 12-4　其他常用减速器箱体的结构及应用特点

类　型	结　构	应 用 特 点
一级圆柱齿轮减速器		一级圆柱齿轮减速器只有一对齿轮传动,输入轴为高速端,一般由电动机通过皮带传动或直连输入,以达到需要的速度比输出。一级圆柱齿轮减速器由箱体和两对轴承组成,结构简单,成本低,易于维护
二级圆柱齿轮减速器		二级圆柱齿轮减速器具有体积小、质量轻、承载能力大、传动平稳、效率高、可配电动机的范围广等特点,广泛应用于各行业需要减速的设备
圆锥齿轮减速器		圆锥齿轮减速器用来传递两相交轴之间的运动和动力。在一般机械中,取 $\Sigma=90°$
蜗杆减速器		蜗杆减速器是一种动力传达机构,利用齿轮的速度转换器将电动机的回转数减到所需的回转数,并得到较大转矩的机构。目前,在传递动力与运动的机构中,蜗杆减速器的应用范围相当广泛
圆柱圆锥齿轮减速器		圆柱圆锥齿轮减速器的承载能力强,体积小,噪声低,适用于入轴、出轴成直角布置的机械传动。齿轮经渗碳、淬火、磨齿工艺制造,为 6 级精度,硬度可达 54～62HRC,主要用于运输机械、冶金、矿山、化工、煤炭、建材、轻工、石油等各种通用机械

附录 A　附表

表 A-1　普通 V 带轮的基准直径（d）系列（摘自 GB/T 13575—2008）

基准直径公称值/mm	型号 Y	型号 Z	型号 A	型号 B	型号 C	基准直径公称值/mm	型号 Z	型号 A	型号 B	型号 C	型号 D	型号 E
28	*					265				+		
31.5	*					280	*	*	*	*		
35.5	*					300				*		
40	*					315	*	*	*	*		
45	*					335				+		
50	*	*				355	*	*	*	*	*	
56		*				375					+	
63	*	*				400	*	*	*	*	*	
71	*	*				425					*	
75			*	*		450	*	*	*	*		
80	*	*	*			475					+	
85				+		500	*	*	*	*	*	*
90	*	*	*			530						*
95				+		560	*	*	*	*	*	*
100	*	*	*			600			+	*	+	*
106				+		630	*	*	*	*	*	
112	*	*	*			670						
118				+		710		*	*	*	*	*
125	*	*	*	*		750			+	*	*	
132			+	+		800		*	*	*	*	*
140			*	*		900			+	*	*	*
150			*	*	*	1 000		*	*	*	*	*
160			*	*	*	1 060					*	
170				+		1 120		*	*	*	*	*
180			*	*	*	1 250				*	*	*
200			*	*	*	1 400				*	*	*
212					*	1 500					*	*
224			*		*	1 600				*	*	*
236					*	1 800					*	*
250			*	*	*	2 000					*	*

注：1. 标记*的带轮的基准直径为推荐值，其对应的每种型号截面中的最小值为该型号带轮的最小基准直径 d_{min}。

2. 尽量不选用标记+的带轮的基准直径。

3. 不推荐使用无记号的带轮的基准直径。

附录 A 附表

表 A-2 普通 V 带的基准长度系列 L_d 及带长修正系数 K_L

基准长度 L_d/mm	K_L							基准长度 L_d/mm	K_L						
	Y	Z	A	B	C	D	E		Y	Z	A	B	C	D	E
200	0.81							2 000			1.03	0.98	0.88		
224	0.82							2 240			1.06	1.00	0.91		
250	0.84							2 500			1.09	1.03	0.93		
280	0.87							2 800			1.11	1.05	0.95	0.83	
315	0.89							3 150			1.13	1.07	0.97	0.86	
355	0.92							3 550			1.17	1.09	0.99	0.89	
400	0.96	0.87						4 000			1.19	1.13	1.02	0.91	
450	1.00	0.89						4 500				1.15	1.04	0.93	0.90
500	1.02	0.91						5 000				1.18	1.07	0.96	0.92
560		0.94						5 600					1.09	0.98	0.95
630		0.96	0.81					6 300					1.12	1.00	0.97
710		0.99	0.83					7 100					1.15	1.03	1.00
800		1.00	0.85					8 000					1.18	1.06	1.02
900		1.03	0.87	0.82				9 000					1.21	1.08	1.05
1 000		1.06	0.89	0.84				10 000					1.23	1.11	1.07
1 120		1.08	0.91	0.86				11 200						1.14	1.10
1 250		1.11	0.93	0.88				12 500						1.17	1.12
1 400		1.14	0.96	0.90				14 000						1.20	1.15
1 600		1.16	0.99	0.92	0.83			16 000						1.22	1.18
1 800		1.18	1.01	0.95	0.86										

表 A-3 单根普通 V 带的基本额定功率 P_0 单位：kW

型号	小带轮的基准直径 d_{d1}/mm	小带轮转速 n_1/(r·min^{-1})									
		400	700	800	950	1 200	1 450	1 600	2 000	2 400	2 800
Z	50	0.06	0.09	0.10	0.12	0.14	0.16	0.17	0.20	0.22	0.26
	56	0.06	0.11	0.12	0.14	0.17	0.19	0.20	0.25	0.30	0.33
	63	0.08	0.13	0.15	0.18	0.22	0.25	0.27	0.32	0.37	0.41
	71	0.09	0.17	0.20	0.23	0.27	0.30	0.33	0.39	0.46	0.50
	80	0.14	0.20	0.22	0.26	0.30	0.35	0.39	0.44	0.50	0.56
	90	0.14	0.22	0.24	0.28	0.33	0.36	0.40	0.48	0.54	0.60
A	75	0.26	0.40	0.45	0.51	0.60	0.68	0.73	0.84	0.92	1.00
	90	0.39	0.61	0.68	0.77	0.93	1.07	1.15	1.34	1.50	1.64
	100	0.47	0.74	0.83	0.95	1.14	1.32	1.42	1.66	1.87	2.05
	112	0.56	0.90	1.00	1.15	1.39	1.61	1.74	2.04	2.30	2.51
	125	0.67	1.07	1.19	1.37	1.66	1.92	2.07	2.44	2.74	2.98

续表

型号	小带轮的基准直径 d_{d1}/mm	小带轮转速 n_1/(r·min^{-1})									
		400	700	800	950	1 200	1 450	1 600	2 000	2 400	2 800
A	140	0.78	1.26	1.41	1.62	1.96	2.28	2.45	2.87	3.22	3.48
	160	0.94	1.51	1.69	1.95	2.36	2.73	2.54	3.42	3.80	4.06
	180	1.09	1.76	1.97	2.27	2.74	3.16	3.40	3.93	4.32	4.54
B	125	0.84	1.30	1.44	1.64	1.93	2.19	2.33	2.64	2.85	2.96
	140	1.05	1.64	1.82	2.08	2.47	2.82	3.00	3.42	3.70	3.85
	160	1.32	2.09	2.32	2.66	3.17	3.62	3.86	4.40	4.75	4.89
	180	1.59	2.53	2.81	3.22	3.85	4.39	4.68	5.30	5.67	5.76
	200	1.85	2.96	3.30	3.77	4.50	5.13	5.46	6.13	6.47	6.43
	224	2.17	3.47	3.86	4.42	5.26	5.97	6.33	7.02	7.25	6.95
	250	2.50	4.00	4.46	5.10	6.04	6.82	7.20	7.87	7.89	7.14
	280	2.89	4.61	5.13	5.85	6.90	7.76	8.13	8.60	8.22	6.80
C	200	2.41	3.69	4.07	4.58	5.29	5.84	6.07	6.34	6.02	5.01
	224	2.99	4.64	5.12	5.78	6.71	7.45	7.75	8.06	7.57	6.08
	250	3.62	5.64	6.23	7.04	8.21	9.04	9.38	9.62	8.75	6.56
	280	4.32	6.76	7.52	8.49	9.81	10.72	11.06	11.04	9.50	6.13
	315	5.14	8.09	8.92	10.05	11.53	12.46	12.72	12.14	9.43	4.16
	355	6.05	9.50	10.46	11.73	13.31	14.12	14.19	12.59	7.98	—
	400	7.06	11.02	12.10	13.48	15.04	15.53	14.24	11.95	4.34	—
	450	8.20	12.63	13.80	15.23	16.59	16.47	15.57	9.64	—	—
D	355	9.24	13.70	16.15	17.25	16.77	15.63	—	—	—	—
	400	11.45	17.07	20.06	21.20	20.15	18.31	—	—	—	—
	450	13.85	20.63	24.01	24.84	22.02	19,59	—	—	—	—
	500	16.20	23.99	27.50	26.71	23.59	18.88	—	—	—	—
	560	18.95	27.73	31.04	29.67	22.58	15.13	—	—	—	—
	630	22.05	31.68	34.19	30.15	18.06	6.25	—	—	—	—
	710	25.45	35.59	36.35	27.88	7.99	—	—	—	—	—
	800	29.08	39.14	36.76	21.32	—	—	—	—	—	—

表 A-4 单根普通 V 带额定功率的增量 ΔP_0 单位：kW

型号	传动比 i	小带轮转速 n_1/(r·min^{-1})									
		400	700	800	950	1 200	1 450	1 600	2 000	2 400	2 800
Z	1.00～1.01	0.00	0.00	0.00	0.00	0.00	0.00	0.00	0.00	0.00	0.00
	1.02～1.04	0.00	0.00	0.00	0.00	0.00	0.00	0.01	0.01	0.01	0.01
	1.05～1.08	0.00	0.00	0.00	0.00	0.00	0.01	0.01	0.01	0.02	0.02
	1.09～1.12	0.00	0.00	0.00	0.01	0.01	0.01	0.01	0.02	0.02	0.02
	1.13～1.18	0.00	0.00	0.01	0.01	0.01	0.01	0.01	0.02	0.02	0.03
	1.19～1.24	0.00	0.00	0.01	0.01	0.01	0.02	0.02	0.02	0.03	0.03

续表

型号	传动比 i	小带轮转速 n_1/(r·min^{-1})									
		400	700	800	950	1 200	1 450	1 600	2 000	2 400	2 800
Z	1.25~1.34	0.00	0.01	0.01	0.01	0.02	0.02	0.02	0.02	0.03	0.03
	1.35~1.50	0.00	0.01	0.01	0.02	0.02	0.02	0.02	0.03	0.03	0.04
	1.51~199	0.01	0.01	0.02	0.02	0.02	0.02	0.03	0.03	0.04	0.04
	≥2.00	0.01	0.02	0.02	0.02	0.03	0.03	0.03	0.04	0.04	0.04
A	1.00~1.01	0.00	0.00	0.00	0.00	0.00	0.00	0.00	0.00	0.00	0.00
	1.02~1.04	0.01	0.01	0.01	0.01	0.02	0.02	0.02	0.03	0.03	0.04
	1.05~1.08	0.01	0.02	0.02	0.03	0.03	0.04	0.04	0.06	0.07	0.08
	1.09~1.12	0.02	0.03	0.03	0.04	0.05	0.06	0.06	0.08	0.10	0.11
	1.13~1.18	0.02	0.04	0.04	0.05	0.07	0.08	0.09	0.11	0.13	0.15
	1.19~1.24	0.03	0.05	0.05	0.06	0.08	0.09	0.11	0.13	0.16	0.19
	1.25~1.34	0.03	0.06	0.06	0.07	0.10	0.11	0.13	0.16	0.19	0.23
	1.35~1.50	0.04	0.07	0.08	0.08	0.11	0.13	0.15	0.19	0.23	0.26
	1.51~1.99	0.04	0.08	0.09	0.10	0.13	0.15	0.17	0.22	0.26	0.30
	≥2.00	0.05	0.09	0.10	0.11	0.15	0.17	0.19	0.24	0.29	0.34
B	1.00~1.01	0.00	0.00	0.00	0.00	0.00	0.00	0.00	0.00	0.00	0.00
	1.02~1.04	0.01	0.02	0.03	0.03	0.04	0.05	0.06	0.07	0.08	0.10
	1.05~1.08	0.03	0.05	0.06	0.07	0.08	0.10	0.11	0.14	0.17	0.20
	1.09~1.12	0.04	0.07	0.08	0.10	0.13	0.15	0.17	0.21	0.25	0.29
	1.13~1.18	0.06	0.10	0.11	0.13	0.17	0.20	0.23	0.28	0.34	0.39
	1.19~1.24	0.07	0.12	0.14	0.17	0.21	0.25	0.28	0.35	0.42	0.49
	1.25~1.34	0.08	0.15	0.17	0.20	0.25	0.31	0.34	0.42	0.51	0.59
	1.35~1.50	0.10	0.17	0.20	0.23	0.30	0.36	0.39	0.49	0.59	0.69
	1.51~1.99	0.11	0.20	0.23	0.26	0.34	0.40	0.45	0.56	0.68	0.79
	≥2.00	0.13	0.22	0.25	0.30	0.38	0.46	0.51	0.63	0.76	0.89
C	1.00~1.01	0.00	0.00	0.00	0.00	0.00	0.00	0.00	0.00	0.00	0.00
	1.02~1.04	0.04	0.07	0.08	0.09	0.12	0.14	0.16	0.20	0.23	0.27
	1.05~1.08	0.08	0.14	0.16	0.19	0.24	0.28	0.31	0.39	0.47	0.55
	1.09~1.12	0.12	0.21	0.23	0.27	0.35	0.42	0.47	0.59	0.70	0.82
	1.13~1.18	0.16	0.27	0.31	0.37	0.47	0.58	0.63	0.78	0.94	1.10
	1.19~1.24	0.20	0.34	0.39	0.47	0.59	0.71	0.78	0.98	1.18	1.37
	1.25~1.34	0.23	0.41	0.47	0.56	0.70	0.85	0.94	1.17	1.41	1.64
	1.35~1.50	0.27	0.48	0.55	0.65	0.82	0.99	1.10	1.37	1.65	1.92
	1.51~1.99	0.31	0.55	0.63	0.74	0.94	1.14	1.25	1.57	1.88	2.19
	≥2.00	0.35	0.62	0.71	0.83	1.06	1.27	1.41	1.76	2.12	2.47
D	1.00~1.01	0.00	0.00	0.00	0.00	0.00	0.00	0.00	—	—	—
	1.02~1.04	0.14	0.24	0.28	0.33	0.42	0.51	0.56	—	—	—
	1.05~1.08	0.28	0.49	0.56	0.66	0.84	1.01	1.11	—	—	—
	1.09~1.12	0.42	0.73	0.83	0.99	1.25	1.51	1.67	—	—	—

续表

型号	传动比 i	小带轮转速 $n_1/(\text{r}\cdot\text{min}^{-1})$									
		400	700	800	950	1 200	1 450	1 600	2 000	2 400	2 800
D	1.13~1.18	0.56	0.97	1.11	1.32	1.67	2.02	2.23	—	—	—
	1.19~1.24	0.70	1.22	1.39	1.60	1.09	2.52	2.78	—	—	—
	1.25~1.34	0.83	1.46	1.67	1.92	2.50	3.02	3.33	—	—	—
	1.35~1.50	0.97	1.70	1.95	2.31	2.92	3.52	3.89	—	—	—
	1.51~1.99	1.11	1.95	2.22	2.64	3.34	4.03	4.45	—	—	—
	≥2.00	1.25	2.19	2.50	2.97	3.75	4.53	5.00	—	—	—

表A-5 包角修正系数 K_α

$\alpha_1/°$	180	175	170	165	160	155	150	145	140	135	130	125	120
K_α	1.00	0.99	0.98	0.96	0.95	0.93	0.92	0.91	0.89	0.88	0.86	0.84	0.82

表A-6 单根V带的初拉力 F_0

型号	Z		A		B		C		D		E	
小带轮直径 d_1/mm	63~83	≥90	90~112	≥125	125~160	≥180	200~224	≥250	315	≥355	500	≥560
F_0/N	55	70	100	120	165	210	275	350	580	700	850	1050

表A-7 普通V带轮的轮槽尺寸（摘自GB/T 13575.1—2008） 单位：mm

型号	Y	Z	A	B	C	D	E
基准宽度 b_d	5.3	8.5	11	14	19	27	32
顶宽 b	6.3	10.1	13.2	17.2	23	32.7	38.7
基准线上槽深 $h_{a,\min}$	1.6	2.0	2.75	3.5	4.8	8.1	9.6
槽间距 e	8±0.3	12±0.3	15±0.3	19±0.4	25.5±0.5	37±0.6	44.5±0.7
槽中心至轮端面间距 $f_{\min}$	6	7	9	11.5	16	23	28
槽深 $H_{\min}$	6.3	9	11.45	14.3	19.1	28	33
槽底至轮缘厚度 $\delta_{\min}$	5	5.5	6	7.5	10	12	15
轮缘宽度 B	$B = (Z-1)e + 2f$（Z 为轮槽数）						
轮外圆直径 d_a	$d_a = d + 2h_a$						

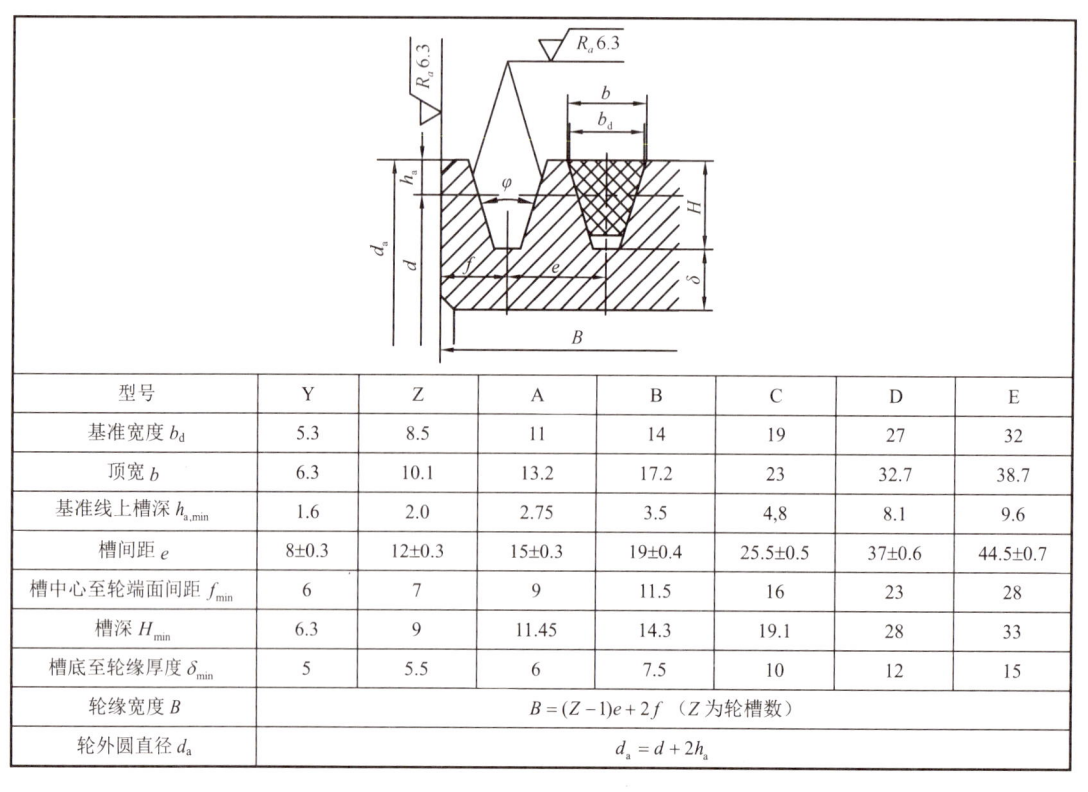

续表

型号			Y	Z	A	B	C	D	E
φ	32°	对应基准直径 d	≤60						
	34°			≤80	≤118	≤190	≤315		
	36°		>60					≤475	≤600
	38°			>80	>118	>190	>315	>475	>600

表 A-8　普通 V 带轮的结构尺寸　　　　　　　　　　　　　　　　　　　　单位：mm

		L	d_1		d_a	
带轮外形结构尺寸		$(1.5\sim2)d_0$	$(1.8\sim2)d_0$		$d+2h_a$	
		d_0—由轴的设计决定				
腹板、孔板结构尺寸	d_b	$d_b = d_a - 2(H+\delta)$（H、δ 由表 5-4 查得）				
	d_K	$d_K = 0.5(d_b + d_1)$				
	d_s	$d_s = (0.2\sim0.3)(d_b - d_1)$				
	s	$s = (0.2\sim0.3)B$ （B 为轮缘宽度）				
椭圆轮辐结构尺寸	h_1	$h_1 = 290\sqrt[3]{\dfrac{P}{nA}}$	P—功率（km）; A—轮辐数; n—转速（r/min）	h_2		$h_2 = 0.8\,h_1$
	a_1	$a_1 = 0.4\,h_1$		a_2		$a_2 = 0.8\,a_1$
	f_1	$f_1 = 0.2\,h_1$		f_2		$f_2 = 0.2\,h_2$

附录 B 附图

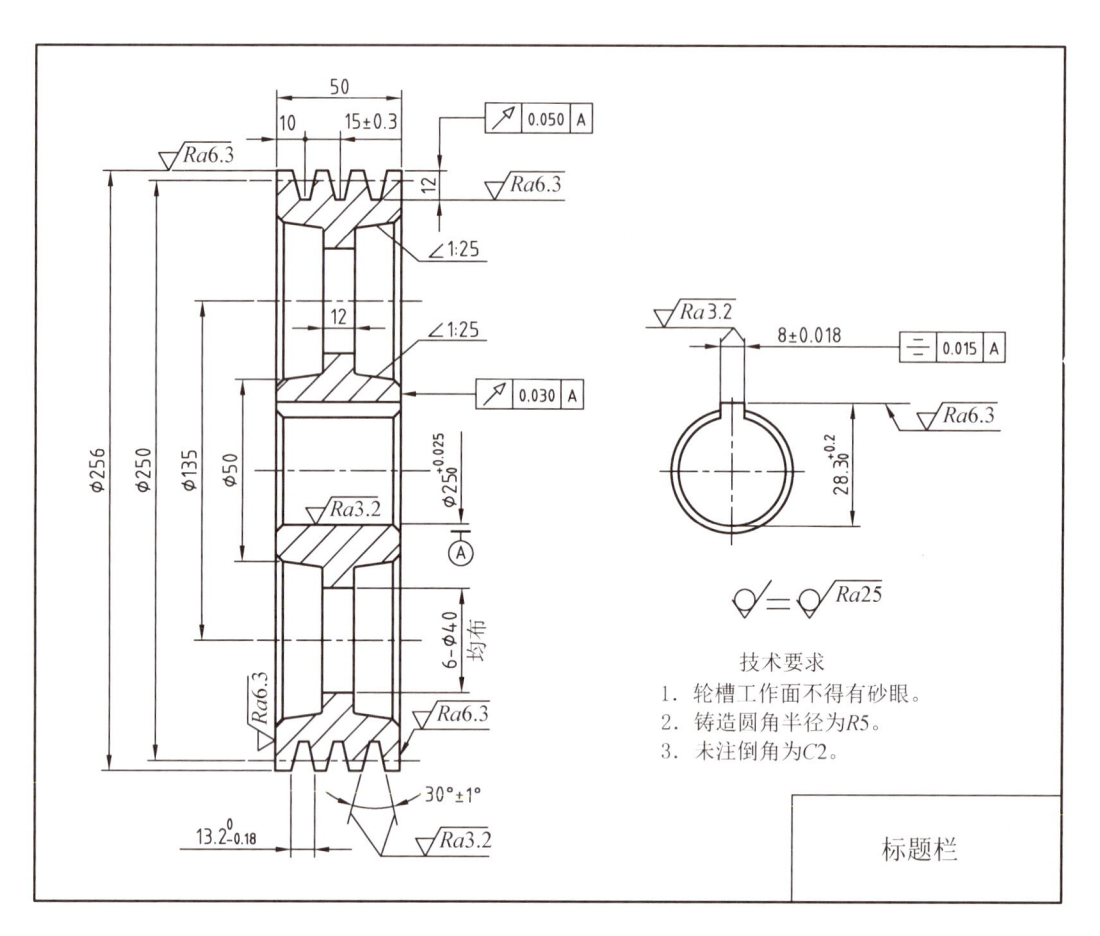

图 B-1 带轮零件图

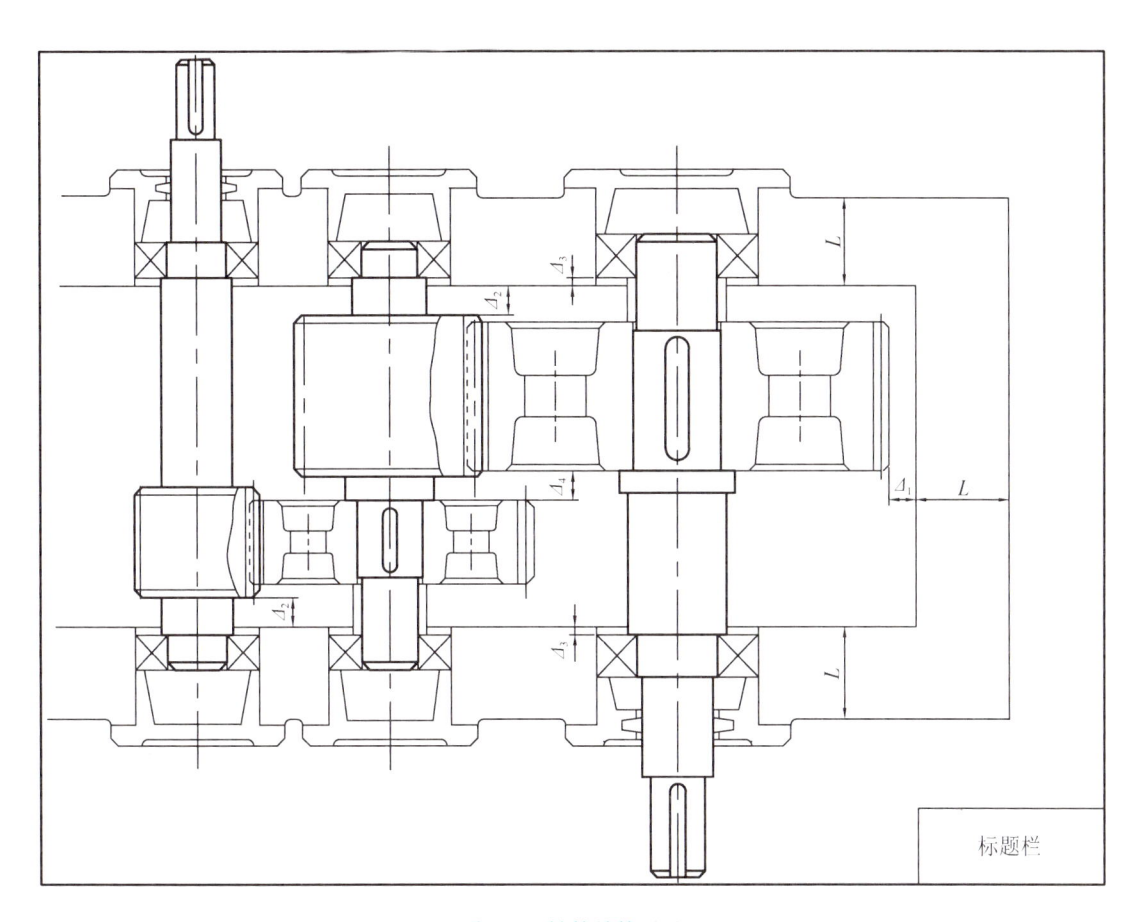

图 B-2 轴的结构设计

图 B-3 轴零件图

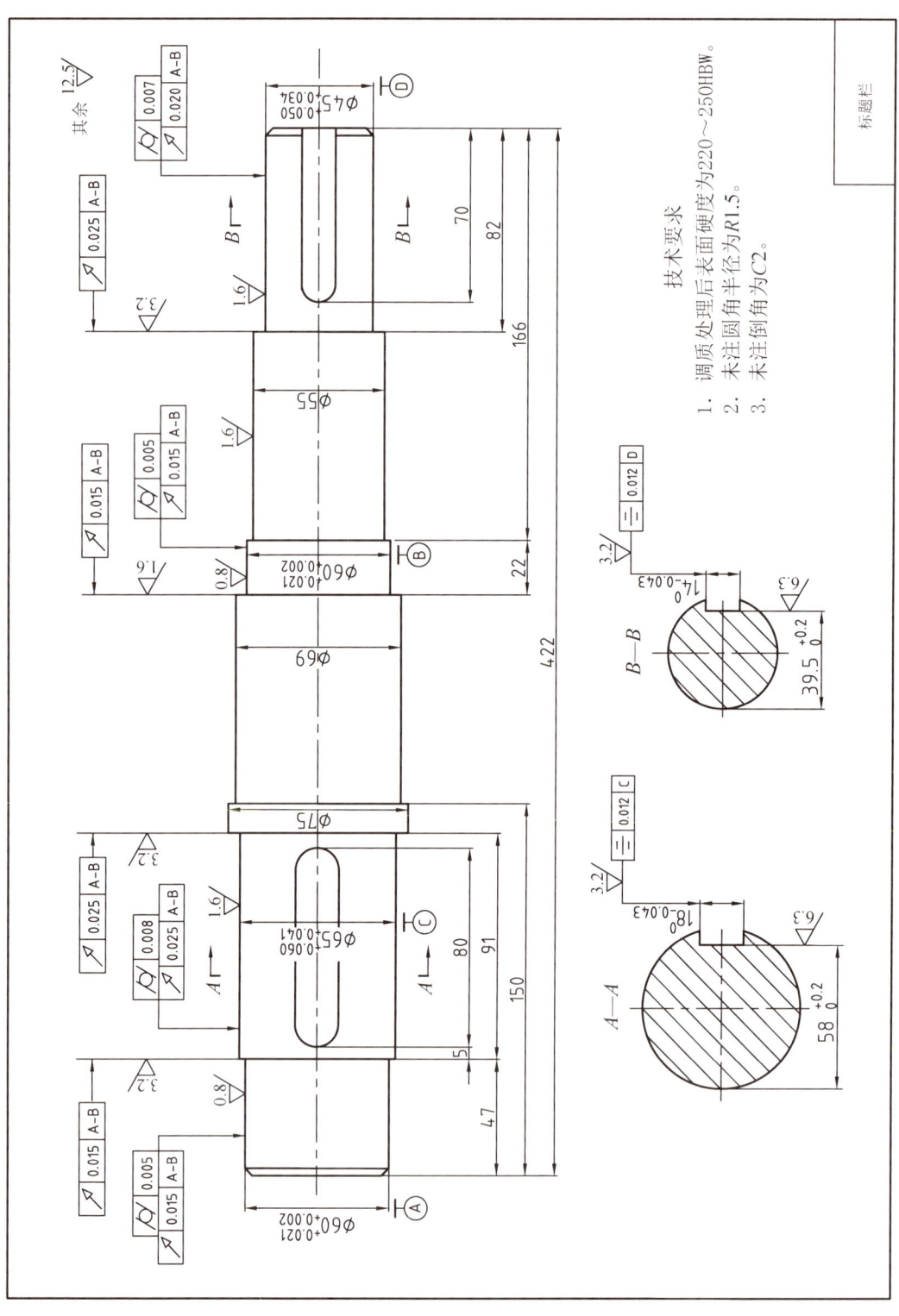

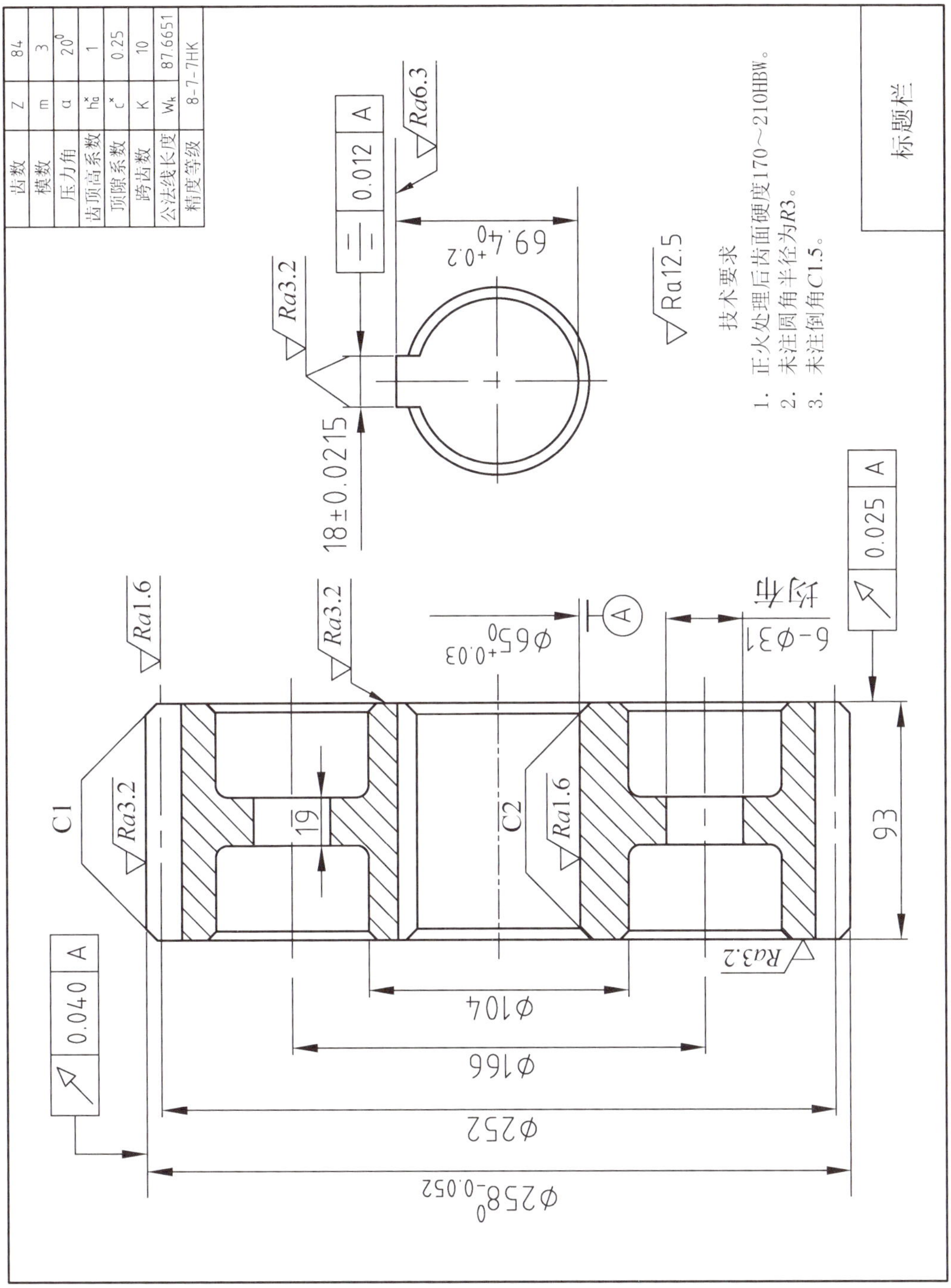
齿数 Z 84
模数 m 3
压力角 α 20°
齿顶高系数 h_a^* 1
顶隙系数 c^* 0.25
跨齿数 K 10
公法线长度 W_k 87.6651
精度等级 8-7-7HK
标题栏
技术要求
1. 正火处理后齿面硬度170～210HBW。
2. 未注圆角半径为R3。
3. 未注倒角C1.5。
Ra12.5
Ra6.3
0.012 A
$69.4^{+0.2}_{0}$
Ra3.2
18±0.0215
0.025 A
6-Φ31 均布
$\Phi65^{+0.03}_{0}$
A
Ra1.6
Ra3.2
C1
C2
Ra1.6
Ra3.2
19
93
Ra3.2
Φ104
Φ166
Φ252
$\Phi258^{0}_{-0.052}$
0.040 A

图 B-4 齿轮零件图

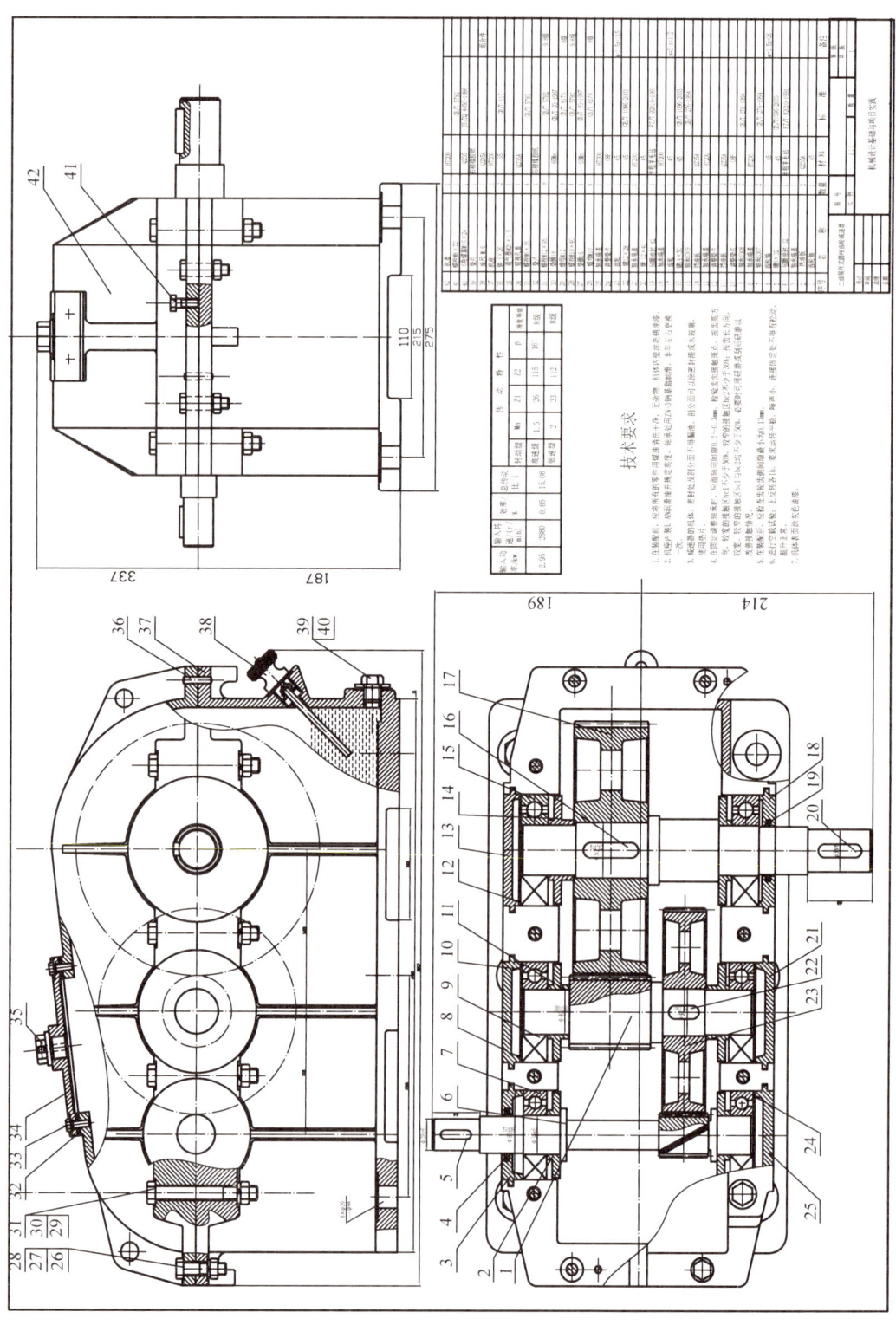

图 B-5 二级展开式圆柱齿轮减速器

附录 C 三维造型设计

设计 1 冲压机构的动画制作

图 C-1 所示为冲床的传动系统中的冲压机构示意图，已知 l_{AB}=77.25mm，l_{AC}=250mm，l_{CD}=323.61mm，l_{DE}=160mm。设机构中构件的宽度均为 20mm，采用 Solidworks 建立该冲压机构的三维模型及动画，步骤如下。

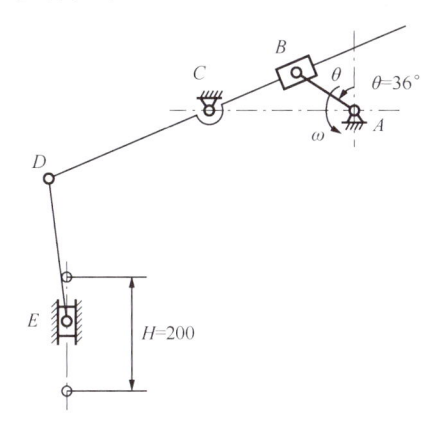

图 C-1 冲床的传动系统中的冲压机构示意图

1. 构件的三维造型

使用"拉伸"命令，分别完成机构中各构件的三维模型，如图 C-2～图 C-6 所示。

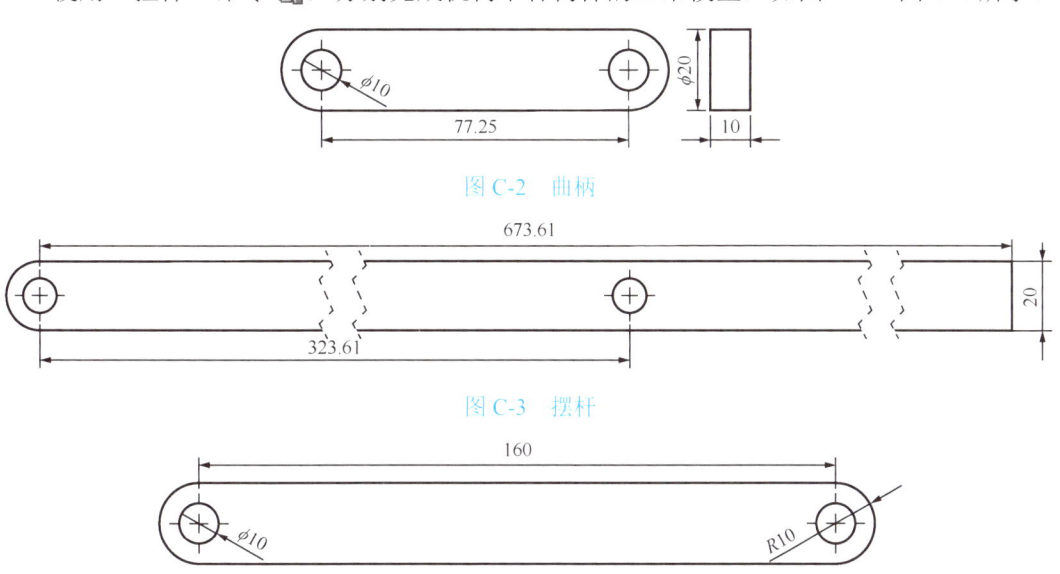

图 C-2 曲柄

图 C-3 摆杆

图 C-4 连杆

图 C-5　滑块

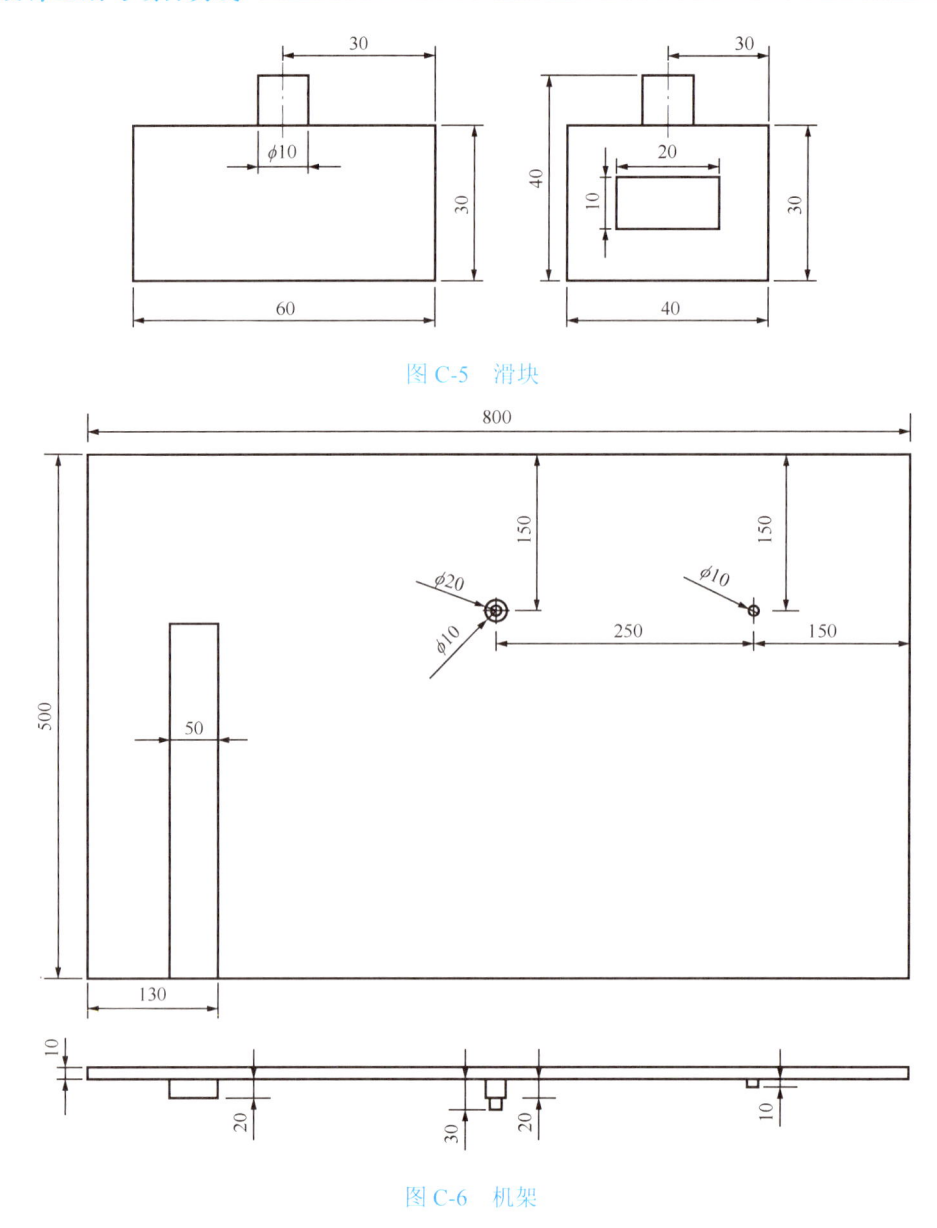

图 C-6　机架

2. 机构装配

（1）新建一个装配体类型的文件，顺次导入冲床的传动系统中的冲压机构的所有构件（设置机架为固定，注意必须先将机架导入文件），并为构件添加必要的标准配合，完成模型的初始装配操作，效果如图 C-7（a）所示。

（2）单击"装配体"工具栏中的"配合"按钮，在打开的"配合"属性管理器中切换到"标准配合"卷展栏，按照图 C-7（b）所示的配合关系，依次完成机构的虚拟装配，其中"同心"设置为外圆柱面，"重合"设置为两个构件的接触表面。

附录C 三维造型设计

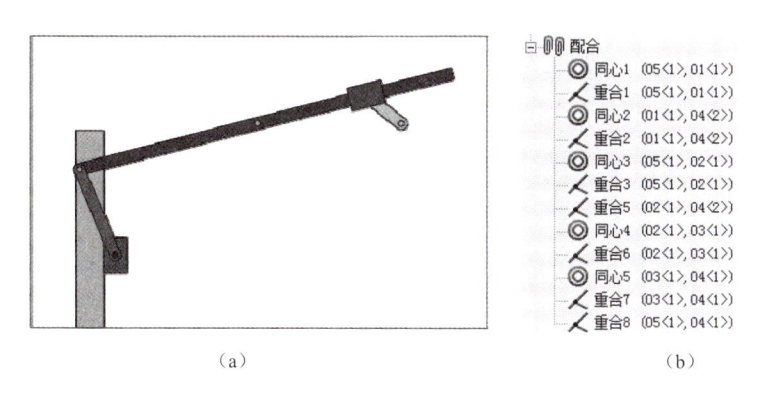

（a） （b）

图 C-7 导入构件并进行初始装配

3．动画制作

（1）右击"操控面板"左下角的"运动算例 1"标签，在弹出的快捷菜单中选择"生成新运动算例"菜单，如图 C-8 所示，新建运动算例。

（2）单击"操控面板"中的"马达"按钮，打开"马达"属性管理器，单击"旋转马达"按钮，在操作区中设置曲柄的圆柱面为"马达位置"，其他选项保持系统默认设置，单击"确定"按钮即可添加驱动马达，如图 C-9 所示。

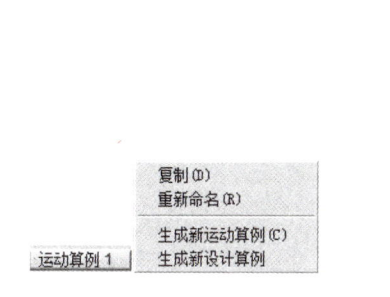

图 C-8 新建运动算例　　　　　图 C-9 添加驱动马达

（3）单击"计算"按钮，计算运动算例。单击"播放"按钮即可观察到冲压机构进行冲压操作的动画播放效果，如图 C-10 所示。

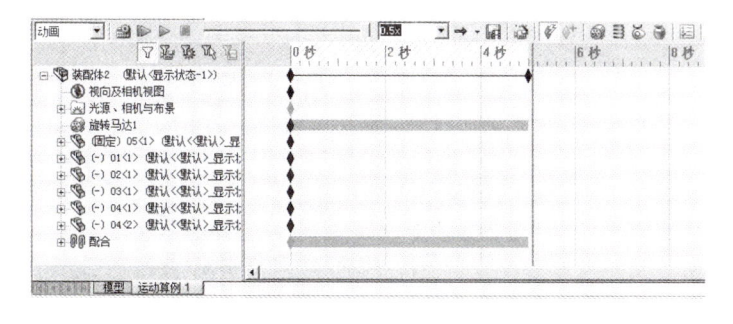

图 C-10 冲压机构进行冲压操作的动画播放效果

设计 2　送料机构的动画制作

凸轮机构中的凸轮以逆时针方向转动，偏置距 $e=20\text{mm}$，采用右偏，基圆半径 $r_b=70\text{mm}$，滚子半径 $r_T=6\text{mm}$。

1．构件的三维造型

（1）凸轮。

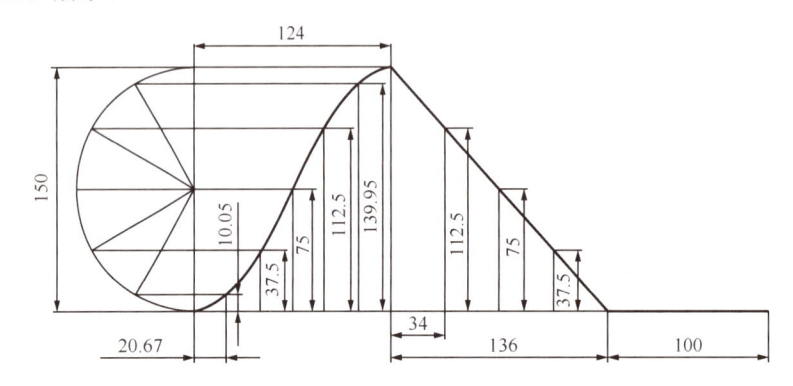

按照图 C-11 所示的凸轮运动曲线，在 Solidworks 中绘制图 C-12 所示的凸轮的二维草图，单击"拉伸凸台/基体"图标，弹出图 C-13（a）所示的对话框，完成凸轮的拉伸，如图 C-13（b）所示。

图 C-11　凸轮运动曲线

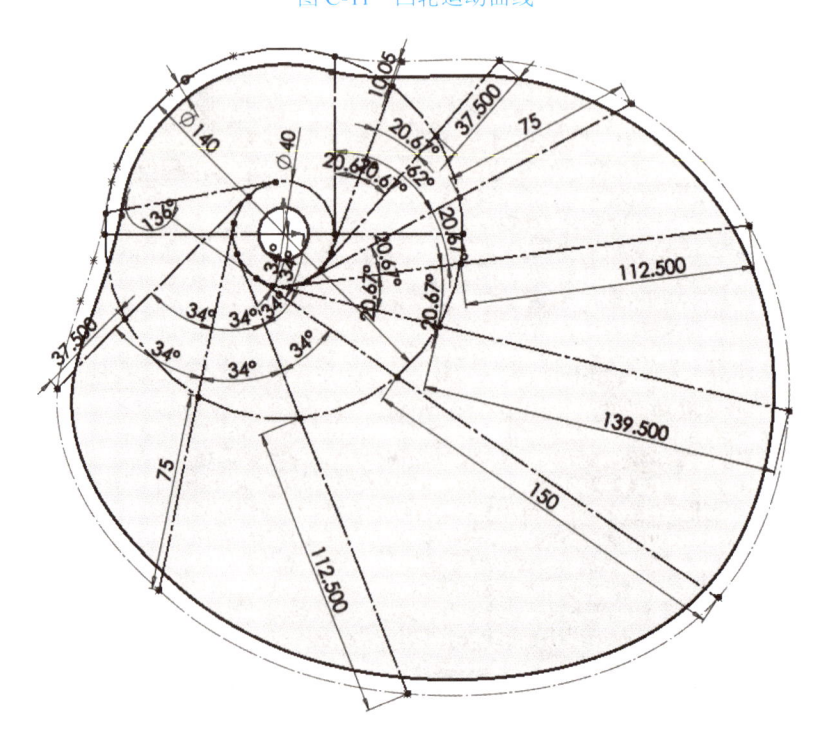

图 C-12　凸轮的二维草图

（a） （b）

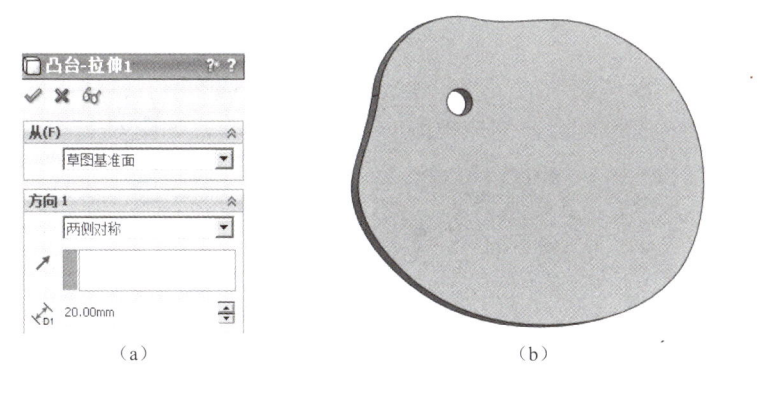

图 C-13 凸轮的拉伸

（2）其余构件的三维造型按图 C-14～C-16 绘制。

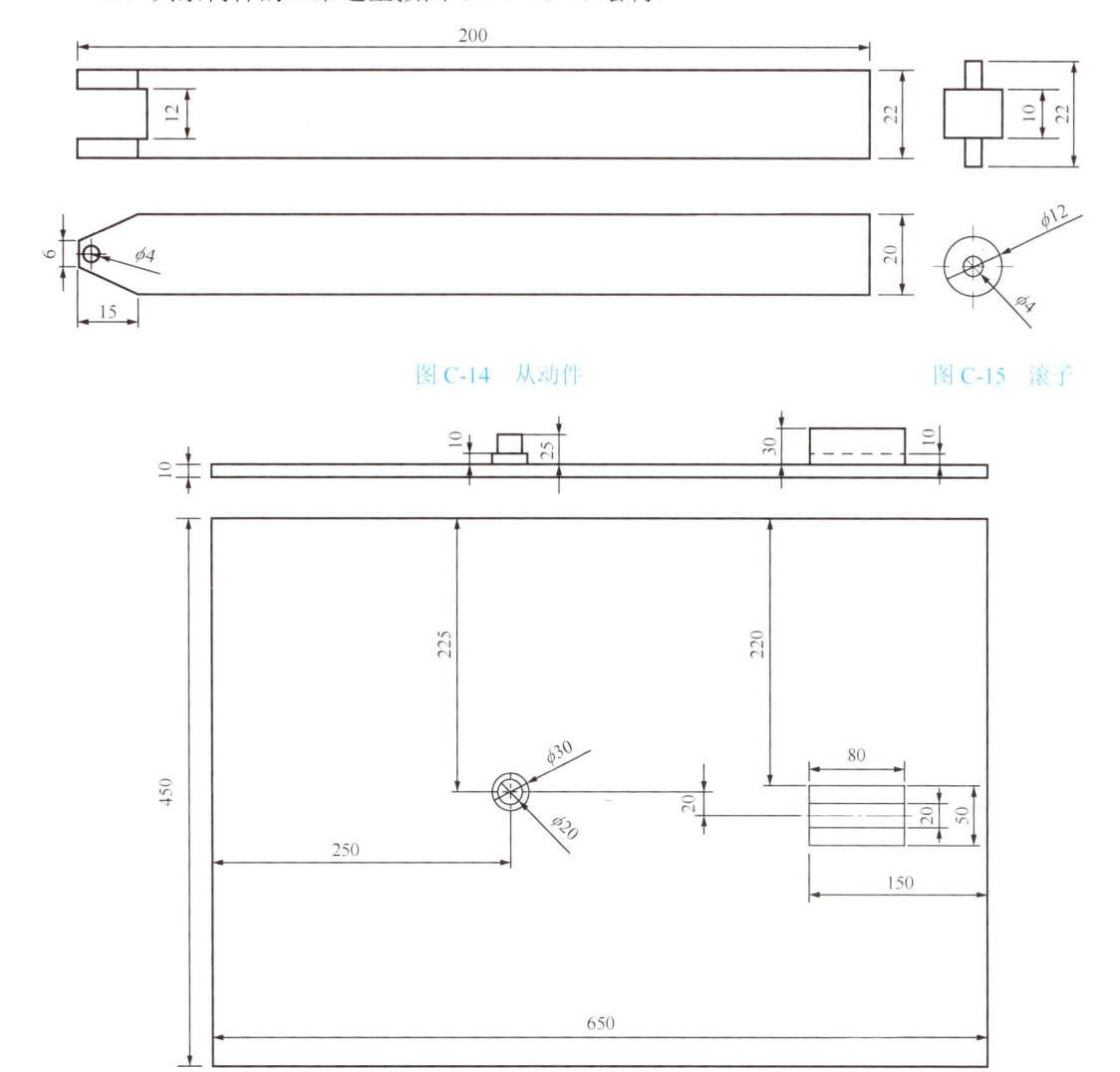

图 C-14 从动件　　　　　　　　图 C-15 滚子

图 C-16 机架

2. 机构装配

（1）新建一个装配体类型的文件，顺次导入凸轮机构的所有构件（设置机座为固定），并为构件添加必要的标准配合，完成模型的初始装配操作，如图 C-17 所示。

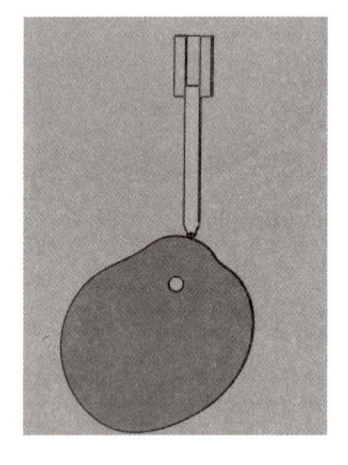

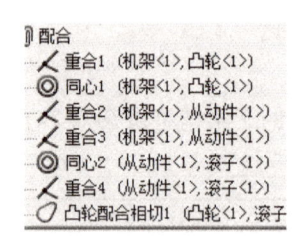

图 C-17　导入术构件并进行初始装配

（2）单击"装配体"工具栏中的"配合"按钮，在打开的"配合"属性管理器中切换到"机械配合"卷展栏并单击"凸轮"按钮，在"配合选项"卷展栏中将凸轮的接触面设置为"要配合的实体"，选择"滚子"的外表面为"凸轮推杆"，完成"凸轮"机械配合的添加，如图 C-18 所示。

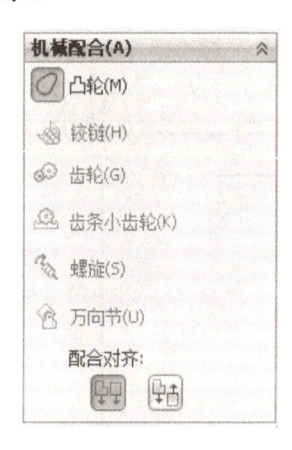

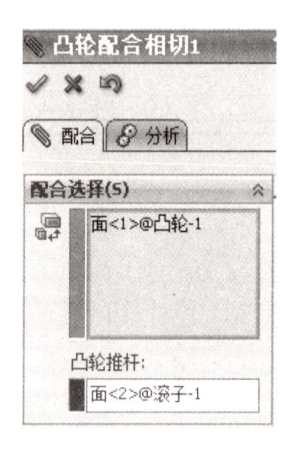

图 C-18　添加"凸轮"机械配合

3. 动画制作

（1）右击"操控面板"左下角的"运动算例 1"标签，在弹出的快捷菜单中选择"生成新运动算例"菜单项，如图 C-19 所示，新建运动算例。

（2）单击"操控面板"中的"马达"按钮，打开"马达"属性管理器，单击"旋转马达"按钮，在操作区中设置凸轮的圆柱面为"马达位置"，其他选项保持系统默认设置，单击"确定"按钮即可添加驱动马达，如图 C-20 所示。

图 C-19　新建运动算例

图 C-20　添加驱动马达

（3）单击"计算"按钮，计算运动算例。单击"播放"按钮即可观察到送料机构进行送料操作的动画播放效果，如图 C-21 所示。

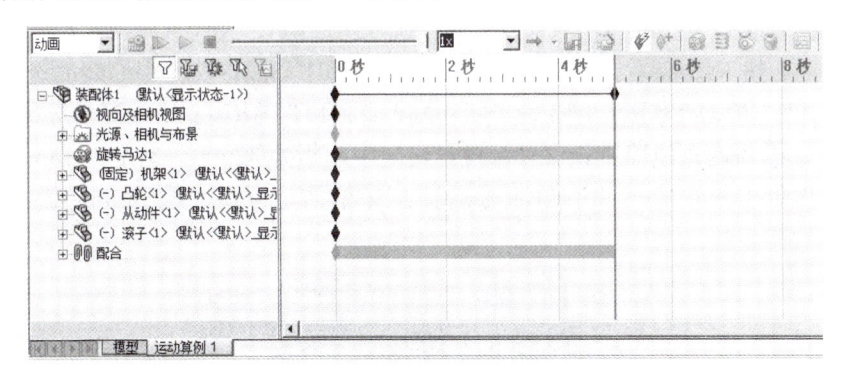

图 C-21　送料机构进行送料操作的动画播放效果

设计3　轴的三维造型

对于一些具有明显回转中心的形体，如机械中的轴、盘、端盖等回转实体，可以采用旋转实体命令来生成其三维模型。对于一些形状复杂的回转体，采用旋转实体命令可以对其进行快速建模。

下面以减速器中的轴为例，说明轴的三维造型过程。

（1）建立新文件。单击"新建"图标，单击"零件"图标，单击"确定"按钮完成设置，系统建立新零件文件。

（2）打开草图模式绘制轴的旋转草图。在特征管理器设计树中选择"前视基准面"，单击"草图绘制"图标，进入草图绘制模式。单击"标准视图"图标，选择"正视于"图标，单击草图工具栏中的"中心线"图标，绘制一条过草图原点的水平中心线，作为回转轴线。绘制轴的旋转草图，其尺寸如图 C-22 所示，单击完成草图。

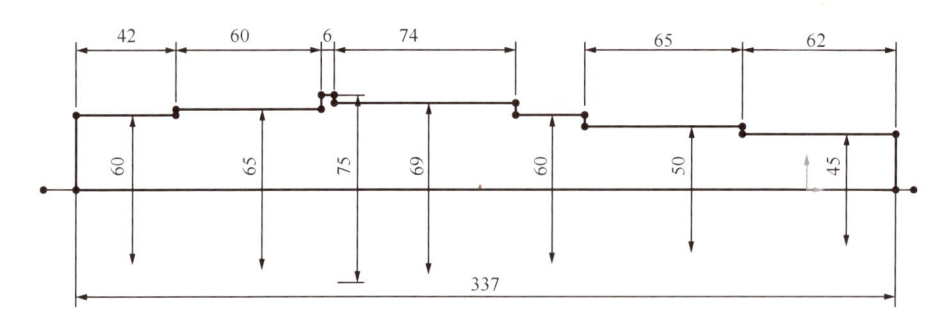

图 C-22 轴的旋转草图

（3）单击"旋转凸台/基体"图标，选择中心线为旋转轴，旋转角度为 360°，旋转类型为单向，旋转轮廓为草图 1，单击"确定"图标，完成轴的旋转实体模型。

（4）倒角和倒圆。单击"倒角"图标，选择轴的两端面进行倒角，设置角度距离模式，输入距离等于 1.5mm，角度等于 45°，单击"确定"图标完成倒角。单击"倒圆"图标，选择图示边线进行倒圆，设置圆角半径为 0.5mm，单击"确定"图标完成倒圆。

（5）键槽特征。在设计过程树中选择"前视基准面"，单击参考几何体工具栏中的"基准面"图标，新建一个与前视基准面距离为 32.5mm 的基准面 1。

（6）保持基准面 1 的选择，单击"草图绘制"图标，进行草图的绘制。单击草图工具栏中的"中心线"图标，绘制一条过草图原点的中心线；保持中心线的选择，单击下拉菜单"工具"，单击"草图绘制工具"栏中的"直槽口"图标绘制键槽形状。单击"智能尺寸"图标对两直线段进行尺寸标注，给定中心距为 32mm，宽度为 18mm。

（7）再次单击"智能尺寸"图标，注意键槽的定位尺寸是 5mm。键槽的草图如图 C-23 所示。

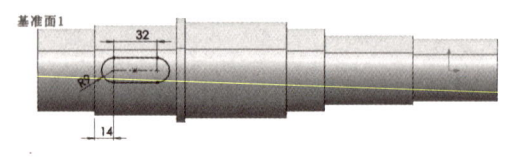

图 C-23 键槽的草图

（8）结束草图的绘制，单击特征工具栏中的"拉伸切除"图标，如图 C-24 所示，设置给定深度为键槽的深度 9mm，单击"确定"图标，完成键槽 1 的绘制。

（9）同理，重复上述步骤，完成右端面键槽 2 的绘制（基准面 2 与前视基准面距离为 22.5mm）。单击"保存"图标，将文件命名为"轴零件图"，轴零件图如图 C-25 所示。

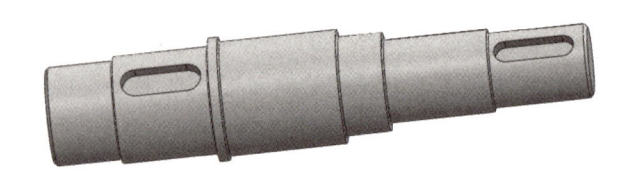

图 C-24 "切除-拉伸"对话框 图 C-25 轴零件图

设计 4　齿轮的三维造型

1. 自动生成齿轮模型

打开 Solidworks，单击右侧的"设计库"按钮，选择 Toolbox →"现在插入"命令菜单，完成设计库插件的安装，如图 C-26 所示。

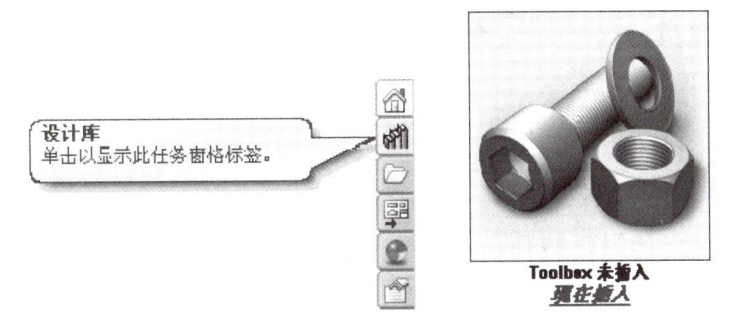

图 C-26　插件安装

点击 中的 ，右击"生成零件"图标 ，在"属性"对话框中选择相应的模块、齿数、压力角、标称轴轴直径的数值，系统自动生成该齿轮，如图 C-27 所示，文件另存为"齿轮.sldprt"。

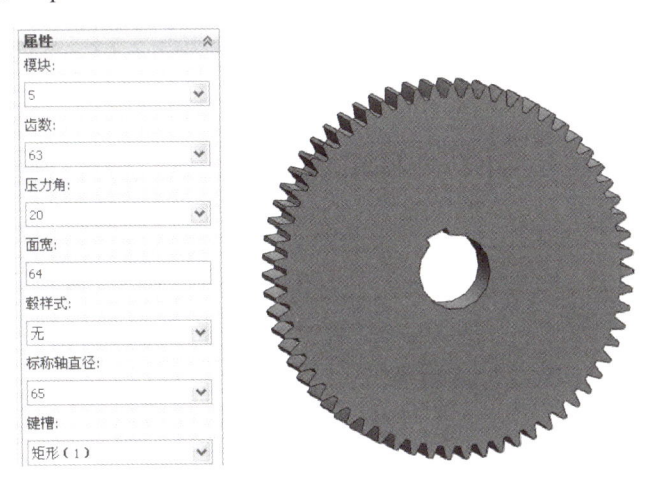

图 C-27　齿轮插件属性对话框及齿轮

2. 齿圈倒角

（1）在左侧状态树中，单击"Plane1"图标 ，单击"视图定向"图标 → ，绘制图 C-28（a）所示的齿圈倒角草图，单击 ，完成草图。单击"旋转切除"图标 ，按图 C-28（b）所示的对话框完成齿圈倒角的设置。

(a) (b)

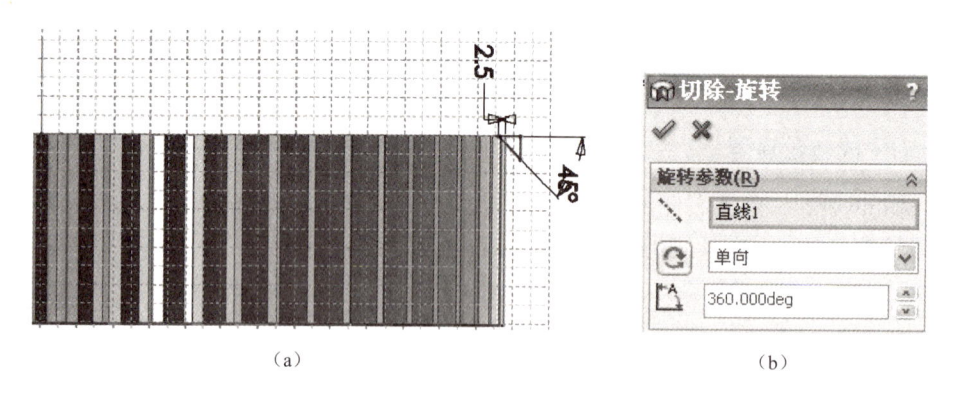

图 C-28　齿圈倒角草图及其设置

（2）选中齿轮任意端面，单击"参考几何体"图标 → "基准面"图标，建立齿轮中心对称基准面，如图 C-29 所示。

图 C-29　对称基准面及镜向

单击"镜向"图标，完成齿圈倒角的设置。

3. 绘制轮毂、倒角

（1）选择齿轮端面，绘制轮毂草图，单击"切除拉伸"图标，按给定深度完成拉伸命令操作，如图 C-30 所示。

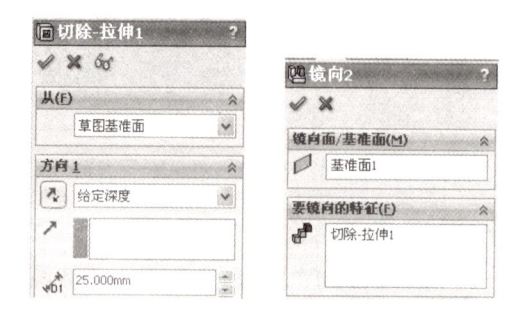

图 C-30　轮毂绘制对话框

单击"镜向"图标，选择基准面 1 和要镜向的轮毂特征，点击"确定"图标 完成镜向的设置。

（2）单击"切除拉伸"图标 形成齿轮的均布孔。

（3）单击"圆角"图标 和"直角"图标 ，完成轮毂的倒直角和倒圆角的设置，齿轮模型如图 C-31 所示。

图 C-31　齿轮模型

附录 D 轴的工程图

1. 建立新文件

单击"新建"图标，单击"工程图"图标，单击"确定"按钮完成设置，系统建立工程图文件。弹出图 D-1 中的"图纸格式/大小"对话框，选择相应的图纸大小及格式，单击"确定"按钮，进入工程图绘制界面。

2. 导入三视图

单击"浏览"按钮，导入轴模型，初步生成轴零件工程图，单击"隐藏线段"图标，隐藏因倒圆角产生的多余线段，如图 D-1 所示。

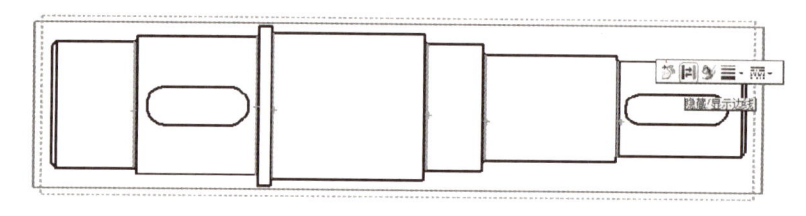

图 D-1 轴零件图

3. 移出断面图

在"视图布局"菜单栏中单击"剖面视图"图标，单击键槽中间位置进行确认，自动生成该轴段的移出断面图；在断面图区域右击，选择"视图对齐"→"解除对齐关系（A）"命令菜单，将断面图移至剖切面正上方，隐藏多余的线段，完成轴的移出断面图，如图 D-2 所示。

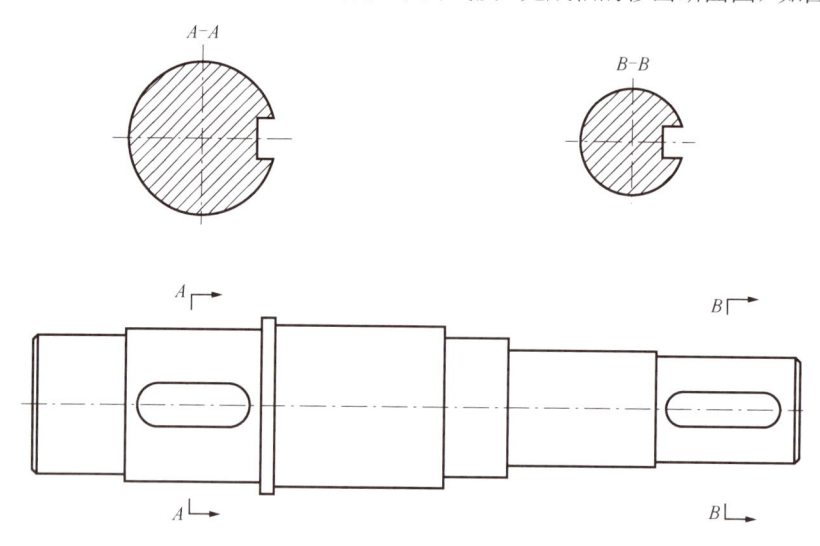

图 D-2 轴的移出断面图

4. 尺寸与公差

在"注解"工具栏点中单击"智能尺寸"图标 ✏️，标注轴段尺寸，尺寸公差在左侧对话框中进行修改，单击"数值"选项卡进行样式、公差/精度的修改，单击"引线"选项卡进行尺寸界线/引线显示的修改，单击"其它"选项卡进行公差字体的修改，如图 D-3 所示。

完成尺寸标注的轴零件图如图 D-4 所示。

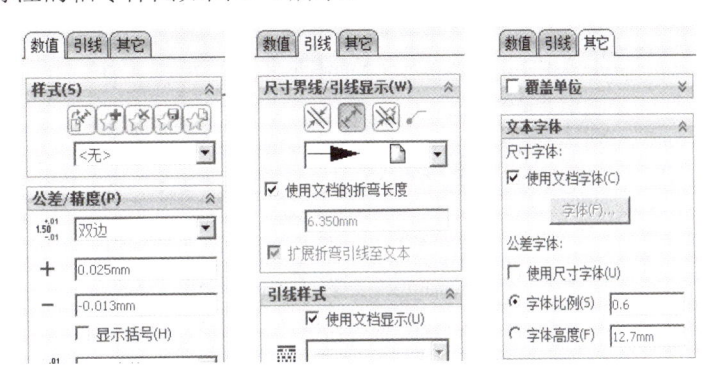

图 D-3 尺寸标注对话框

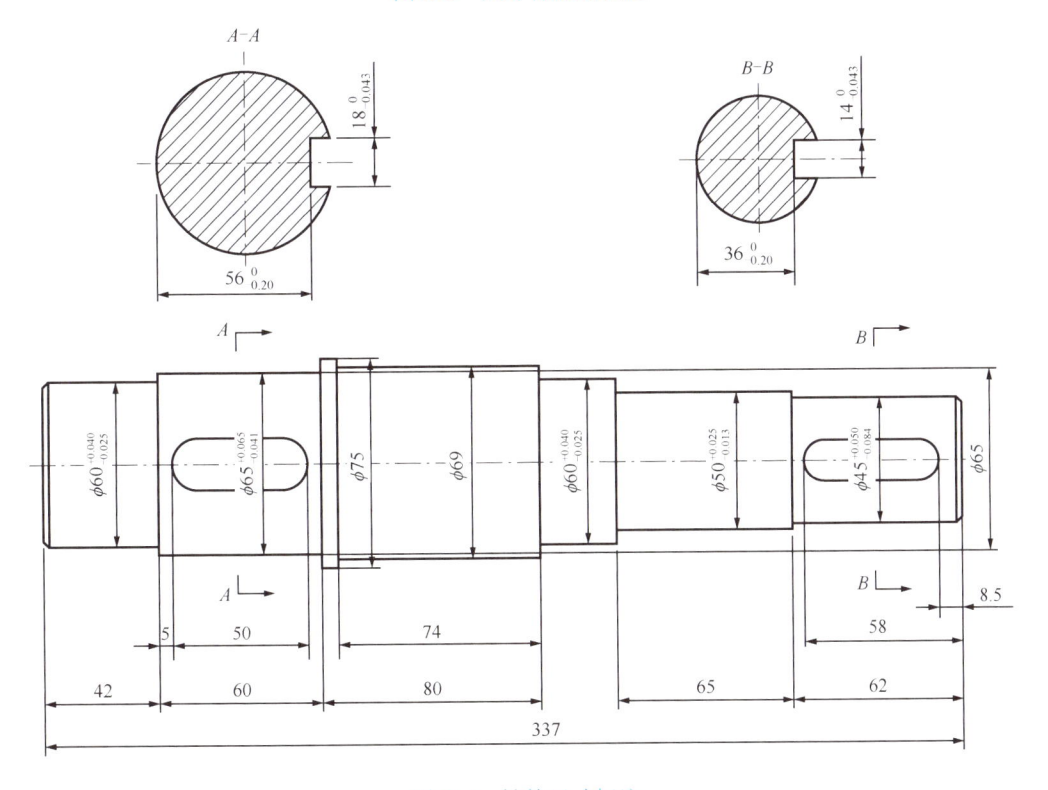

图 D-4 轴的尺寸标注

5. 形位公差

在"注解"工具栏中单击"形位公差"图标 ▣，显示"形位公差"对话框，如图 D-5 所示。选择相应的符号、公差和基准（在"主要"文本框中输入基准符号），单击"确定"

按钮，在工程图中自动生成形位公差，选择需要的引线样式，放置到相应的位置，即可完成标注。

在"注解"工具栏中单击"基准特征"图标，在工程图中自动按顺序生成基准符号，放置在相应的位置，即可完成标注。

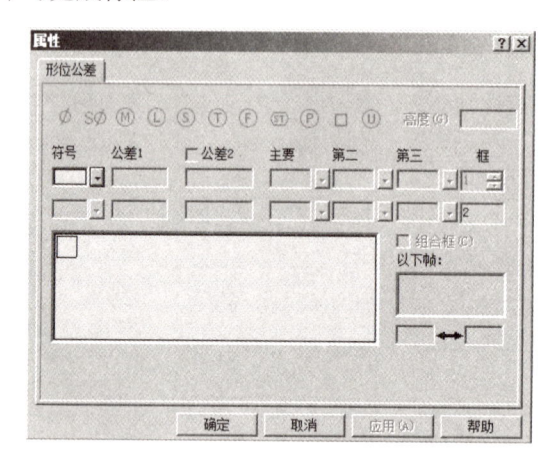

图 D-5 形位公差对话框

完成形位公差和基准标注的轴零件图如图 D-6 所示。

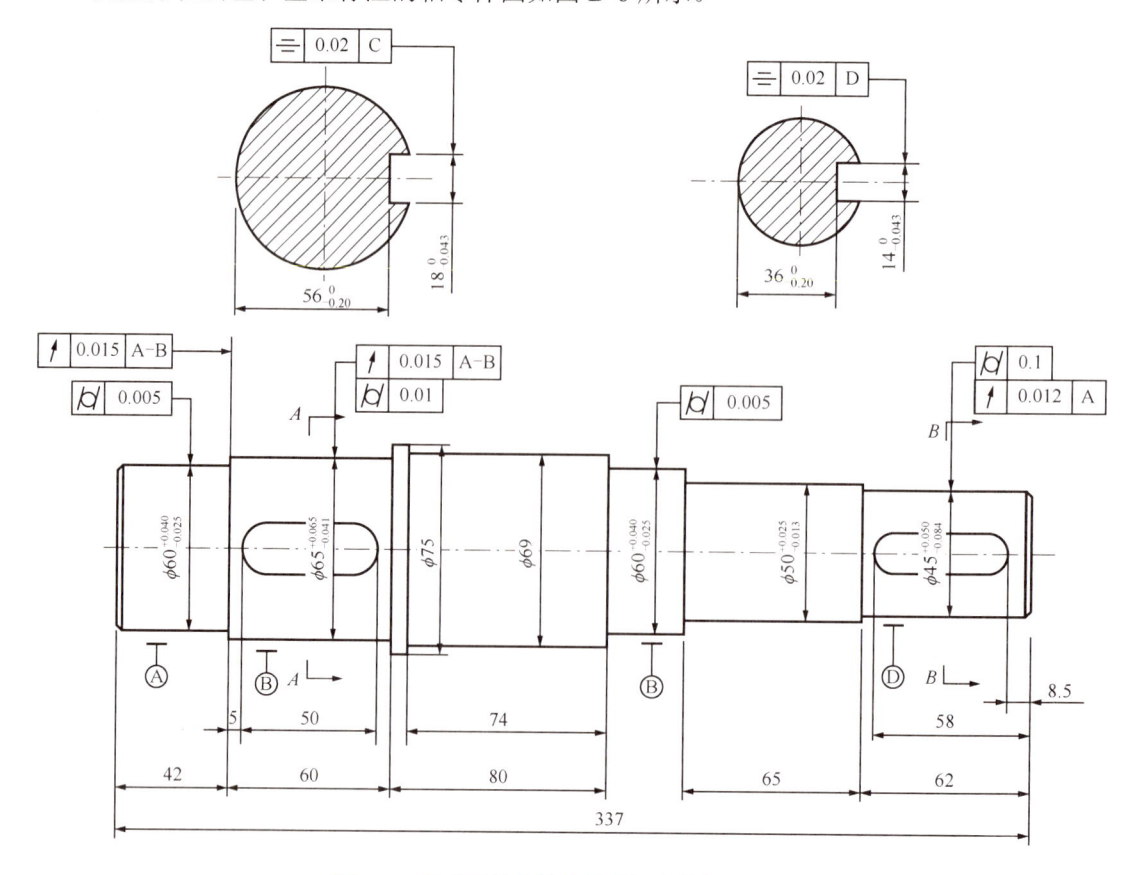

图 D-6 完成形位公差和基准标注的轴零件图

6. 表面粗糙度

在"注解"工具栏中单击"表面粗糙度"图标 √，左侧弹出"表面粗糙度"对话框，选择合适的粗糙度符号、符号布局及粗糙度值，放置在相应的位置，即可完成标注。

7. 技术要求

在"注解"工具栏中单击"注释"图标 **A**，输入技术要求，单击"确定"按钮。添加注释后的轴零件图如图 D-7 所示。

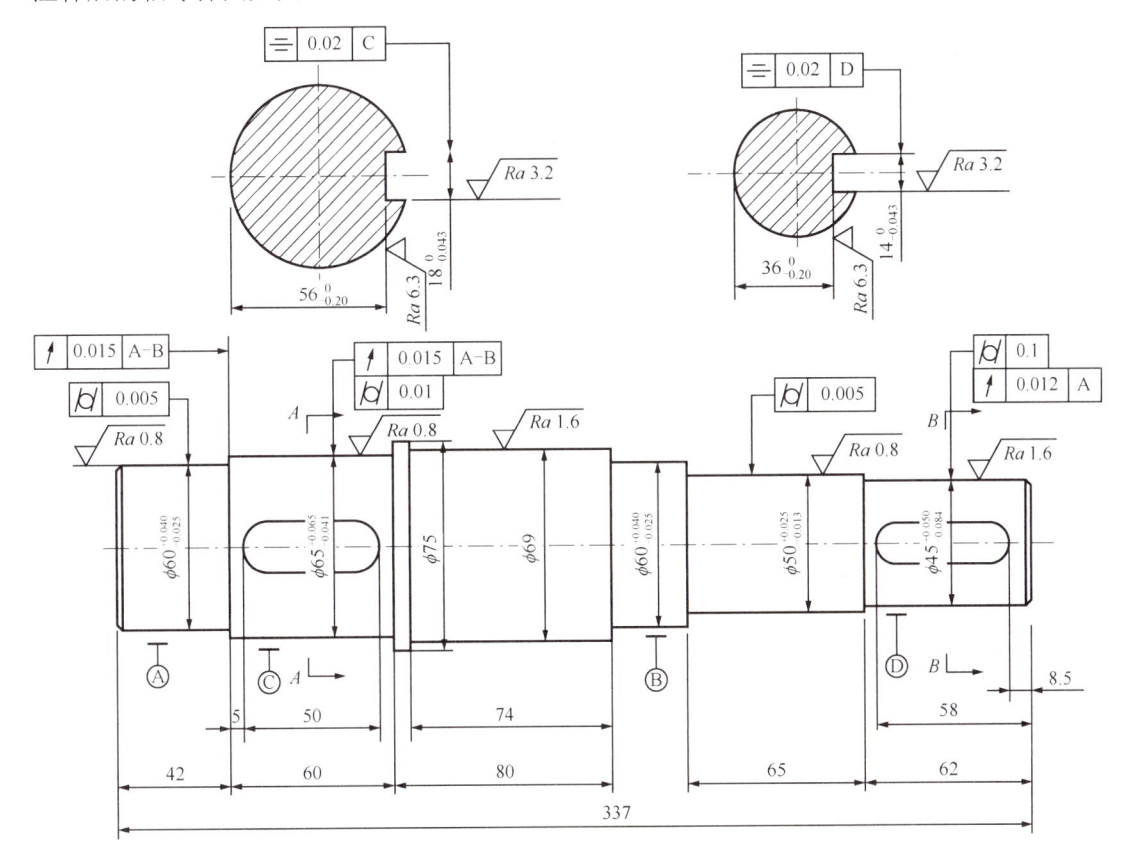

图 D-7　添加注释后的轴零件图

参 考 文 献

[1] 隋明阳. 机械设计基础[M]. 2版. 北京：机械工业出版社，2008.
[2] 吴宗泽，罗圣国. 机械设计课程设计手册[M]. 3版. 北京：高等教育出版社，2006.
[3] 张美荣. 机械基础：情景教学[M]. 北京：北京交通大学出版社，2012.
[4] 王少岩，罗玉福. 机械设计基础[M]. 4版. 大连：大连理工大学出版社，2009.
[5] 王少岩，郭玲. 机械设计基础实训指导[M]. 3版. 大连：大连理工大学出版社，2009.
[6] 吕慧瑛. 机械设计基础[M]. 2版. 上海：上海交通大学出版社，2001.
[7] 师忠秀. 机械原理课程设计[M]. 2版. 北京：机械工业出版社，2004.
[8] 牛玉丽. 机械设计基础[M]. 北京：中国轻工业出版社，2006.
[9] 乔元信，王公安. 公差配合与技术测量[M]. 北京：中国劳动社会保障出版社，2000.
[10] 罗会昌，王俊山. 金属工艺学[M]. 北京：高等教育出版社，2001.
[11] 何永熹. 机械精度设计与检测[M]. 北京：国防工业出版社，2006.
[12] 束德林. 工程材料力学性能[M]. 北京：机械工业出版社，2011.
[13] 兰建设. 液压与气压传动[M]. 北京：高等教育出版社，2002.
[14] 司乃钧，许德珠. 金属工艺学[M]. 北京：高等教育出版社，2001.
[15] 龚桂义. 机械设计课程设计指导书[M]. 2版. 北京：高等教育出版社，1990.
[16] 中国大百科全书总编辑委员会. 中国大百科全书：机械工程[M]. 北京：中国大百科全书出版社，1987.
[17] 机械设计手册编委会. 机械设计手册[M]. 4版. 北京：机械工业出版社，2004.
[18] 王家禾. 机械设计基础实训教程[M]. 上海：上海交通大学出版社，2003.
[19] 邓昭铭，张莹. 机械设计基础[M]. 2版. 北京：高等教育出版社，2011.
[20] 王之栎，王大康. 机械设计综合课程设计[M]. 2版. 北京：机械工业出版社，2009.